DAS GROSSE VOGELBUCH

Die Vögel Europas und der Welt

Deutsche Übersetzung und Bearbeitung
von
Mag. Klaus Kugi
und
Mag. Isolde Kassin

VERLEGT BEI

KAISER

ISBN 3-7043-5019-2
Dieses Buch stammt aus dem Material der „Großen Fabbri-Enzyklopädie der Natur"
Originaltitel: Grande Enciclopedia Fabbri della Natura
Alle Rechte vorbehalten
Copyright © by Gruppo Editoriale Fabbri S.p.A., Milano
Copyright der deutschen Ausgabe © 1991 by Neuer Kaiser Verlag – Buch und Welt, Hans Kaiser, Klagenfurt

Einband: Volkmar Reiter
Reproduktion: Schlick KG, Graz
Satz: M. Theiss, Wolfsberg
Druck und Bindearbeit: Gorenjski tisk, Kranj – Slowenien

Redaktion

Verlagsredaktion: **Giuliana Zuccoli Bellantoni**
Chefredaktion: **Gisella Dedionigi**
Redaktion: **Wanda Paiato**
Redaktionssekretariat: **Anna Guarise, Angela Tonani**
Korrektur und Aktualisierung: **Mario Di Martino, Ettore Tibaldi, Bianca Venturi, Vincenzo Zappalà**

Textautor

MARIO GUERRA
Direktor des Naturhistorischen Museums von Bergamo

Bildnachweis

FOTOGRAFISCHE QUELLEN

Luigi Andena: Seiten 12 (oben links und unten), 83, 84, 85, 92, 104, 113, 114, 116, 120 (oben), 123, 127 (links), 131, 133, 136, 148
Dulevant: Seiten 48, 71, 102
Exotische Fauna (Dr. Busacchi, Bologna): Seite 143
Nationalgeschichtliche Fotothek: Seite 95
Lucio Gaggero: Seite 147 (unten)
I. C. P.: Seiten 10–11
Longo: Seiten 108, 111, 137
Mairani: Seite 52
Manfred Melde: Seiten 39, 62, 138
Pasotti, Verona: Seiten 49, 90, 119
Dr. Lino Pellegrini: Seite 25
Pioli: Seite 76

Pirovano: Seiten 57, 58, 63, 78, 96, 107
R. Portolese, Turin: Seite 24
Sammlung Pazzuconi (Pavia): Seiten 115, 127 (rechts)
Angelo P. Rossi, Mailand: Seiten 28, 29, 51, 53, 69, 70, 81, 94, 99
Dr. G. Vailati, Mailand: Seite 141
V-DIA Verlag, Heidelberg: Seiten 27, 75

ILLUSTRATOREN

Santo Chito: Seiten 128–129
Giovanni Collarini: von Seite 13 bis Seite 52
Ezio Giglioli: Seite 9
Prograf s. n. c.: Seiten 14–15, 34–35, 42–43, 56, 61, 64–65, 72, 82, 103, 118–119, 124–125, 135, 144–145
Die Illustrationen auf Seiten 128–129 stammen aus dem Band »Il naturalista« und Atlas, illustriert von Giovanna Berliot.

Inhaltsverzeichnis

**128 Das Präparieren von Vögeln
(»Ausstopfen«)**

Bestimmungstabellen

Vorwort

Wir leben in einer Zeit der permanenten Verwüstung unseres Lebensraumes, ja letztlich unseres ganzen Planeten. Täglich sterben unzählige Tier- und Pflanzenarten aus und verabschieden sich damit endgültig und auf Nimmerwiedersehen von dieser Erde. Ein Genozid unvorstellbaren Ausmaßes findet alltäglich und von den meisten unserer Zeitgenossen gänzlich unbemerkt auf allen Kontinenten, besonders aber in den Tropen, statt, und wird auch in Zukunft stattfinden, wenn..., ja, wenn es uns nicht bald gelingt, ein Gefühl für die Schönheit, Einmaligkeit und auch das Verständnis für den unersetzlichen Wert aller tierischen und pflanzlichen Mitbewohner dieses Planeten in die Herzen der Menschen zu pflanzen. Was wäre ein Frühlingsmorgen ohne Vogelgezwitscher, wie gräßlich die Vision Rachel Carsons vom »stummen Frühling«. Nur wer die Natur kennt, kann lernen, sie zu schätzen; nur wer die Natur schätzt, ist auch bereit, sie zu schützen!

Möge dieses prächtige Werk mit allen seinen farbenfrohen Darstellungen diese Aufgabe erfüllen und Einblick geben in die wunderbare Vielfalt unserer Vogelwelt.

Die Vögel (Klasse Aves)

Es gibt unter der nahezu unübersehbaren Fülle der Lebewesen wohl keine Tierklasse, die dem Menschen näher ist als die Wirbeltierklasse der Vögel. Selbst in dichtbesiedelten Großstädten sind sie nahezu selbstverständlicher Bestandteil unserer mittelbaren Umgebung, erfreuen uns durch ihre Schönheit, die Anmut ihrer Bewegungen, ihren Gesang...

So ist es nicht verwunderlich, daß selbst beim naturkundlich wenig Interessierten der Wunsch auftaucht, mehr zu wissen von diesen munteren »Bewohnern der Lüfte« oder zumindest ihre Namen kennenzulernen. Dies aber ist für viele bereits der Einstieg in eine der beliebtesten naturkundlichen Beschäftigungen, die Ornithologie, die *Scientia amabilis,* oder »liebenswerte Wissenschaft«.

Anfangs werden die Bemühungen, einen weniger häufigen Vogel zu bestimmen, vielleicht von Mißerfolgen begleitet sein, schon bald aber wird sich der Blick des Beobachters schärfen und Einzelheiten des Federkleides, die Art der Bewegung, der Flugstil, kurz, vieles, das dem Beobachter bisher verborgen geblieben ist, nach und nach immer deutlicher und rascher zu erkennen sein.

Natürlich gibt es viele Vögel, deren Merkmale so auffällig und unverwechselbar sind, daß sie sofort und mühelos erkannt werden können, so ist das strahlende Hellblau, Flug und Ruf des Eisvogels *(Alcedo atthis)* schon bei erstmaliger, zufälliger, Beobachtung für jeden Laien unverkennbar. Bei der Zuordnung anderer Arten aber mag es auch Schwierigkeiten geben, etwa bei den vielen Vertretern der Limikolen (Watvögel), den verschiedenen Seeschwalben (Hirundo) oder etwa bei den äußerlich so ähnlichen Laubsängerarten (Phylloscopus). Als erschwerend ist sicherlich auch die Ähnlichkeit des unscheinbaren Gefieders bei verschiedenen Vogelweibchen zu bewerten.

Andererseits gibt es aber viele Hilfsmittel, die in eine Bestimmung einfließen können und diese trotz Fehlens einer charakteristischen Befiederung wesentlich erleichtern.

Sehr wichtig ist zum Beispiel der Lebensraum, in dem ein Vogel angetroffen wird. Vögel halten sich nämlich nicht zufällig irgendwo auf, sondern haben bevorzugte Aufenthaltsorte, die bei der Artenbeschreibung im folgenden besonders erwähnt werden. Wesentlich ist auch der Zeitpunkt, an dem der Vogel angetroffen wird, so ist es sehr unwahrscheinlich, Zugvögel in unseren Breiten während des Winters anzutreffen. Ebenso unwahrscheinlich aber ist es, im Sommer bei uns Wintergäste anzutreffen, wie etwa einen Sandregenpfeifer *(Charadrius hiaticula),* wenn dies auch niemals ganz ausgeschlossen werden kann. Nicht zuletzt läßt auch die Größe und vor allem die Art der Bewegung eines Vogels auf seine Art schließen. So bewegt

sich etwa der Zaunkönig *(Troglodytes troglodytes)* ähnlich wie eine huschende Maus im kahlen Wintergestrüpp, die Bachstelze *(Motacilla alba)* wippt ganz charakteristisch mit ihrem langen Schwanz. Hat ein beobachteter Vogel etwa die Größe einer Taube, läßt sich zu dessen Bestimmung bereits ein Großteil der heimischen Arten ausgliedern, da sie wesentlich kleiner sind.

Die Art des Fliegens hat für den geübten Beobachter große Aussagekraft, wie leicht ist zum Beispiel der typische wellenförmige Steigflug und Sinkflug, den die Spechte vollführen, zu erkennen, der kreisende Segelflug eines Mäusebussards *(Buteo buteo)* oder der Rüttelflug eines Turmfalken *(Falko tinnunenlus),* um nur drei Beispiele zu nennen.

Auch die Form und die Länge der Beine ist sehr charakteristisch, etwa bei Watvögeln (Limikolen), man denke etwa an den Stelzenläufer *(Himantopus himantopus)* mit seinen überlangen, stelzenartig dünnen Beinen, die ihm das Waten in seichten Gewässern gestatten.

Dasselbe läßt sich natürlich auch von der Schnabelform und Schnabelgröße sagen, der für seine Funktion der Nahrungsaufnahme höchst unterschiedlich adaptiert ist, wie etwa der gekrümmte kräftige Hakenschnabel der Falken (Falconiformes), der Seihschnabel der Flamingos (Phoenicopterus) oder der sensible Tastschnabel der Schnepfen (Scolopacidae).

Schließlich sei noch das allgemeine Gehabe eines Vogels erwähnt, wie bewegt er sich fort? Läuft er schnell am Boden dahin, wie etwa ein Rebhuhn *(Perdix perdix),* läuft er verkehrt einen Baumstamm hinunter wie der Kleiber *(Sitta europaea),* läuft er in Spiralen ruckweise den Baum hinauf, sich gleichzeitig mit dem Schwanz an der Rinde stützend, wie etwa der Waldbaumläufer *(Certhia familiaris)?*

Besonders charakteristisch und daher leicht zu unterscheiden ist auch das Gehabe vieler schwimmender Vogelarten. Man denke da an die Schwimmenten (Stockente, *Anas platyrhynchos,* und die Spießente, *Anas acuta),* deren Bürzel schräg aus dem Wasser ragt, und die Tauchenten (Tafelente, *Aythya ferina,* und die Kolbenente, *Netta rufina),* deren Bürzel beim Schwimmen fast die Wasserfläche berührt. Beim Sterntaucher *(Gavia stellata)* taucht der Körper besonders tief ins Wasser, ähnlich auch bei anderen Taucherarten, so daß schon ein kurzer Blick für den geübten Beobachter genügt, um das beobachtete Objekt mit Sicherheit einer der erwähnten Gruppen zuordnen zu können. Ganz besonders typisch sind auch die Lautäußerungen von Vögeln, dies gilt natürlich im besonderen Maß für die Singvögel, die man anhand ihres arttypischen Gesanges manchmal sicherer einer bestimmten Art zuordnen kann als durch bloße visuelle Bestimmung.

Ein wichtiger Behelf für den Vogelfreund zum Kennenlernen der Vogelstimmen sind Schallplattenaufnahmen, die im Handel angeboten werden.

Auch Bestimmungstabellen können bei der Einordnung eines unbekannten Vogels gute Dienste leisten, setzen jedoch Übung voraus.

Niemals jedoch sollte ein unbekannter Vogel gefangen oder erlegt werden (was bei Singvögeln gegen das Gesetz verstoßen würde), um ihn eindeutig bestimmen zu können. In einer Zeit des galoppierenden Artenschwundes ist jedes lebende Exemplar kostbar geworden, und jeder aufrichtige Vogelfreund sollte alle Möglichkeiten ausschöpfen, um den Weiterbestand unserer Vogelwelt zu sichern, zum Beispiel durch Unterstützung des Ankaufs von schützenswerten Arealen durch Naturschutzorganisationen, Anbringung von Falkensilhouetten an Glasfenstern, durch Proteste gegen Singvogelmord aus kulinarischen Gründen in den südeuropäischen Ländern und vieles andere mehr.

Sollte jedoch ein verunglückter Vogel von Interesse gefunden werden, der etwa für eine genaue Bestimmung im Museum konserviert werden soll, gibt es die Möglichkeit der kurzfristigen Konservierung. Entweder man stellt ein Balgpräparat her (siehe auch Kapitel Präparation eines Vogels im Buch) und konserviert es mit Salizylsäure oder man bringt einige Injektionen im Bereich des Kopfes, Schnabels und des Körpers mit derselben Flüssigkeit an. Vom Gebrauch des bakteriziden Formalins ist abzuraten, da es unter Verdacht steht, kanzerogen zu wirken.

Bezüglich der im Buch vorliegenden Bestimmungstabellen sei noch folgendes erwähnt:

Unter totaler Länge versteht man die Länge des Vogelkörpers von der Schnabelspitze bis zum äußersten Rand des Schwanzes. (Bei Vögeln mit sehr langen Beinen, die etwa die Länge des Schwanzes überragen, werden diese nicht in die Messung einbezogen.) Schließlich noch die Charakterisierung nach dem Wanderverhalten der Vögel (Migration):

Standvogel: Die Art bleibt Sommer wie auch Winter im gleichen Gebiet und brütet auch hier.

Brutvogel: Die Art brütet im besagten Gebiet, verbringt aber den Winter meist woanders (Sommergast).

Durchzügler: Die Art befindet sich auf dem Vogelzug.

Wintergast: Die Art verbringt im besagten Gebiet den Winter, brütet aber in einem anderen Gebiet.

Zugvogel: Die Art verläßt ihre Brutgebiete und fliegt sehr weit in ihr Winterquartier.

Teilzieher: Die Art verläßt ihre Brutgebiete und fliegt nicht sehr weit in ihr Winterquartier.

Irrläufer: Eine in einem Gebiet normalerweise nicht vorkommende Art, die kurzfristig auftaucht und dann wieder verschwindet.

Eine umfangreiche Klasse mit 28 Ordnungen

Die unter dem Ordnungsnamen angegebenen Zeichen versinnbildlichen die Artenzahl der einzelnen Gruppen.

Bau und Funktion des Vogelkörpers

Zur umfangreichen Klasse der Vögel gehören heute mehr als 8500 Arten, die praktisch über die ganze Erde verbreitet leben. Die größte Artenvielfalt findet sich zweifellos in tropischen Zonen, die geringste in Polarzonen.

Die Vögel zeigen gegenüber der Klasse Reptilien, von denen sie abstammen, einige charakteristische und höchst unterschiedliche Merkmale.

Sie sind sogenannte eigenwarme Tiere, das heißt, daß sie im Körperinneren eine konstante Temperatur von ca. 38 Grad Celsius (kleine Arten auch höher) aufrechterhalten, und zwar unabhängig von der Außentemperatur. Das Vogelherz ist durch eine Herzscheidewand vollständig in zwei Herzhälften geteilt, es kommt zu keiner Vermischung von arteriellem (sauerstoffreichem) Blut mit venösem Blut, dadurch kann der hohe Sauerstoffbedarf des intensiven Vogelstoffwechsels besser gedeckt werden. Auch die Vogellunge ist ein außerordentlich leistungsfähiges respiratorisches Organ und zeigt mit ihren anastomosierenden Parabronchien und dem Luftsacksystem einen von anderen Wirbeltierlungen abweichenden Bau.

Die vorderen Gliedmaßen der Vögel haben sich im Laufe ihrer Entwicklung zu Flügeln umgewandelt, die dieser Klasse die Eroberung des Luftraumes ermöglichten. Eines der wesentlichsten Vogelmerkmale ist schließlich ihr Federkleid, zugleich eine wichtige Voraussetzung zur Erlangung der Homoiothermie (konstante Temperatur des Körperinneren) und des Flugvermögens (Flügelbildung).

Federn sind äußerst komplizierte Hornbildungen der Haut (Epidermis und Cutis). Sie sind den Reptilienschuppen homolog.

Die Entwicklung einer Feder beginnt mit einer Cutispapille, die von der Epidermis ausgehend oberflächlich eine Hornscheide bildet. Langsam wächst diese Papille in einen langen Fortsatz aus, während ihre Hornscheide sich gleichzeitig in komplizierteste Hornstrahlen aufgliedert, die schließlich die fertige Feder aufbauen. Die im Inneren der wachsenden Feder befindliche, gut durchblutete Pulpa schafft dabei die nötigen Baustoffe an die Orte der Federbildung. Schließlich springt die hornige Federscheide auf und gibt die fertige Feder frei. Je nach Bau der Feder unterscheidet man:

Filoplumae (haarartig), *Plumulae* (Daunenfedern), deren Federstrahlen nicht durch Häkchen verbunden sind, und schließlich die eigentlichen Federn, wie zum Beispiel die Schwungfedern, die aus mehreren Teilen bestehen:

a) Spule (Calamus) steckt in der Haut;
b) Schaft (Kiel);
c) Fahne.

Diese Fahne besteht aus Federästen, die seitlich am Schaft entspringen. An den Ästen entspringen unterseits Bogenstrahlen, oberseits Hakenstrahlen, die mit ihren Häkchen (Anuli) an den Bogenstrahlen einhaken und so eine elastische Tragfläche bilden. Die Federn bedecken den Vogelkörper nicht gleichmäßig, man unterscheidet befiederte *(pterile)* von unbefiederten *(apterile)* Zonen und teilt die Federn auch nach Bau und Funktion ein. Die großen Federn der Flügel heißen Schwungfedern. Man unterteilt sie je nach Lage in primäre, sekundäre und

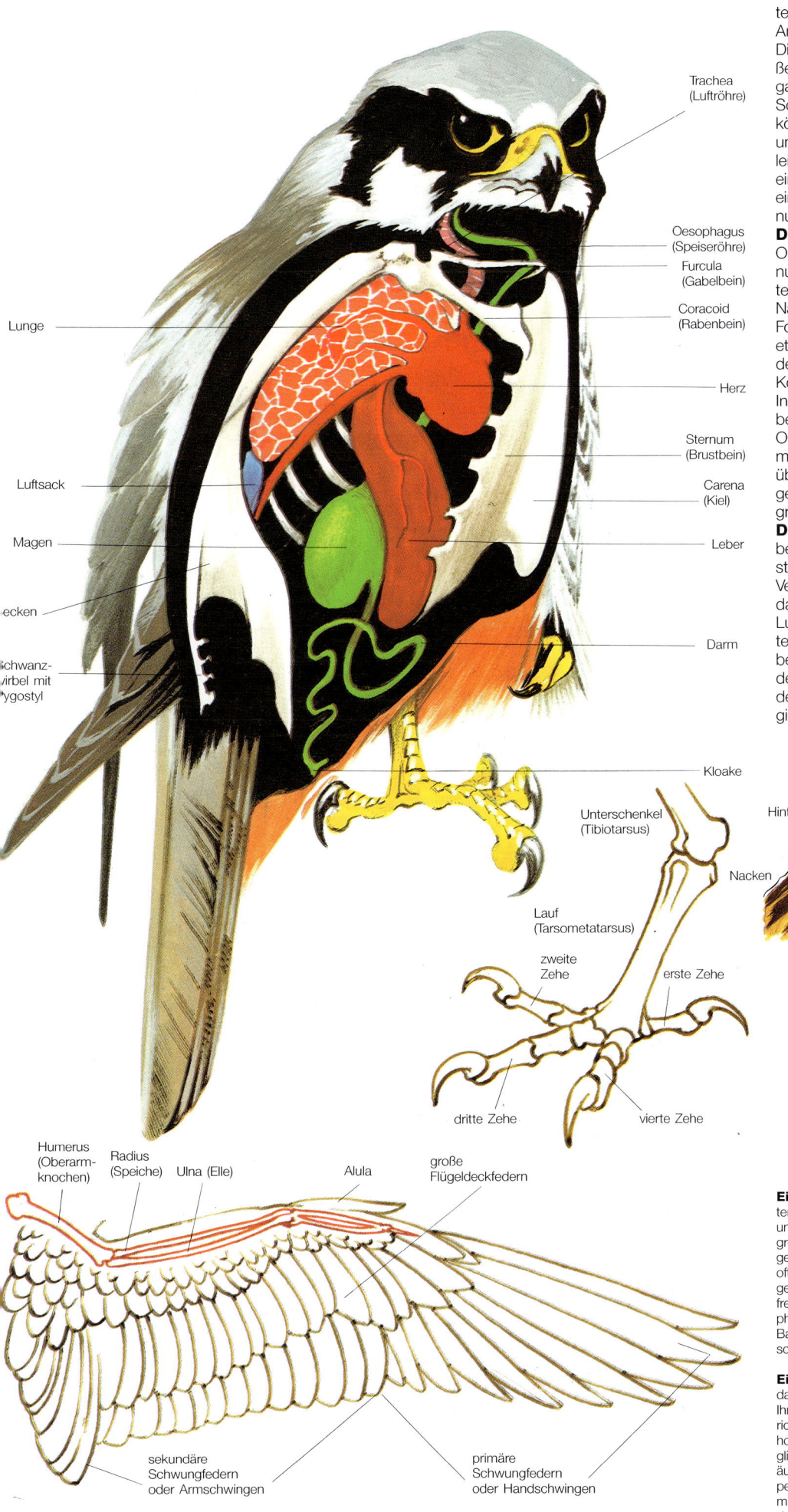

Trachea (Luftröhre)

Oesophagus (Speiseröhre)

Furcula (Gabelbein)

Coracoid (Rabenbein)

Lunge

Herz

Sternum (Brustbein)

Luftsack

Carena (Kiel)

Magen

Leber

ecken

Darm

chwanz-
irbel mit
ygostyl

Kloake

Unterschenkel (Tibiotarsus)

Lauf (Tarsometatarsus)

zweite Zehe

erste Zehe

dritte Zehe

vierte Zehe

Humerus (Oberarm-knochen)

Radius (Speiche)

Ulna (Elle)

Alula

große Flügeldeckfedern

sekundäre Schwungfedern oder Armschwingen

primäre Schwungfedern oder Handschwingen

Scheitel

Stirn

Cera

Hinterkopf

Nacken

Hornscheide

Ohr (von Federn bedeckt)

Kehle

Hals

Brust

tertiäre Schwungfedern, oder man nennt sie auch Armschwingen und Handschwingen.

Die Federn des Schwanzes (Schwanzfedern) heißen Stoßfedern oder Steuerfedern, weil sie die Aufgabe der Steuerung des Vogelfluges haben.

Schließlich die Deckfedern, die den übrigen Vogelkörper bedecken, gegen Nässe und Kälte schützen und dem Vogelkörper aerodynamische Gestalt verleihen. Die Schuppenbedeckung des Vogelfußes, ein Reptilienmerkmal, ist vielfältig differenziert und ein wichtiges Merkmal zur systematischen Einordnung der Vögel.

Der Schnabel: Bei der Klasse Vögel sind sowohl Ober- als auch Unterkieferknochen mit einer kontinuierlich wachsenden Hornscheide, der sogenannten Rhamphotheca, überzogen. Als Instrument zur Nahrungsaufnahme zeigt er bei den verschiedenen Formen eine höchst differenzierte Ausformung, etwa kräftig und mit stark gekrümmter Spitze bei den Greifvögeln, gedrungen und zylinderförmig bei Körnerfressern, länglich dünn und eher zart bei den Insektenfressern, stark verlängert und hochsensibel bei den Limikolen, den Watvögeln. An der Basis des Oberkiefers befinden sich die Nasenöffnungen. Bei manchen Formen, wie etwa bei den Greifvögeln, überzieht eine weiche sensible Haut, die häufig gelb gefärbte Cera oder Wachshaut, den Schnabelgrund.

Das Skelett: Für die meisten Vogelarten ist eine besondere Leichtigkeit des Skeletts charakteristisch. Grund dafür ist, daß viele Knochen in enger Verbindung zum Atmungssystem stehen, das heißt, daß die Knochenhohlräume von den Luftsäcken der Lunge eingenommen werden. Eine weitere Charakteristik ist die Versteifung oder Verwachsung von beieinanderliegenden Wirbelgruppen, besonders in der Brustwirbelsäulenregion (Thorakalregion) und in der Lenden-Kreuzbein-Region (Lumbal-Sakral-Region). Dies ermöglicht eine größere Flugstabilität.

Ein »aktives« Leben: Die ständige Suche nach großen Futtermengen, der Nestbau, das Bebrüten der Eier, die Ernährung und Betreuung der Jungen, in manchen Fällen das Überwinden großer Entfernungen im Vogelzug (saisonbedingte Wanderungen) sind die Aufgaben dieser unermüdlichen Lebewesen, die oft mit hervorragenden Instinkten ausgestattet sind. Auf der gegenüberliegenden Seite: ein Möwenpaar im Flug; ein Bienenfresser mit seiner Beute, einem Insekt im Schnabel; eine Orpheusgrasmücke beim Versorgen ihrer Jungen im Nest; eine Balzszene zweier Möwen und eine brütende Zwergseeschwalbe.

Eine »Flugmaschine«: Abgesehen von einigen Spezies ist das hervorstechendste Merkmal der Vögel ihr Flugvermögen. Ihre ganze Anatomie und Funktion der Organe ist darauf ausgerichtet: der kompakte, aerodynamische Bau des Rumpfes, die hohlen, gewichtssparenden Knochen, die flügelförmigen Vordergliedmaßen, das Federkleid, das leistungsfähige Herz und die äußerst kräftige Flugmuskulatur charakterisieren den Vogelkörper. Die Abbildungen auf dieser Seite zeigen die innere Anatomie eines Vogels, die Einzelheiten des Flügels, des Fußes und des Kopfes.

Die Vögel Europas

Pelecanidae Fam. Pelikane
nackter Hautsack am Unterkiefer (7)

Phoenicopteridae Fam. Flamingos
sehr langer Lauf, Unterschenkel großteils nackt (5)

die vier Zehen durch eine Membran verbunden

kurzer Lauf, Unterschenkel beinahe gänzlich befiedert

volle Schwimmhäute (1)

Füße nicht völlig mit Schwimmhäuten versehen (2–4)

Sulidae Fam. Tölpel
Kralle der Mittelzehe mit Kamm (8)

Fehlen des Hautsacks am Unterkiefer

nur drei Vorderzehen durch eine Haut verbunden (1)

Anatidae Fam. Gänse
nagelförmiger Fortsatz an der Spitze des Schnabels (9)

Rallidae Fam. Rallen
Hautrand der Mittelzehe (3)

Phalacrocoracidae Fam. Kormorane
Mittelzehe ohne Kamm

Schnabelspitze ohne nagelförmigen Fortsatz

Procellariidae Fam. Sturmvögel
röhrenförmige Nasenöffnungen (10)

gelappte Zehen (2–3)

Lariidae Fam. Möwen
Beine etwa in der Mitte des Körpers eingelenkt (12)

Schnabel ohne Wachshaut

keine röhrenförmigen Nasenöffnungen

Stercorariidae Fam. Raubmöwen
Schnabel mit Wachshaut versehen (11)

Podicipedidae Fam. Lappentaucher
Hautrand der Mittelzehe nicht (2)

Beine sehr weit hinten eingelenkt (13)

Alcidae Fam. Alken
Füße mit drei Zehen

Gaviidae Fam. Seetaucher
Füße mit vier Zehen

Glareolidae Fam. Rennvögel
Kralle der Mittelzehe mit Kamm versehen (8)

Schnabelspalte reicht bis zum vorderen Augenrand

Otididae Fam. Trappen
Kralle der Mittelzehe ohne Kamm

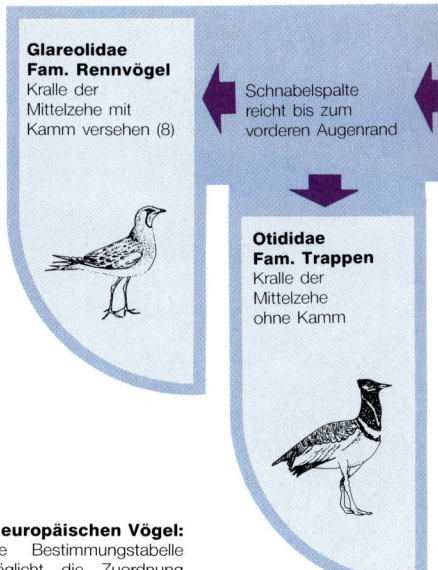

Ganz besonders beweglich sind hingegen die Halswirbel. Der Schwanz ist gestützt von einer Gruppe von Wirbeln (sechs oder sieben), die verkürzt und wenig beweglich sind und mit dem Pygostil (dem Schwanzstiel) auslaufen. Angeschmiegt an diese pflugscharähnlichen Knochenplatten befindet sich die Bürzeldrüse, die ein wasserabstoßendes Sekret erzeugt, mit dem die Vögel ihre Federn einfetten. Die zweiteiligen Rippen, die wesentlicher Teil des Brustkorbes sind, sind bauchseitig mit dem Brustbein und über ein Interkostalgelenk beweglich verbunden. Bei den meisten Formen haben sie oberseits nach hinten weisende hakenförmige Fortsätze (Processus uncinatus), die die Kompaktheit des Brustkorbs verstärken. Das Brustbein, in dieser Klasse besonders entwickelt, weist eine mediane Platte auf, die Carina oder das Kielbein, als Ansatz für die starke Brustmuskulatur, die das Fliegen ermöglicht. Die Ausprägung des Brustbeins und besonders des Kielbeins steht in enger Beziehung zum Flugvermögen, ist daher wenig ausgeprägt bei

Formen, die flugunfähig sind (Nandus, Strauße, Kiwis). Charakteristisch ist die Form der Schlüsselbeine, die beim Großteil der Arten zu einem Organ, der Furcula oder dem Gabelbein verwachsen sind. Das Flügelskelett weist eine Reduktion der Fingerzahl auf, es sind nur noch drei Finger ausgebildet. Auch von den zahlreichen Knochen der Handwurzel verbleiben nur die Radiale und das Ulnare; die restlichen Handwurzelknochen verschmelzen mit den Mittelhandknochen und bilden den zweiteiligen Metakarpus. Reduziert ist auch die Anzahl der Fingerglieder (erster Finger ist eingliedrig, zweiter Finger zweigliedrig, dritter Finger eingliedrig). Im Beinskelett liegt eine Reduktion des Wadenbeins, der Fibula, vor. Diese ist besonders zart gebaut, spießförmig oder mit dem Schienbein verschmolzen. Die Fußwurzelknochen verschmelzen mit den anliegenden Knochen und bilden den Tibiotarsus (Unterschenkel) und den Tarsometatarsus (Lauf).
Im allgemeinen hat der Vogelfuß vier Zehen; die erste Zehe weist meist nach hinten, die anderen

Die europäischen Vögel:
Diese Bestimmungstabelle ermöglicht die Zuordnung einzelner Spezies zu bestimmten Familien der europäischen Avifauna. Die in Klammern angegebenen Nummern beziehen sich auf die Darstellungen auf den Seiten 18 und 19; dort werden die besonderen Einzelheiten von Fall zu Fall erläutert. Auch in den Bestimmungstabellen der folgenden Seiten (die einige Familien speziell behandeln), werden nur die in Europa vorkommenden Arten in Betracht gezogen.

rei nach vorne, aber bei den verschiedenen Grup-
en sind starke Abweichungen möglich, so daß die
rm und Stellung der Zehen zur systematischen
assifikation der verschiedenen Arten dient. Bei
en wasserlebenden Formen sind die Zehen des
ußes mit verschiedenartigen häutigen Membranen
ersehen, die entweder Schwimmhäute bilden oder
ppenartig sind *(palmatus, semipalmatus und lo-*
atus). Überdies werden zur systematischen Ein-
rdnung der Vögel auch die Knochen, welche die
ölbung des Gaumens bilden, herangezogen. Da
ese Art der Bestimmung jedoch sehr schwierig
t, wird sie in diesen Ausführungen nicht berück-

sichtigt und dafür andere, leicht erkennbare charakteristische Bestimmungsmerkmale vorgezogen.
Muskelsystem: Auffallend ist die mächtige Aus-
bildung der Brustmuskulatur, die direkt am Fliegen
beteiligt ist und die umso stärker entwickelt ist, je
besser das Flugvermögen einer Art ist. Charakteristisch ist auch ein besonderer Mechanismus der
Beinmuskulatur, der beim Beugen der Beingelenke
ein automatisches Schließen der Zehen zur Folge
hat, ein müheloses Umklammern der Sitzunterlage
ermöglicht und so ein Loslassen der Zehen während des Schlafs verhindert.
Verdauungsapparat: Der erste Teil des Verdau-

ungsapparates ist die Mundhöhle mit der in ihr
befindlichen Zunge, deren Form und Funktion je
nach Ernährung höchst unterschiedlich ist. Sie ist
mit einer Hornscheide überzogen. Auf die Mundhöhle folgt die Speiseröhre, die sich in manchen
Fällen zu einem Kropf erweitert (Ingluvia), in dem die
Nahrung vorverdaut und aufgeweicht wird. Danach
mündet die Speiseröhre in einen Drüsenmagen und
Vormagen und schließlich in den Muskelmagen,
dessen Wände, insbesondere bei den Formen der
Körnerfresser, sehr dickwandig sind und der Mahlsteinchen enthalten kann. Darauf folgt der Darm;
dieser besteht aus einem sehr langen Dünndarm

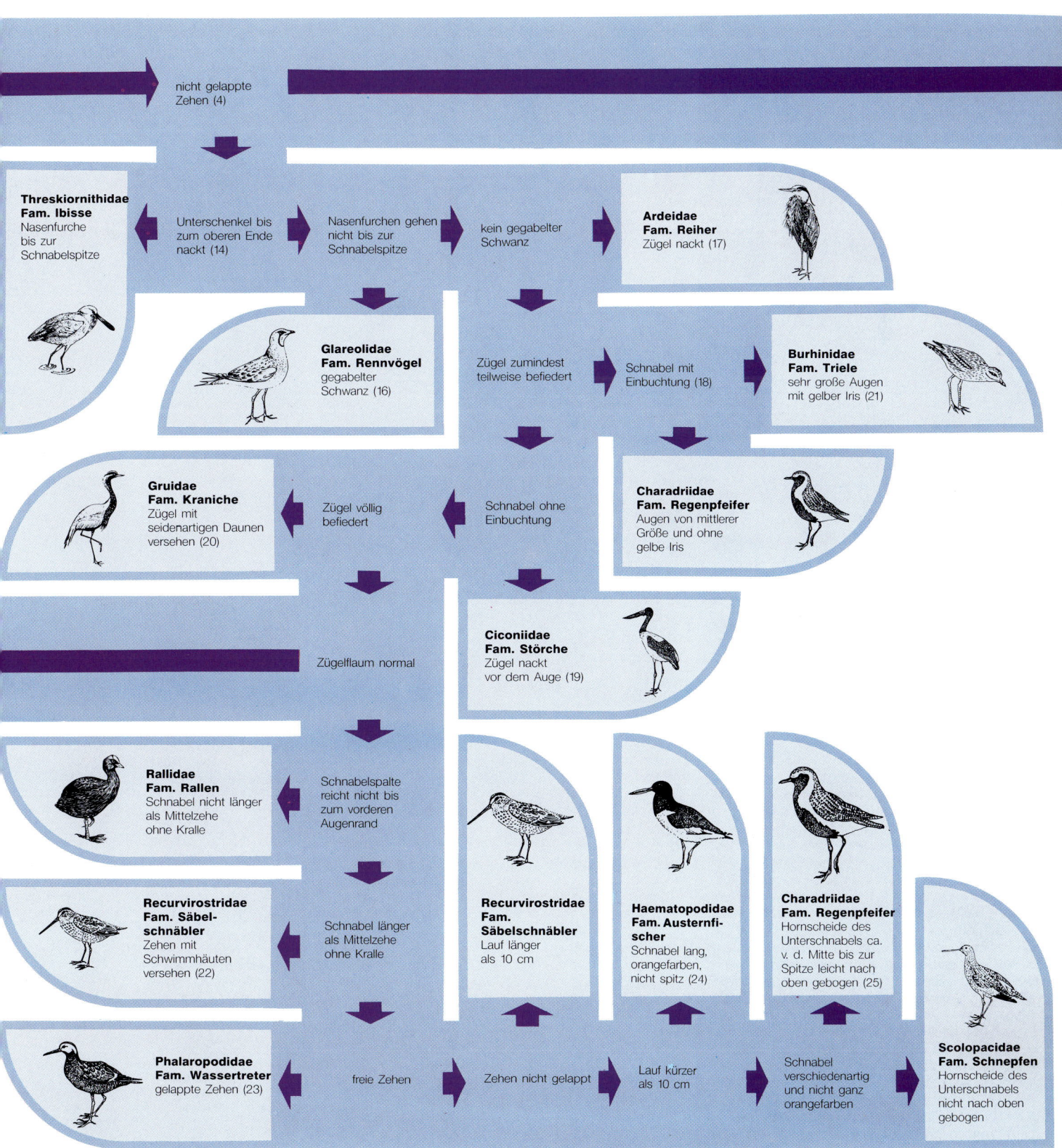

nicht gelappte Zehen (4)

Threskiornithidae Fam. Ibisse
Nasenfurche bis zur Schnabelspitze

Unterschenkel bis zum oberen Ende nackt (14)

Nasenfurchen gehen nicht bis zur Schnabelspitze

kein gegabelter Schwanz

Ardeidae Fam. Reiher
Zügel nackt (17)

Glareolidae Fam. Rennvögel
gegabelter Schwanz (16)

Zügel zumindest teilweise befiedert

Schnabel mit Einbuchtung (18)

Burhinidae Fam. Triele
sehr große Augen mit gelber Iris (21)

Gruidae Fam. Kraniche
Zügel mit seidenartigen Daunen versehen (20)

Zügel völlig befiedert

Schnabel ohne Einbuchtung

Charadriidae Fam. Regenpfeifer
Augen von mittlerer Größe und ohne gelbe Iris

Ciconiidae Fam. Störche
Zügel nackt vor dem Auge (19)

Zügelflaum normal

Rallidae Fam. Rallen
Schnabel nicht länger als Mittelzehe ohne Kralle

Schnabelspalte reicht nicht bis zum vorderen Augenrand

Recurvirostridae Fam. Säbelschnäbler
Zehen mit Schwimmhäuten versehen (22)

Schnabel länger als Mittelzehe ohne Kralle

Recurvirostridae Fam. Säbelschnäbler
Lauf länger als 10 cm

Haematopodidae Fam. Austernfischer
Schnabel lang, orangefarben, nicht spitz (24)

Charadriidae Fam. Regenpfeifer
Hornscheide des Unterschnabels ca. v. d. Mitte bis zur Spitze leicht nach oben gebogen (25)

Phalaropodidae Fam. Wassertreter
gelappte Zehen (23)

freie Zehen

Zehen nicht gelappt

Lauf kürzer als 10 cm

Schnabel verschiedenartig und nicht ganz orangefarben

Scolopacidae Fam. Schnepfen
Hornscheide des Unterschnabels nicht nach oben gebogen

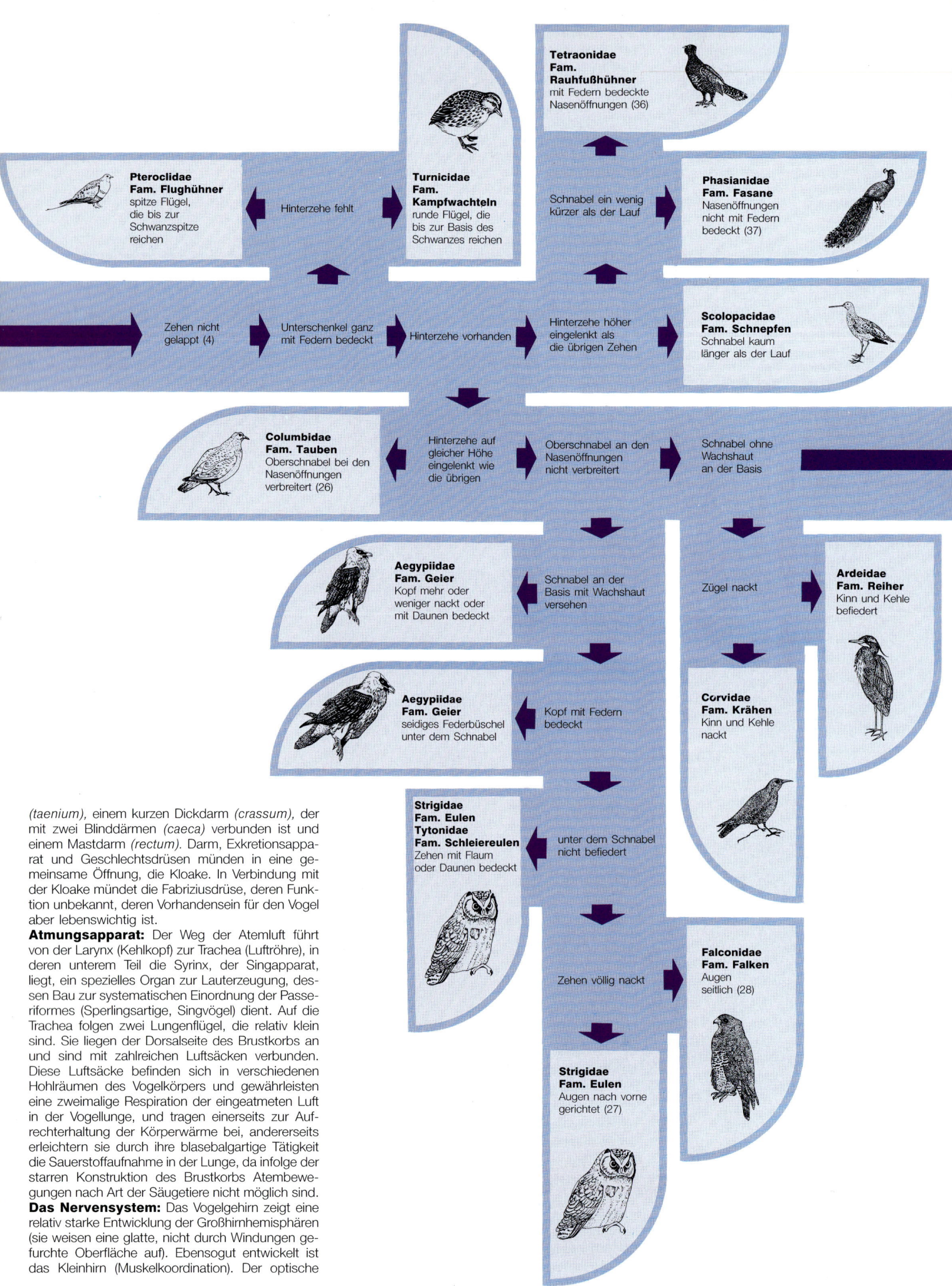

(taenium), einem kurzen Dickdarm (crassum), der mit zwei Blinddärmen (caeca) verbunden ist und einem Mastdarm (rectum). Darm, Exkretionsapparat und Geschlechtsdrüsen münden in eine gemeinsame Öffnung, die Kloake. In Verbindung mit der Kloake mündet die Fabriziusdrüse, deren Funktion unbekannt, deren Vorhandensein für den Vogel aber lebenswichtig ist.

Atmungsapparat: Der Weg der Atemluft führt von der Larynx (Kehlkopf) zur Trachea (Luftröhre), in deren unterem Teil die Syrinx, der Singapparat, liegt, ein spezielles Organ zur Lauterzeugung, dessen Bau zur systematischen Einordnung der Passeriformes (Sperlingsartige, Singvögel) dient. Auf die Trachea folgen zwei Lungenflügel, die relativ klein sind. Sie liegen der Dorsalseite des Brustkorbs an und sind mit zahlreichen Luftsäcken verbunden. Diese Luftsäcke befinden sich in verschiedenen Hohlräumen des Vogelkörpers und gewährleisten eine zweimalige Respiration der eingeatmeten Luft in der Vogellunge, und tragen einerseits zur Aufrechterhaltung der Körperwärme bei, andererseits erleichtern sie durch ihre blasebalgartige Tätigkeit die Sauerstoffaufnahme in der Lunge, da infolge der starren Konstruktion des Brustkorbs Atembewegungen nach Art der Säugetiere nicht möglich sind.

Das Nervensystem: Das Vogelgehirn zeigt eine relativ starke Entwicklung der Großhirnhemisphären (sie weisen eine glatte, nicht durch Windungen gefurchte Oberfläche auf). Ebensogut entwickelt ist das Kleinhirn (Muskelkoordination). Der optische

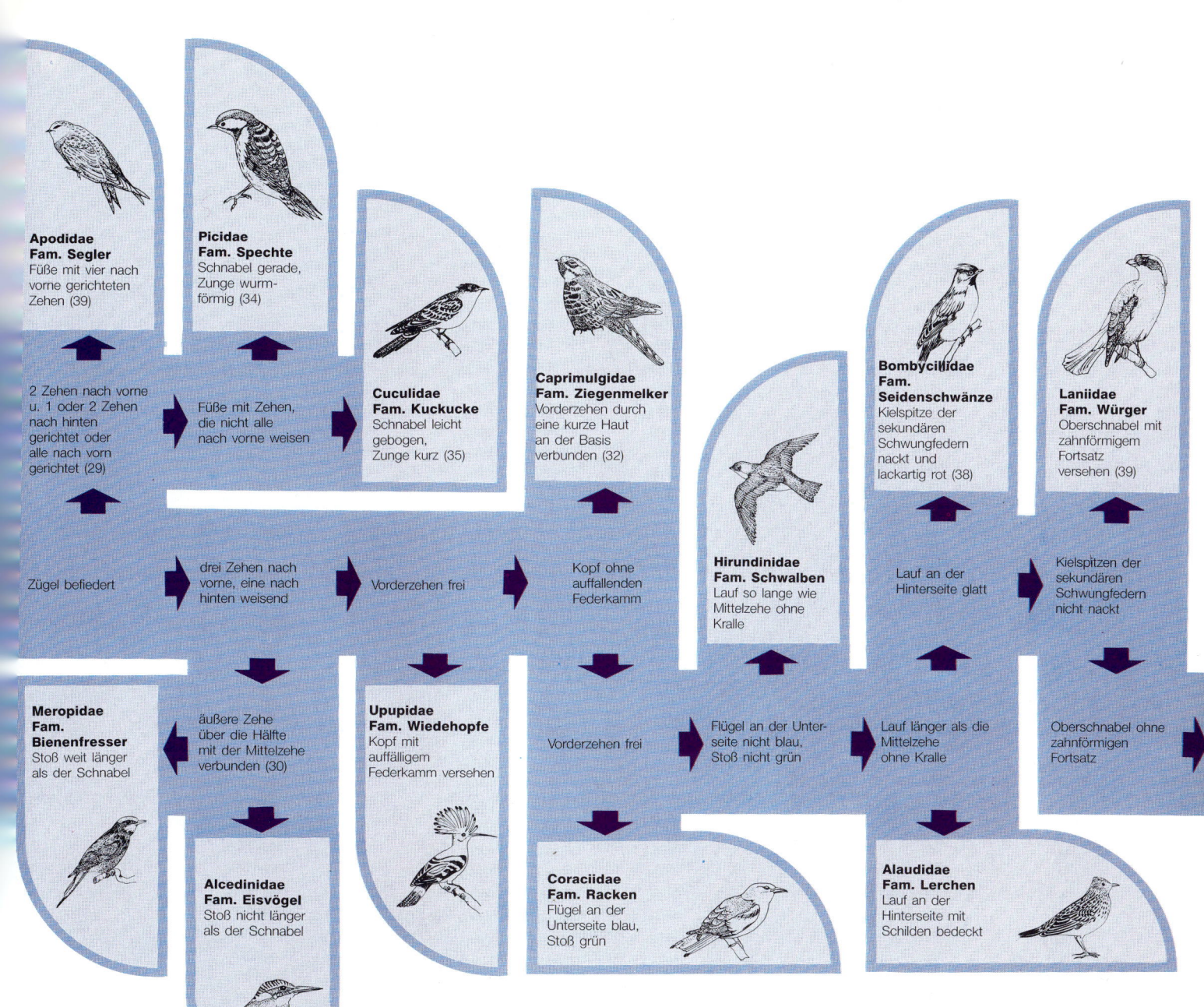

Apodidae Fam. Segler
Füße mit vier nach vorne gerichteten Zehen (39)

Picidae Fam. Spechte
Schnabel gerade, Zunge wurmförmig (34)

Cuculidae Fam. Kuckucke
Schnabel leicht gebogen, Zunge kurz (35)

Caprimulgidae Fam. Ziegenmelker
Vorderzehen durch eine kurze Haut an der Basis verbunden (32)

Bombycillidae Fam. Seidenschwänze
Kielspitze der sekundären Schwungfedern nackt und lackartig rot (38)

Laniidae Fam. Würger
Oberschnabel mit zahnförmigem Fortsatz versehen (39)

2 Zehen nach vorne u. 1 oder 2 Zehen nach hinten gerichtet oder alle nach vorn gerichtet (29)

Füße mit Zehen, die nicht alle nach vorne weisen

Zügel befiedert

drei Zehen nach vorne, eine nach hinten weisend

Vorderzehen frei

Kopf ohne auffallenden Federkamm

Hirundinidae Fam. Schwalben
Lauf so lange wie Mittelzehe ohne Kralle

Lauf an der Hinterseite glatt

Kielspitzen der sekundären Schwungfedern nicht nackt

Meropidae Fam. Bienenfresser
Stoß weit länger als der Schnabel

äußere Zehe über die Hälfte mit der Mittelzehe verbunden (30)

Upupidae Fam. Wiedehopfe
Kopf mit auffälligem Federkamm versehen

Vorderzehen frei

Flügel an der Unterseite nicht blau, Stoß nicht grün

Lauf länger als die Mittelzehe ohne Kralle

Oberschnabel ohne zahnförmigen Fortsatz

Alcedinidae Fam. Eisvögel
Stoß nicht länger als der Schnabel

Coraciidae Fam. Racken
Flügel an der Unterseite blau, Stoß grün

Alaudidae Fam. Lerchen
Lauf an der Hinterseite mit Schilden bedeckt

Trakt *(tractus opticus)* des Großhirns ist zu Lasten des olfaktorischen Teils *(lobus olfactorius)* speziell entwickelt. Vögel sind Augentiere, entsprechend schlecht ist ihr Geruchsinn. Der Tastsinn ist durch das häufige Auftreten von Tastkörperchen besonders in der Zungen- und Schnabelregion gesichert. Das hochleistungsfähige Auge ist charakterisiert durch eine teilweise Verknöcherung der Sklera, den knöchernen Sklerotikalring. In den Glaskörper des Auges ragt ein Fortsatz, der Pekten (Kamm) hinein, eine Struktur, die wahrscheinlich den Augeninnendruck ausgleicht und das Bewegungssehen verbessert. Ein Ziliarmuskel und eine kontraktile (verengungsfähige) Iris ermöglichen die Akkomodation (Entfernungseinstellung) und Adaption (Helligkeitsregelung).

Die farbempfindliche Zapfen und helligkeitsempfindliche Stäbchen tragende Netzhaut hat sogenannte Sehfelder mit Sehgruben als Stellen schärfsten Sehens ausgebildet. Zu den zwei Augenlidern, dem oberen und dem unteren, kommt die Nickhaut als drittes Lid hinzu, das die Cornea (Hornhaut) durch rhythmisches Darüberklappen säubert. Das Sehvermögen der großen Vögel ist wesentlich besser als das des Menschen. Das statoakustische Organ (Gehör- und Gleichgewichtsorgan) weist halbkreisförmige, gut entwickelte Bogengänge und eine Lagena (Teil des Labyrinths) auf, die im Vergleich zu den Reptilien wesentlich besser entwickelt ist. Das innere Ohr der Vögel ist etwas anders gebaut als das Säugetierohr, nur ein Gehörknöchelchen, die Columella, leitet den Schall in die Schnecke (Cochlea). Vögel hören ausgezeichnet.

Exkretionsapparat (Ausscheidungsapparat): Dieser besteht aus einem Paar von meist dreilappigen Nieren, deren Ausführungsgänge getrennt in die Kloake münden. Eine Harnblase fehlt.

Geschlechtsorgane: Die Männchen besitzen zwei gut entwickelte Hoden, die vor den Nieren liegen, die Weibchen zwei Eierstöcke, von denen nur noch der linke vollständig entwickelt ist. Die Ausführungsgänge der Keimdrüsen münden in die Kloake. Der Eileiter nimmt die großen dotterreichen Eier mit seinem großen Trichter auf, dann erfolgt die Befruchtung während der Wanderung des Eies. Entlang des drüsenreichen, gewundenen Eileiters wird das Ei mit einem Eiweißmantel, dann mit einer dünnen Schalenhaut versehen und im Uterus schließlich mit einer verschiedenfarbigen porösen Kalkschale umgeben.

Fortpflanzung: Die Vögel pflanzen sich durch Eiablage fort, und je nach Art werden unterschiedlich viele Eier produziert, die auch eine bestimmte Brutdauer benötigen. Im Inneren des Eies liegt der Dotter, der umgeben ist von einer Membran, der Dotterhaut, die ihrerseits vom Eiklar umhüllt wird. Letzteres besitzt an seinen Polen spezielle Bildungen, die Hagelschnüre. Außen ist das Eiklar mit der *Membrana testacea,* der Schalenhaut, umgeben, die am stumpfen Pol eine Luftkammer freiläßt. Die äußerste Schicht des Eies besteht aus einer porösen, verschiedenfärbigen Kalkschicht. Nach erfolgter Eiablage schlüpfen die Küken erst nach einer bestimmten Brutdauer, die verschieden lang sein kann, zwischen zehn Tagen bei sehr kleinen Formen und zweieinhalb Monaten beim Strauß. Sind die frischgeschlüpften Küken selbständig (autonom), so spricht man von Nestflüchtern. Sind sie jedoch nackt, blind und unfähig zum Verlassen des Nestes, so nennt man sie Nesthocker.

Phylogenetische Beziehungen zwischen Vögeln und Reptilien: Um die Mitte des 19. Jahrhunderts hat die vergleichende Anatomie interessante Parallelen zwischen dem anatomischen Aufbau von Vögeln und Reptilien festgestellt. Offensichtliche Analogien weist die Kammerung von Vogel- und Reptilienherz auf; weitere Ähnlichkeiten finden sich im Gefäßsystem, dem Skelett und der Bildung von Schuppen und Federn; letzlich produzieren beide Gruppen telolezithale Eier, das sind Eier, deren Dotter polwärts verschoben sind. Wichtige Beweise für eine phylogenetische (stammesgeschichtliche) Verwandtschaft von Reptilien und Vö-

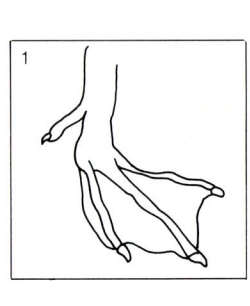
1

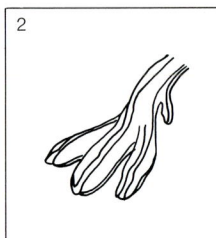
2

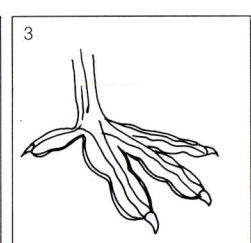
3

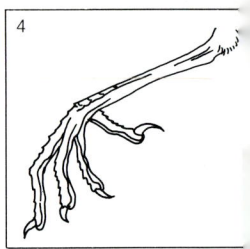
4

Corvidae
Fam. Krähen
Lauf vorne glatt

Corvidae
Fam. Krähen
Nasenöffnungen
mit steifen und
seidigen Federn
bedeckt

Paridae
Fam. Meisen
Seitenzehen
viel länger als
die Spitze
des 2. Gliedes
der Mittelzehe

Troglodytidae
Fam. Zaunkönige
äußere Zehe nicht
länger als innere

Oberschnabel an
der Basis nicht
eingesenkt und
ohne auffällige
Nasengruben (41)

Lauf vorne mit
Schilden versehen

Nasenöffnungen
frei

Fringillidae/
Ploceidae
Fam. Finken/
Ammern
Seitenzehen nicht oder
kaum länger als die
Spitze des 2. Gliedes
der Mittelzehe

primäre Schwung-
federn
mindestens halb so
lang wie sekundäre

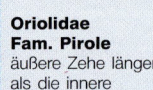

Oriolidae
Fam. Pirole
äußere Zehe länger
als die innere

Oberschnabel ohne
zahnförmigen Fortsatz

Oberschnabel an der
Basis eingesenkt,
Nasengruben deutlich
sichtbar und durch
den Scheitel des
Schnabels getrennt
(40)

Stoßfedern nicht
spitz, steif und
lanzettförmig

erste Deckfeder nicht
oder kaum länger als
die sekundären
Schwungfedern

Schnabel zart und
nicht länger als
der Lauf

Rand des
Oberschnabels im
distalen Teil
nicht gesägt

Certhiidae
Fam. Baumläufer
Stoßfedern spitz,
steif, lanzettförmig
(42)

Motacillidae
Fam. Piper &
Stelzen
1. große Deckfeder
länger als d. sekund.
Schwungfedern und
fast so lang wie
die primären (43)

Certhiidae
Fam. Baumläufer
Schnabel dünn
und viel länger
als der Lauf

Cinclidae
Fam.
Wasseramseln
Rand des
Oberschnabels
im distalen Teil
gesägt (44)

primäre Schwung-
federn kürzer,
reduziert oder
nicht vorhanden

Sturnidae
Fam. Stare
Schnabelfurche
überragt den
vorderen Augenrand

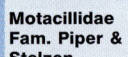

Schnabelspalte
überragt nicht
den vorderen
Augenrand

Lauf vorne glatt

geln stammen außerdem aus zahlreichen anatomischen, embryologischen und paläontologischen,
seit jüngster Zeit auch aus serologischen Untersuchungen. (Ähnlichkeiten im Aufbau der komplizier-
ten Eiweißkörper.)
Die Ähnlichkeit scheint noch viel offensichtlicher,
wenn man die Organisationshöhe im Skelettbau
von Vögeln mit einer fossilen Reptiliengruppe, den
Pseudosuchiern, die in der Trias des Erdmittelalters
lebten, vergleicht. Der älteste bis jetzt als Fossil
bekannte Vorfahr der Klasse Vögel ist Archaeopteryx, der Urvogel. Man fand ihn in den lithographi-
schen Plattenkalken Bayerns, die aus der Jurazeit
stammen. Der Abdruck dieses etwa taubengroßen
Vogels zeigt urtümliche Reptilienmerkmale, wie
einen langen, aus vielen Wirbeln bestehenden, seitlich befiederten Schwanz und einen reptilienartigen
Schädel mit bezahnten Kiefern.
Auch der knöcherne Bau des Flügels ist urtümlich,
er weißt noch bekrallte Finger auf. Der Brustkorb
mit Rippen ohne Hakenfortsätze und schwachem
Brustbein, ist ebenfalls reptilienartig. Eindeutige Vogelmerkmale sind indes die zur Furcula (Gabelbein)
verwachsenen Schlüsselbeine, die Form des
Schambeins und letztlich das Federkleid. Bindeglie-
der zwischen Pseudosuchiern, also echten Reptilien, und Archaeopteryx wurden bislang nicht gefunden, müssen aber existiert haben, sie werden in
der Paläonthologie als Proavis (Vorvogel) bezeich-
net und harren noch ihrer Entdeckung.

Sittidae
Fam. Kleiber
Nasenöffnungen
mit seidigem Flaum
bedeckt (45)

Lauf vorne mit
Schilden bedeckt

Muscicapidae
Fam.
Fliegenschnäpper
Oberschnabel so
lang wie die dopp.
Breite der Basis
(47)

Silviidae
Fam. Grasmücken
Kopf und Hals,
wenn grau, ohne
braune Flecken
an den Seiten

Nasenöffnungen nicht
mit seidigem Flaum
bedeckt

Prunellidae
Fam. Braunellen
Kopf und Hals grau
gefiedert, an den
Seiten längliche
braune Flecken

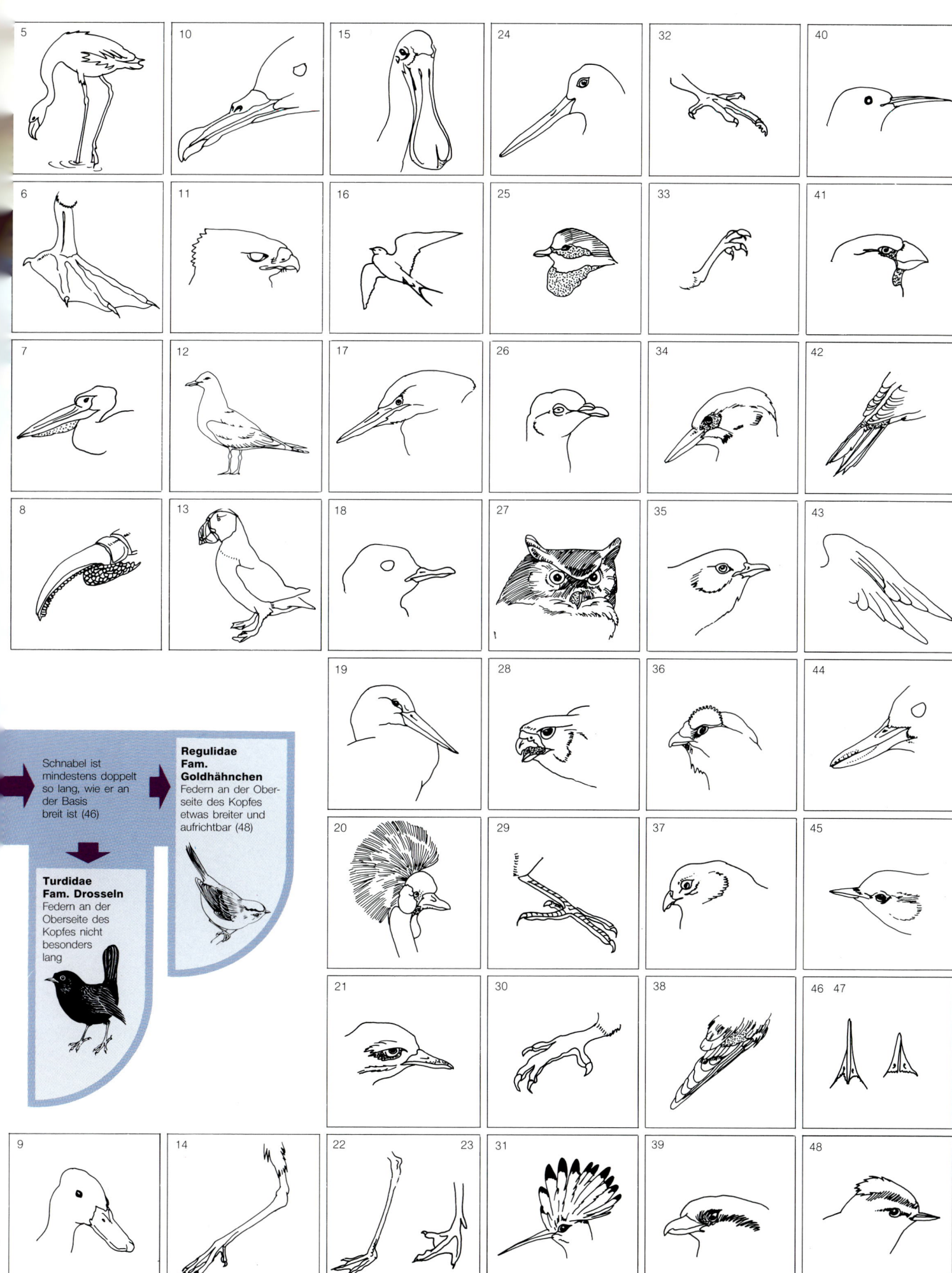

Schnabel ist mindestens doppelt so lang, wie er an der Basis breit ist (46)

Regulidae Fam. Goldhähnchen
Federn an der Oberseite des Kopfes etwas breiter und aufrichtbar (48)

Turdidae Fam. Drosseln
Federn an der Oberseite des Kopfes nicht besonders lang

Apterygiformes
Ordnung Kiwivögel

Zur Ordnung der Apterygiformes gehören drei Familien, die ausschließlich auf Neuseeland beschränkt sind.

Erstens die Familie Emeidae, vertreten mit 19 Arten aus dem Oberen Miozän und dem Unteren Pleistozän, wobei alle genannten Arten bereits ausgestorben sind. Die letzte Art dieser Gruppe verschwand erst im 18. Jahrhundert und wurde vom Menschen ausgerottet.

Auch die zweite Familie, die Dinornithidae oder Moas, die äußerst große, teils gigantische Formen (bis zu 3 m Höhe) hervorbrachte und sich im Mittleren Pliozän entwickelte, starb vor ca. 300 Jahren zur Gänze aus. Ein Grund dafür ist wahrscheinlich der Umstand, daß die Maori-Bevölkerung, die um 1350 auf der Insel einwanderte, intensive Jagd auf diese großen Vögel machte. Der entscheidende Grund für das Aussterben der Moas liegt aber sicher in der radikalen Veränderung ihrer Umwelt, ebenfalls ausgelöst durch den Menschen. Brandrodung, Ackerbau und nicht zuletzt die eingeschleppten oder angesiedelten Säugetiere wie Ratte, Katze, Hund und andere machen der Tierwelt Neuseelands heute noch zu schaffen. Die riesigen Moas nahmen in der Fauna Neuseelands die Stellung von Pflanzenfressern ein.

Zur dritten Familie, den Apterygidae, auch diese stammt aus dem Pleistozän, gehören drei heute noch existierende Arten, bekannt als Kiwis. Der Gestalt nach sehen sie einem Haushuhn entfernt ähnlich, sie haben ein Brustbein ohne Kiel, ein haarähnliches Federkleid, verkümmerte Flügel und einen langen Schnabel mit weit vorne liegenden Nasenöffnungen. Kiwis haben einen schlecht entwickelten Sehsinn, der Geruchssinn hingegen ist außergewöhnlich gut entwickelt, ebenso ihr Tastsinn, besonders durch die langen Tastborsten an der Basis des Schnabels. Die Waldvernichtung in Neuseeland in den vergangenen Jahrhunderten hat noch heute negative Auswirkungen auf den Kiwibestand, und obwohl dieser Vogel heute als Nationaltier unter strengem Naturschutz steht, ist er nach wie vor vom Aussterben bedroht.

Struthioniformes
Ordnung Laufvögel

Zur Ordnung der Struthioniformes gehören die zwei Familien der Eleuterornithidae und Struthionidae (Strauße).

Zur ersten Familie gehört eine fossile Spezies, von der man nur ein Beckenfragment aus dem Mittleren Eozän kennt.

Zu den Struthionidae, den Straußen, die im Unteren Pliozän auftauchten, gehören sieben Spezies, von denen sechs ausgestorben sind und nur eine überlebt hat (der Afrikanische Strauß). Ursprünglich waren die Vertreter dieser Gruppe, die ihren Ursprung in den paläarktischen Regionen haben, über ein riesiges Areal von Südeuropa bis Asien und in die Wüsten der Mongolei sowie in ganz Afrika verbreitet. Dann drängte die erbarmungslose Jagd, die auf diese Vögel seit den Tagen der alten Ägypter und Assyrer gemacht wurde, und später der Handel mit den kostbaren Federn, die zuerst von den Kreuzfahrern als Helmschmuck und später von der Damenmode begehrt wurden, die Strauße auf kleine Gebiete zurück. Heute leben sie nur noch in einigen Regionen Afrikas, Arabiens und Südsyriens. Strauße werden in manchen Ländern (Südafrika) gezüchtet, da ihre Haut besonders in der lederverarbeitenden Industrie sehr begehrt ist.

Der Afrikanische Strauß hat Füße mit nur zwei Zehen (dritte und vierte), die mit mächtigen Krallen versehen sind; er hat ein Brustbein ohne Kiel und relativ verkümmerte Flügel (mit weichen Schwungfedern), die nicht zum Fliegen geeignet sind. Seinen Feinden entkommt der Strauß durch sehr schnelles Laufen. Wenn der Strauß in die Enge getrieben wird und nicht fliehen kann, ist er in der Lage, sich mit seinen Krallen und seinem Schnabel energisch zur Wehr zu setzen und ist selbst für seine aggressivsten Feinde ein wehrhafter Gegner.

Rheiformes
Ordnung Nanduartige

Zur Ordnung der Nanduartigen gehört nur die Familie der Rheidae, der Nandus, die im Unteren Eozän auftauchte und durch zwei Arten vertreten wird – dem gewöhnlichen Nandu und dem Darwin-Nandu. Die Gruppe, deren Ursprung unzweifelhaft Südamerika ist, sehen dem Afrikanischen Strauß sehr ähnlich. Bei den Nandus, die 1,30 m groß und bis zu 20 kg schwer werden, sind Kopf, Hals und Füße jedoch mit Federn bedeckt. Außerdem laufen die Füße in drei Zehen aus. Die Flügel sind nicht zum Fliegen geeignet, auch wenn sie besser entwickelt sind als beim Strauß.

Ursprünglich waren die Nandus in den weiten Ebenen Südamerikas, den Pampas, beheimatet. Mit der Ausbreitung der modernen Agrikultur mußten sie sich auf kleinere Gebiete zurückziehen. Die Ernährungsweise der Nandus entspricht in etwa jener des Straußes – er frißt also Wurzeln, Körner, Pflanzen und manchmal Insekten, auch kleinere Wirbeltiere. Ähnlich wie der Afrikanische Strauß sucht auch der Nandu die Nähe der Herden von großen pflanzenfressenden Säugetieren, die wahrscheinlich dazu beitragen, Insekten aufzuscheuchen und somit die Nahrungssuche erleichtern.

Als sehr schneller und ausdauernder Läufer ist der Nandu in der Lage, selbst ein Rennpferd zu überholen. Diese Spezies (zusammen mit einer anderen ähnlichen Art, die am Fuß der Anden beheimatet ist) war in der Vergangenheit Ziel rücksichtsloser Verfolgung, nicht so sehr wegen der Federn, die weit weniger dekorativ sind als die Federn des Straußes, oder wegen seines Fleisches, als vielmehr aus purer Jagdlust.

Apteryx australis (Apterygidae)
Familie Kiwis

Streifenkiwi

Tagsüber verbergen sich die Streifenkiwis in Höhlen zwischen Baumwurzeln und Gestrüpp, nachts machen sie sich auf die Suche nach Würmern und durchstöbern dabei den Boden des Unterholzes. Sie nisten in Höhlen, die zwei Eier werden ca. zweieinhalb Monate lang vom Männchen allein bebrütet. Männchen erkennt man an ihrer geringen Größe – sie sind etwa um ein Viertel kleiner als die Weibchen. Beim Schlüpfen sind die Jungen ganz mit weichem Flaum bedeckt, sie bleiben noch etwa fünf Tage im Nest, ohne etwas zu fressen, dann werden sie vom Vater auf Nahrungssuche geführt.

Struthio camelus (Struthionidae)
Familie Strauße

Afrikanischer Strauß

Der Strauß, die größte lebende Art in der Klasse Vögel, kann bis zu 2,5 m groß und 135 kg schwer werden. Er bevorzugt große, weite und trockene Ebenen, oft in Gesellschaft von großen pflanzenfressenden Säugetieren ernährt er sich von saftigen Pflanzen, Früchten, Körnern, aber auch von Insekten und in seltenen Fällen sogar von kleinen Wirbeltieren. Im allgemeinen lebt der Strauß in kleinen Gruppen. In der Brutzeit graben sie eine Mulde in den Boden, in die sie zehn bis zwölf Eier ablegen, das Bebrüten der Eier obliegt beiden Geschlechtern. Die Küken sind beim Schlüpfen schon selbständig und besitzen ein geflecktes Tarnkleid.

Rhea americana (Rheidae)
Familie Nandus

Nandu

Der Nandu ist polygam. Zur Paarungszeit paart sich das Männchen mit fünf bis sechs Weibchen. In der Folge werden die Eier in einer Erdmulde, die etwa 1 m breit und von Gras bedeckt ist, abgelegt. Sie legen insgesamt bis zu 30 Eier (mitunter mehr), die eine dunkelgrüne Farbe haben. Nach zweieinhalb Monaten Brutzeit schlüpfen die Jungen, die vom ersten Moment an selbständig sind. Auch das Männchen trägt zur Aufzucht der Jungen bei – etwa sechs Wochen bewacht es seine Nachkommenschaft.

Nandus ▶

Casuariiformes
Ordnung Kasuare

Zur Ordnung der Casuariiformes gehören drei Familien: Dromaiidae, Dromornithidae und Casuariidae.

Die Familie Dromaiidae, die sich im Oberen Pleistozän entwickelte, wird heute von einer einzigen Familie repräsentiert – den Emus. Der Emu ist in Australien weit verbreitet und kommt noch heute, trotz der Feindseligkeit, die ihm von den australischen Farmern entgegengebracht wird, ziemlich häufig vor. Eine andere Spezies derselben Familie, der schwarze Emu, der auf den Känguruh- und King-Inseln beheimatet war, starb etwa um die Mitte des vorigen Jahrhunderts aus.

Die Familie der Dromornithidae stammt aus dem Oberen Pleistozän und ist uns nur durch zwei fossile Spezies bekannt, die auch auf dem australischen Kontinent gefunden wurden.

Zur Familie Casuariidae, auch diese stammt aus dem Oberen Pleistozän, gehören drei Spezies von Kasuaren, die auf Neuguinea, den benachbarten Inseln sowie in Australien vorkommen. Die Federn sind bei diesen Arten vom Kiel bis zur Spitze vollständig aufgefasert, es fehlen die Bürzeldrüse und die Schwanzfedern; sie haben nicht mehr als sechs oder sieben Schwungfedern. Die Flügel sind rückgebildet und die Knochen des Unterarms und der Hand sind nicht länger als der Oberarm. Schlüsselbein und Rabenbein erscheinen ebenfalls verkümmert. Die Gaumenbeine und die Keilbeinflügel sind in ganz charakteristischer Weise miteinander verwachsen.

Casuarius casuarius (Casuariidae)
Familie Kasuare

Helmkasuar

Diese Art lebt im Norden Australiens und auf Neuguinea sowie auf den vorliegenden Inseln. Sie unterteilt sich in ca. 30 verschiedene Formen. Der von diesen Vögeln bevorzugte Lebensraum ist der undurchdringliche Dschungel. Sie sind Nachtvögel und erscheinen aufgrund ihrer kräftigen Krallen (speziell die der mittleren Zehe) sehr kämpferisch und gefährlich. Im Unterschied zum Strauß sind sie nicht polygam. Das Weibchen legt drei bis sechs Eier von dunkelgrüner Farbe; das Nest wird ausschließlich vom Männchen bewacht, die Aufzucht der Jungen obliegt beiden Geschlechtern.

Dromaius novaehollandiae (Dromaiidae)
Familie Emus

Emu

Die Emus sind in den weiten, trockenen Ebenen Australiens beheimatet. Mit einer Größe von 1,80 m ist der Emu nach dem Strauß der größte heute lebende Vogel. Bei dieser Spezies sind Männchen und Weibchen einander im Federkleid und im übrigen Aussehen äußerst ähnlich, nur sind die Männchen etwas größer. Sie ernähren sich hauptsächlich von Pflanzen, aber auch von Würmern und Insekten. Zur Brutzeit bauen sie bei einem Baum ein primitives Nest aus Blättern. Sie leben bis zu zehn Eier von dunkelgrüner Farbe und mit rauher Oberfläche. Nach zwei Monaten schlüpfen die Jungen – ihr Federkleid ist weiß mit roten und schwarzen Längsstreifen.

Tinamiformes
Ordnung Steißvögel

Zur Ordnung der Tinamiformes gehört eine einzige Familie, die der Tinamidae. Zu dieser gehören drei fossile Gattungen und neun noch existierende Gattungen mit 46 Spezies. Diese Gruppe, die sich im Pliozän Südamerikas entwickelt hat, gilt als eine Ordnung mit sehr primitiven Formen, die äußerst schwierig einzuordnen ist. Einerseits scheinen sie durch einige wichtige anatomische Merkmale wie die Struktur des Gaumens und die Lebensweise (die Aufzucht der Jungen ist Aufgabe des Männchens; die Initiative der Weibchen bei der Balz) mit den Laufvögeln (Strauße, Nandus usw.) verwandt zu sein; andererseits bringt man sie mit den Galliformes (Hühnervögeln) in Verbindung.

Die heute noch existierenden Arten dieser Gruppe sind im Süden Mexikos bis Patagonien verbreitet. Sie leben sowohl in den Urwäldern (sogar bis zu einer Höhe von 3500 m) als auch in den weiten Ebenen der Pampas. Einst waren sie in überaus großer Zahl vorhanden. Heute ist das nicht mehr so, das liegt an der gnadenlosen Jagd, die man auf sie macht. Sie haben nämlich ein sehr wohlschmeckendes Fleisch. Heute ist es sogar schon schwierig, ein Exemplar im Zoo zu finden. Wiederholt versuchte man verschiedene Steißvogelarten in Nordamerika und in Europa anzusiedeln – Ende des vorigen Jahrhunderts führte man Formen der Gattung Rhynchotus (Pampashuhn) in England, Frankreich, Deutschland und Ungarn ein –, dieses Experiment gelang jedoch nicht. Die Steißhühner haben ein schlechtentwickeltes Flugvermögen. Ihr Federkleid ist verschiedenartig gesprenkelt und unauffällig. Die Weibchen haben schönere und intensivere Farben, ein Umstand, der in der Vogelwelt äußerst selten vorkommt.

Podicipediformes
Ordnung Lappentaucher

Zur Ordnung der Lappentaucher gehört nur die Familie der Podicipedidae, die sich seit dem Unteren Miozän in arktischen Zonen entwickelt hat. Heute werden sie durch drei Gattungen mit 17 Arten repräsentiert und leben fast über den ganzen Erdball verteilt – ausgenommen in den Zonen des hohen Nordens, dem Großteil Nordafrikas und der Arabischen Halbinsel sowie im Nordwesten Australiens und auf einigen ozeanischen Inseln, wo sie keine günstigen klimatischen Bedingungen vorfinden. Die Lappentaucher und die folgende Ordnung der Gaviiformes (Seetaucher) haben sich in höchstem Maße ans Wasserleben angepaßt, daher sind die Füße sehr weit hinten eingelenkt, um einen besseren Vortrieb beim Schwimmen und Tauchen zu ermöglichen. Spezielle häutige, lappenförmige Bildungen überziehen die Zehen.

Typisch am Skelettbau ist die seitliche Abflachung der Läufe und die charakteristische Krümmung der Flügelknochen sowie das Ausstoßen der im Organismus befindlichen Luft zur Erhöhung des spezifischen Gewichts beim Tauchen. Die mäßige Entwicklung der Flügel und folglich das verringerte Flugvermögen sind die Ursachen, daß sich diese Formen ihren Feinden durch rasches Tauchen entziehen – auch ihr hydrodynamischer Körperbau und ihr glattes und kompaktes Federkleid, das die Beweglichkeit aber nicht einschränkt, erleichtern dies. Die Repräsentanten dieser Gruppe, bekannt als Haubentaucher und Zwergtaucher, haben die Gewohnheit, große Mengen an Federn zu verschlukken. Diese kleiden den Magen aus und begünstigen so, indem sie die spitzen Knochen und Gräten ihrer Beute zurückhalten, eine gefahrlose Verdauung der Nahrung.

Podiceps nigricollis (Podicipedidae)
Familie Lappentaucher

Schwarzhalstaucher

Der Schwarzhalstaucher, der eine Größe bis zu 30 cm erreicht, lebt im Schilfdickicht der Seeufer, wo er gerne in kleinen Kolonien nistet. Diese Spezies verbringt den Winter in den Küstenregionen oder an Seen, die nicht zufrieren. Das Federkleid (Bild oben: Sommerkleid) ist im Winter unten weiß und oberseits rauchgrau. In den Wintermonaten pflegt sich diese Spezies zu kleinen Gruppen zusammenzuschließen. Der Schwarzhalstaucher unterscheidet sich von den anderen sehr ähnlichen Formen durch seinen Schnabel, dessen Oberteil leicht nach oben gebogen ist. Sein Ruf ist eine Art Trillern, und zur Balzzeit kommen noch andere Laute hinzu.

Rothalstaucher ➧

Eudromia elegans (Tinamidae)
Familie Steißhühner

Perlsteißhuhn

Dieser Vogel, der eine Größe von 34 cm hat und einer großen Wachtel recht ähnlich sieht, lebt in den grenzenlosen Weiten der Pampas; er ernährt sich vorwiegend von Körnern, Würmern, Früchten, Insekten und anderen kleinen Tieren. Sein Flug ist schnell, aber nicht sehr ausdauernd, manchmal entzieht er sich einer Gefahr durch besonders schnelles Laufen. Seine Eier, zehn bis zwölf Stück, die von kräftiger Farbe sind, legt es direkt auf die Erde. Nach einer Brutdauer von drei Wochen, die normalerweise das Männchen besorgt, schlüpfen die Küken. Sie haben ein braunes, schwarzgestreiftes Dunenkleid.

Podiceps cristatus (Podicipedidae)
Familie Lappentaucher

Haubentaucher

Der Haubentaucher ist der größte Lappentaucher der Alten Welt (Paläarktis). Er wird bis zu 47 cm lang und ist durch seine auffällige Federhaube im Sommerkleid lecht zu erkennen. Sein Lebensraum sind Sümpfe und verschilfte Ufer von Seen. Er siedelte sich im Laufe der letzten 20 Jahre an nahezu allen Alpenseen an und ist ein ausgezeichneter Fischjäger (kleine Arten). Er baut ein schwimmendes Nest, das er bei Störung an einen anderen Ort bringen kann.

Podiceps griseigena (Podicipedidae)
Familie Lappentaucher

Rothalstaucher

Diese Art wird bis zu 43 cm groß und hat eine Flügelspannweite bis zu 80 cm. Ihr Verbreitungsgebiet beschränkt sich auf die Länder zwischen dem nördlichen Polarkreis und der Donau. Sie bewohnen Seen, Teiche, Sümpfe und auch die Meeresufer und sind sehr geschickte Taucher und Schwimmer, während sie sich auf dem Land nicht gut fortbewegen. Sie sind sehr scheu und ernähren sich von Fischen, Weichtieren, Amphibien, Wasserinsekten und Pflanzen.

Podiceps ruficollis (Podicipedidae)
Familie Lappentaucher

Zwergtaucher

Der Zwergtaucher wird bis zu 30 cm lang und bewohnt Sümpfe, Teiche und Seen mit reicher Vegetation. Hier legt er auch sein Nest an. Er ist sehr scheu. In den Wintermonaten lebt er allerdings auch an Flußmündungen, Flüssen und Häfen. Das Federkleid ist im Sommer (siehe oben) vollkommen anders als im Winter – wie bei anderen Vertretern der Gruppe hat er neutrale Farben, auf der Unterseite hell und auf dem Rücken rauchfarben. Zur Fortpflanzungszeit ähnelt sein Ruf einem langgezogenen klagenden Trillern.

Gaviiformes
Ordnung Seetaucher

Zur Ordnung der Gaviiformes zählt die Familie der Gaviidae (Seetaucher). Zu dieser gehören drei fossile und eine rezente Gattung, die ihrerseits durch vier Spezies vertreten ist. Diese Gruppe, die sich im Paläozän wahrscheinlich in Sibirien und Nordamerika entwickelt hat, ist heute in allen kühlen Zonen der arktischen Hemisphäre vertreten. Die Stromlinienform des Vogelkörpers, gemeinsam mit der Tatsache, daß das spezifische Gewicht des Vogelgewebes mit dem des Wassers praktisch ident ist, ermöglicht ein unvergleichliches Tauchvermögen. Die Toleranz des Muskelgewebes gegenüber hohen Konzentrationen von gelöstem Kohlendioxid in der Blutflüssigkeit, und auch die Fähigkeit, besonders viel Sauerstoff im Blut anzureichern, begünstigen ein langes Verweilen unter Wasser.

Auch das Skelett weist im Unterschied zu den meisten anderen Vögeln keine Luftsäcke in den Knochen auf. Durch all diese Vorzüge wird die Tauchtauglichkeit gesteigert. Diese Vögel können bis zu beachtliche Tiefen und für ziemlich lange Zeit tauchen. Trotzdem die Flügel, verglichen mit der Körpergröße, sehr klein erscheinen, können die Seetaucher, wenngleich nach einem schwierigen Start, Geschwindigkeiten bis zu 100 km/h erreichen. Um diese Gruppe von Vögeln sorgen sich heute Naturfreunde sehr, da sie immer häufiger Opfer einer Ölpest werden. Die Kohlenwasserstoffe, die sich an der Wasseroberfläche ansammeln, verkleben einerseits das Federkleid dieser Vögel und verwandeln es in einen Teermantel, andererseits zerstört er die wasserundurchlässige Schutzschicht der Federn, woran die Vögel schließlich durch Verlust des schützenden Luftpolsters und an hohen Wärmeverlusten zugrunde gehen.

Gavia stellata (Gaviidae)
Familie Seetaucher

Sterntaucher

Diesen Vogel findet man bei uns nur in den kalten Monaten, von Oktober bis April. Seine Heimat ist aber im Norden Europas. Er lebt während der Fortpflanzungszeit sowohl im Süß- als auch im Salzwasser Skandinaviens, während er sich in den Wintermonaten eher auf die Küstenregionen zurückzieht. Der Sterntaucher, der sich wie die anderen Vertreter der Gruppe vor allem von Fischen ernährt, nistet an Teichufern in einem plumpen Nest. Er legt zwei Eier, die von olivbrauner Farbe und mit grauen und schwarzen Flecken versehen sind. Der Ruf dieser Spezies ist ein sonores »Kork-Kork«. Im Winter wird das Federkleid zum Tarnkleid.

Gavia arctica (Gaviidae)
Familie Seetaucher

Prachttaucher

Der Prachttaucher erreicht eine Länge von 67 cm und lebt an tiefen Seen, die in abgeschiedenen Bergregionen oder in den Zonen der Tundra liegen. Den Winter verbringt er, manchmal in Gruppen mit dem Sterntaucher vereint, an Küstenregionen der Meere. Im Sommer entspricht sein Federkleid dem oben dargestellten, im Winter sind die Farben bescheidener. Zur Brutzeit, im Mai, legt das Weibchen zwei Eier, die von rostbrauner Farbe bis olivfarben sind, mit kleinen schwarzen Flecken an der Oberfläche. Die Brutdauer beträgt 28 Tage. Der Ruf dieser Spezies wird oft mit Gebell verglichen, dem ein schriller Klageruf folgt.

Sphenisciformes
Ordnung Pinguine

Zur Ordnung der Sphenisciformes gehört nur die Familie Spheniscidae, die Pinguine, die sich schon im Unteren Eozän in der antarktischen Hemisphäre entwickelt hat und heute von 15 Spezies, die drei verschiedenen Gattungen zugeordnet werden, vertreten ist.

Die Pinguine weisen sehr eigentümliche anatomische Merkmale auf, speziell was die Umwandlung der Flügel in ein vorzügliches Schwimmorgan betrifft. Die einzelnen Knochen, die diese vorderen Gliedmaßen stützen, werden durch Sehnenbänder so versteift, daß sie eine Art Ruderschaufel bilden; das einzig bewegliche Gelenk ist das Schultergelenk. Auch das Federkleid hat spezifische Merkmale; die einzelnen Federn, die dachziegelartig übereinanderliegen, haben an der Basis ein dichtes Flaumbüschel, das vom Nebenschaft gebildet wird. Die dicke Fettschicht unter der Haut ermöglicht die Erhaltung der Körperwärme auch bei arktischen Temperaturen, zumal die zwischen den Dunen eingeschlossene Luft einen ausgezeichneten Wärmeisolator darstellt. Die Brustmuskulatur ist infolge des Schwimmvermögens sehr gut ausgebildet und erstreckt sich über Hals, Brust und Bauch. Diese vorzüglichen Schwimmer, die im Wasser Geschwindigkeiten bis zu 36 km/h erreichen können, bewegen sich auch auf dem Festland recht geschickt, wenngleich sie einen etwas plumpen Eindruck machen. Da sie zum Fliegen gänzlich ungeeignete Flügel haben, entwickelten sie an Land verschiedene Fortbewegungsarten. Sie gehen aufrecht über Eis, hüpfen mit beiden Beinen gleichzeitig über Fels, rutschen bäuchlings über Schnee, mit kräftigem Anlauf katapultieren sie sich vom Wasser auf Eisschollen. Fossile Formen dieser Ordnung, die den rezenten Formen sehr ähnlich waren, erreichten eine Größe bis zu 1,5 m und ein Gewicht bis zu 120 kg – die größte heute lebende Spezies, der Kaiserpinguin, wird bis zu 30 kg schwer.

Aptenodytes forsteri (Spheniscidae)
Familie Pinguine

Kaiserpinguin

Dieser Pinguin, der größte von allen, wird bis zu 115 cm groß und bis zu 30 kg schwer; sein außergewöhnlich dichtes Federkleid liegt über einer dicken Fettschicht. Diese Spezies baut kein Nest, sondern trägt das Ei auf der Oberseite seiner Füße. Die Brutkolonien befinden sich 1400 km vom Südpol entfernt. Das Weibchen legt die Eier im Herbst, wenn die Küstengewässer zufrieren. Nach erfolgter Eiablage kehren die Weibchen ins Meer zurück, während sich die Männchen, die sich zu sehr großen Kolonien zusammenschließen, um die Eier kümmern und diese über die Dauer von 90 Tagen bebrüten.

Spheniscus demersus (Spheniscidae)
Familie Pinguine

Brillenpinguin

Dieser Pinguin, der eine Größe von wenig mehr als 50 cm erreicht, ist auf den Inseln vor der südafrikanischen Küste beheimatet. Diese Art pflegt, wie die anderen Vertreter der Gattung, ihre Partner mit einem energischen, gegenseitigen Reiben des Halses und des Schnabels zu »begrüßen«. Andere ähnliche Formen wie der Galapagospinguin (Spheniscus mendiculus), der Magellanpinguin (Spheniscus magellanicus) oder der Humboldtpinguin (Spheniscus humboldti) sind aufgrund der rücksichtslosen Jagd, die man auf sie machte, und auch wegen der Ausbeutung des Guano (Vogeldung) selten geworden. Die beschriebene Spezies brütet zweimal im Jahr, meist im Februar und im September.

Eudyptes crestatus (Spheniscidae)
Familie Pinguine

Felsenpinguin

Dieser Pinguin mit einer Größe von 55 cm und einem Gewicht bis zu 2,5 kg lebt auf den Inseln rund um den antarktischen Kontinent, die ein gemäßigtes Klima haben. Diese Spezies, die besonders ausgeprägte Krallen besitzt, mittels derer sie an Felsen emporklettert, verläßt im Spätsommer oder im Herbst ihre Brutplätze und lebt über einen Zeitraum von drei bis fünf Monaten im Meer. Die Brutzeit beginnt am Ende des Winters oder im Frühling, damit die Jungen sich in den warmen Sommermonaten an das Leben im offenen Meer gewöhnen können.

◀ *Felsenpinguine*

Procellariiformes
Ordnung Röhrennasen

Zur Ordnung der Procellariiformes gehören vier Familien, die heute durch 90 Spezies von ziemlich unterschiedlichem Aussehen vertreten sind; dazu gehören Spezies wie Albatros (Gattung Diomedea), Sturmvögel (Procellariidae) und Sturmschwalben (Hydrobatidae). Zu dieser Gruppe gehören die besten transozeanischen Flieger. Ihr Hauptmerkmal sind Nasenöffnungen, die an den Enden von zwei seitlich oder oberhalb des Schnabels gelegenen Hornröhrchen münden. Der Schnabel ist gerade und endet mit einem deutlich ausgeprägten Haken, der dazu dient, die Beute, welche ausschließlich aus Fischen besteht, zu ergreifen. Die Rhamphotheca (Hornüberzug der Schnabelknochen) besteht aus verschiedenen nebeneinanderliegenden Hornplatten. Die Procellariiformes haben besonders gut entwickelte Salzdrüsen; das sind Drüsen in der Nasalregion, die dazu dienen, mit der Nahrung aufgenommenes Salz auszuscheiden. Die Zehen sind durch Schwimmhäute verbunden, die hintere Zehe ist verkümmert. Typisch ist die große Länge der primären Schwungfedern, im Gegensatz zur auffälligen Kürze der sekundären Schwungfedern. Diese Charakteristik scheint große Ausdauer während der langen Flüge zu ermöglichen. Die Vertreter dieser Gruppe sind besonders auf der Südhalbkugel vertreten, und ihre Beziehung zum Festland beschränkt sich auf die Fortpflanzungszeit und die Bebrütung ihres einzigen Eies. Die Größen der Procellariiformes variieren zwischen 14 und 135 cm.

Riesensturmvogel ➡

Diomedea exulans (Diomedeidae)
Familie Albatrosse

Wanderalbatros

Diese Art, die eine Größe von 110 cm und eine Flügelspannweite von 360 cm erreicht, ist in den südlichen Meeren, zwischen dem 30. und dem 40. südlichen Breitengrad, verbreitet. Diese riesigen Vögel kamen einst recht zahlreich vor. Seit Anfang des vorigen Jahrhunderts jedoch werden sie besonders von den Japanern gnadenlos verfolgt, ihr Daunenkleid dient zur Füllung von Kopfpölstern, ihre Federn werden in der Modeindustrie verwendet, und selbst ihre Gelege werden geplündert. Als sehr leistungsfähige Flieger ernähren sich diese Vögel von Fischen und Krebschen und sind in ihrer Lebensweise vom Wettergeschehen gänzlich unabhängig.

Puffinus puffinus (Procellariidae)
Familie Sturmtaucher

Schwarzschnabelsturmtaucher

Diese Spezies, mit einer Größe von 35 cm und einer Flügelspannweite von 80 cm, kommt in einzelnen Mittelmeerregionen und im Atlantik stellenweise vor. Er nistet in den felsigen Küstenregionen. Dieser Meeresvogel bevorzugt als Aufenthaltsort das offene Meer und geht nur zum Brüten an Land; er fliegt mit unglaublicher Geschicklichkeit, besonders in der Dämmerung und während der Nacht und kann beim Tauchen bis zu 20 Sekunden unter Wasser bleiben. Er ernährt sich von Schalentieren, Weichtieren, Fischen und Pflanzen. Im April gräbt er eine kleine Höhlung auf einem unzugänglichen grasbewachsenen Felsen, in die er ein einziges weißes Ei ablegt und bebrütet.

Zur Ordnung der Pelecaniformes gehören derzeit 56 Spezies, die folgende gemeinsame spezifische Charakteristika aufweisen: Alle Zehen sind durch eine Schwimmhaut verbunden, die vierte Zehe weist nach vorne innen. Die Flügel sind kurz, aber breit; sie haben einen nackten Hautsack am Hals, der in manchen Fällen von ansehnlicher Größe ist. Die Vertreter dieser Ordnung, die in sechs Familien unterteilt sind, sind bekannt als Familie Phaethontidae oder Tropikvögel (sie sind leicht erkennbar an ihren überaus langen mittleren Schwanzfedern), Pelecanidae (Pelikane), Sulidae (Tölpel), Anhingidae (Schlangenhalsvögel) und Fregatidae (Fregattvögel). Dieser Gruppe gehören noch vier fossile Familien, die Cyphornithidae, die im Unteren Miozän lebten und den Pelecanidae ähnliche Formen aufwies, aber einen etwas kürzeren Schnabel hatten; die Pelagornithidae, aus dem Mittleren Miozän, die den heutigen Tölpeln ähnlich waren, die Elopterigidae, die von der Oberen Kreide bis zum Mittleren Eozän lebten und der obgenannten Gruppe sehr ähnliche Formen aufwies. Ebenso die Cladornithidae, aus dem Unteren Oligozän, von denen uns nur die Mittelfußknochen erhalten sind und die einige Wissenschaftler mit den Spheniscifomes (Pinguinen) in Zusammenhang bringen. Mit Ausnahme der Kormorane und Schlangenhalsvögel, die als hervorragende Taucher ein höheres spezifisches Gewicht benötigen, haben alle anderen Gruppen ein Skelett, das Luftsäcke enthält.

Procellaria diomedea (Procellariidae)
Familie Sturmtaucher

Gelbschnabelsturmtaucher

Er hat eine Körperlänge von 48 cm und eine Flügelspannweite von 112 cm und ist eine im ganzen Mittelmeerraum weitverbreitete Art. Seine Brutplätze hat er auf einsamen Inseln. Er hält sich öfter in Küstennähe auf als der Schwarzschnabelsturmtaucher. Dieser Vogel schwimmt und fliegt mit größter Geschicklichkeit. Er ist äußerst gefräßig und ernährt sich von Mollusken, Krebsen und Fischen – manchmal verfängt er sich in Fischernetzen oder verschlingt Fische samt Angelhaken. Im Mai oder im Juni zieht er sich auf kleine Inseln zurück, wo er direkt in Felsnischen, in Erdlöchern oder Höhlen ein einziges weißes Ei legt und bebrütet.

Pelecanoides urinatrix (Pelecanoididae)
Familie Lummensturmtaucher

Pinguinsturmtaucher

Körperlänge: ca. 18 cm. Auf den subantarktischen Inseln und Küsten verbreitet. Er ernährt sich von Fischen und anderen Meerestieren. Er hat ein ausgezeichnetes Schwimm- und Tauchvermögen. Was die Lebensgewohnheiten betrifft, bestehen viele Analogien zu den oben genannten Arten. Besonders zur Brutzeit graben sie eine Höhle im Erdreich und legen dort ein einziges weißes Ei ab. Die Bebrütung der Eier und Betreuung der Jungen, die über mehrere Monate hindurch erfolgt, wird von beiden Geschlechtern besorgt. In dieser Zeit gehen die Pinguinsturmtaucher nachts auf Nahrungssuche.

Pelikan ➡

Pelikane ▶

Hydrobates pelagicus (Hydrobatidae)
Familie Sturmschwalben

Sturmschwalbe

Diese Spezies, die eine Größe von 15 cm und eine Flügelspannweite von 35 cm erreicht, kommt im Mittelmeerraum und auf den Britischen Inseln häufig vor, wo sie in 10 bis 15 km Entfernung von der Küste lebt. In der Adria trifft man sie nur sehr selten an. Diese Spezies verfügt über ein hervorragendes Flug- und Schwimmvermögen und geht nur zum Brüten an Land. Von Mai bis September zieht sie sich auf kleine, unbewohnte Inseln im offenen Meer zurück, wo sie zweimal jährlich brütet. Entweder auf dem bloßen Erdboden oder in einem aus wenigen Pflanzen in einer Felsspalte gebautem Nest legt sie ihr einziges weißgelbliches Ei, das manchmal rötliche Flecken aufweist, ab und bebrütet es 30 Tage lang.

Phaëthon aethereus (Phaëthonitidae)
Familie Tropikvögel

Rotschnabeltropikvogel

Diese Vögel erreichen eine Länge von 58 cm, dazu muß man noch weitere 42 cm ihrer überaus langen mittleren Schwanzfedern rechnen. Sie leben in den tropischen Zonen des Atlantischen, Pazifischen und Indischen Ozeans. Sie sind Meeresvögel, die sehr ausdauernd fliegen, nur selten lassen sie sich auf dem Wasser nieder, um Fische, ihre Hauptnahrung, zu fangen. Zur Brutzeit legen sie ein einziges Ei an einen geschützten Ort unter einen Felsvorsprung oder auf die Erde unter einen Strauch. Nach einer gemeinsamen Bebrütung des Eies schlüpft nach 28 Tagen ein Küken, das weitere neun Wochen betreut werden muß, bis es selbständig ist.

Pelecanus onocrotalus (Pelecanidae)
Familie Pelikane

Rosapelikan

Diese Spezies, die eine Länge von 165 cm und eine Flügelspannweite von mehr als 250 cm aufweist, ist in Mitteleuropa selten. Manchmal tauchen sie nach schweren Stürmen auf. Er ist Brutvogel in Rumänien und Bulgarien. In der schönen Jahreszeit lebt diese Art gerne an Sümpfen und Seen, im Winter bevorzugt sie die Küstenregionen, geschützte Buchten und Flußmündungen. Er schwimmt mit außerordentlicher Geschicklichkeit und kann schnell fliegen. Oft kreisen sie in großen Höhen. Ihre Nahrung besteht fast ausschließlich aus Fisch. Zur Brutzeit schließen sich diese Vögel in großen Kolonien in Schilfgürteln zusammen. Sie legen zwei bis vier weiße Eier, die 30 Tage lang bebrütet werden.

Phalacrocorax carbo (Phalacrocoracidae)
Familie Kormorane

Kormoran

Der Kormoran erreicht eine Körperlänge von 91 cm und eine Flügelspannweite bis zu 150 cm. Er ist in Europa relativ häufig und bevölkert als Brutvogel hauptsächlich Südosteuropa, aber auch viele Küstengebiete Europas sowie die großen Inseln. Er ist ein außergewöhnlich guter Schwimmer und bewegt sich auf dem Festland nur schwerfällig fort. Er ernährt sich von Fischen, und seine Fähigkeit im Fischfang wird schon seit alters her von den Chinesen zum Fischen genützt. Von April bis Mai schließen sich die Kormorane zu Kolonien zusammen – der Nestbau erfolgt meist auf einem Felsen; die zwei bis vier hellblauen Eier werden von beiden Elternteilen über einen Zeitraum von 28 Tagen bebrütet.

Phalacrocorax aristotelis (Phalacrocoracidae)
Familie Kormorane

Krähenscharbe

Dieser Vogel, der eine Größe von 63 cm und eine Flügelspannweite von 122 cm erreicht, lebt vorwiegend in den europäischen Küstenzonen. Er bevorzugt Steilküsten und kleine Inseln mit steil abfallenden Felswänden, in deren Felsspalten er sich bei großen Stürmen zurückzieht. Er lebt in Kolonien und ernährt sich fast ausschließlich von Fischen. Er brütet in großen Gruppen in natürlichen Felshöhlen oder am Rande steil abfallender Felswände. Er baut ein primitives Nest aus Algen, anderen Pflanzen und aus Lehm sowie verfaulenden Nahrungsresten. Er legt drei bis vier hellblaue Eier, die nur das Weibchen 27 Tage lang bebrütet.

Anhinga anhinga (Anhingidae)
Familie Schlangenhalsvögel

Amerikanischer Schlangenhalsvogel

Er erreicht eine Größe von 82 cm und lebt am Südstrand der USA und Mittelamerikas. Er ist ein sehr gewandter Schwimmer und Taucher und lebt ständig im Wasser, wo er sich von Fischen, Amphibien, Wasserinsekten und Garnelen ernährt, die er mit seinem spitzen Schnabel und dem schlangenartig beweglichen Hals fängt. Er fliegt ausgezeichnet und kreist oft, wie die Kormorane, mit weit ausladenden Flügeln. Zur Brutzeit baut er oft in Gesellschaft von Ibissen oder Reihern ein Nest aus Zweigen und Pflanzenfasern in bestimmter Höhe über dem Wasserspiegel auf Bäumen und Sträuchern. In diesem legt er die bläulichen Eier ab, die 25 Tage lang bebrütet werden.

Sula bassana (Sulidae)
Familie Tölpel

Baßtölpel

Er erreicht die Größe von 90 cm, eine Flügelspannweite von 160 cm und lebt entlang der Küsten des nördlichen Atlantik. Baßtölpel sind ans Leben im Meer gebunden und legen täglich zur Nahrungssuche große Entfernungen zurück. Sie ernähren sich fast ausschließlich von Fischen. Zur Brutzeit leben sie in großen Kolonien vereint auf unbewohnten Felsinseln im Nordatlantik, wo sie primitive stinkende Nester aus Meeresalgen und allerlei Abfällen errichten. Ende April/Anfang Mai legt das Weibchen ein einziges bläuliches Ei, das es 42 Tage lang bebrütet.

Fregata ariel (Fregatidae)
Familie Fregattvögel

Kleiner Fregattvogel

Dieser Vogel lebt an tropischen Küsten und tropischen Inseln des Mittel- und Westpazifik und auch im Südatlantik. Diese ausgezeichneten Flieger erreichen im männlichen Geschlecht eine Länge von 75 cm, beim weiblichen bis zu 82 cm; obwohl sie über Schwimmhäute an den Füßen verfügen, vermeiden sie es zu tauchen, da im Unterschied zu den anderen Vögeln ihre Federn sofort durchnäßt werden und sie am Fliegen hindern würden. Sie greifen andere Meeresvögel an und rauben ihnen ihre Nahrung – Fisch, aber sie fischen auch selbst und jagen dabei besonders die sogenannten Fliegenden Fische. Sie nisten auf Inseln, wo sie ein einziges weißes Ei ablegen.

◄ *Baßtölpel*

Ciconiiformes
Ordnung Stelzvögel

Zur Ordnung der Ciconiiformes gehören sechs Familien, deren Vertreter als Störche, Reiher, Ibisse und Löffler bekannt sind. Alles in allem sind es 115 heute noch existierende Arten. Charakteristisch für sie sind ihre langen Beine, die ihnen dazu dienen, sich in sumpfigen, flachgründigen Gewässern in langsamen und gemessenen Schritten fortzubewegen. Ihre gemeinsamen Kennzeichen sind: der Unterschenkel ist im unteren Teil unbefiedert, die drei nach vorne weisenden Zehen sind durch eine reduzierte Schwimmhaut miteinander verbunden, die vierte nach hinten weisende Zehe steht frei. Die verschiedenen Formen dieser Gruppe erreichen eine Körperhöhe zwischen 30 und 160 cm, der größte Teil davon wird dabei von den langen Beinen und dem Hals eingenommen – auch letzterer ist sehr lang. Er wird von 16 bis 21 Halswirbeln gestützt. Die Ciconiiformes (Stelzvögel) haben keinen Kropf, dafür besitzen sie einen sehr gut entwickelten Drüsenmagen. Die Blinddärme sind ziemlich zurückgebildet.

Die Vorfahren dieser Ordnung stammen aus dem Oberen Eozän und dem Beginn des Oligozäns – gehen also auf eine Zeit vor über 40 Millionen Jahren zurück. Ihre uralte Abstammung zeigt sich in der starken Differenzierung ihrer heute lebenden Arten sowie in der unterschiedlichen Organisation der einzelnen Familien. Die Jungen sind in ihrer ersten Entwicklungsphase unselbständig (Nesthokker). Die Ciconiiformes ernähren sich vor allem von fleischlicher Nahrung, von Fischen, Fröschen, Schnecken, Insekten und kleinsten Säugetieren oder von Aas, wie z. B. der Marabu. Einige Vertreter dieser Ordnung, die keine Bürzeldrüse haben, verfügen über spezielle Puderdunen, das sind Federn, die, ständig wachsend, in winzige Partikel zerfallen (Puder), die die Vögel mit Schnabel und Mittelkralle über ihr Federkleid verteilen und es so von Fett und Schmutz reinigen. Das Gefieder wird dadurch wasserdicht.

Botaurus stellaris (Ardeidae)
Familie Reiherartige

Rohrdommel

Sie hat eine Körperlänge von 76 cm und eine Flügelspannweite von 127 cm und ist in unseren Breiten das ganze Jahr über anzutreffen, besonders häufig jedoch zur Zugzeit und im Winter. Sie nistet in großen, weiten Sümpfen, in denen sie auch in den Nachtstunden auf Nahrungssuche geht; ihre Nahrung besteht hauptsächlich aus Fischen, Amphibien und Wasserschlangen. Während des Tages verharrt sie unbeweglich mit langgestrecktem, vertikal aufgerichtetem Kopf im Schilf, wobei ihre Gefiederfarbe dem Schilfrohr angepaßt ist. Aus Fragmenten von Schilfrohr und Wasserpflanzen baut sie auf einem verlandeten Flecken im Sumpf ein einfaches Nest, in dem sie im Mai ihre drei bis fünf rotbraunen Eier ablegt, die sie 25 Tage lang bebrütet.

Ixobrychus minutus (Ardeidae)
Familie Reiherartige

Zwergdommel

Diese Spezies mit einer Größe von 35 cm und einer Flügelspannweite bis 43 cm kommt bei uns häufig vor, speziell in den Sommermonaten und zur Zugzeit. Eng an das Leben im Sumpf gebunden, lebt die Zwergdommel vorwiegend in dichtem Röhricht. Besonders in der Dämmerung und in den Nachtstunden macht sie Jagd auf Fische, Amphibien, Wasserinsekten und Würmer. Ihr Nest baut sie, indem sie einen groben Kranz aus Schilfrohr und Röhricht flicht, den sie innen mit zarteren Pflanzenteilen auskleidet. Im Mai legt sie hier ihre vier oder fünf weißen bis leicht bläulichen Eier ab, die sie 16 Tage lang bebrütet.

➥ *Zwergdommel*

Nycticorax nycticorax (Ardeidae)
Familie Reiherartige

Nachtreiher

Diese Spezies mit einer Größe von 65 cm und einer Flügelspannweite von 112 cm ist bei uns besonders in den Sommermonaten und zur Zugzeit häufig vertreten. Sie bevölkert Brack- und Süßwassersumpfgebiete. Während des Tages verharrt der Nachtreiher unbeweglich auf Bäumen hockend; in den Nachtstunden macht er Jagd auf Fische, Frösche, Reptilien, Insekten und Krebse, er ernährt sich aber auch von Sumpfpflanzen. Er nistet in Kolonien und baut große Nester aus Zweigen, die er grob auf Bäumen im Sumpf oder auf Schilfrohren und Wasserpflanzen anlegt. Im Mai legt er hier drei bis fünf grünbläuliche Eier ab. Er brütet nur einmal jährlich.

Ardea purpurea (Ardeidae)
Familie Reiherartige

Purpurreiher

Diese Form erreicht eine Größe von 78 cm und eine Flügelspannweite von 114 cm und kommt in ganz Europa zur Zugzeit und im Sommer vor. Er bewohnt denselben Lebensraum wie der Graureiher *(Ardea cinerea)*, lebt aber eher zurückgezogen in abgelegenen Sumpfgebieten und im Schilfdickicht. Er ernährt sich von Fischen, vor allem von Jungaalen, von Amphibien, Reptilien und Wasserinsekten. Er lebt in Kolonien und baut ein Nest, das dem des Graureihers sehr ähnlich ist, auch die Eier, drei bis vier Stück, die er nur einmal im Jahr ablegt, sind dem des Graureihers sehr ähnlich. Er lebt vorzugsweise im undurchdringlichen Schilfdickicht, nur selten verläßt er diese Deckung.

Egretta alba (Ardeidae)
Familie Reiherartige

Silberreiher

Diese Spezies, die eine Größe von 90 cm und eine Flügelspannweite von 140 cm erreicht, kommt in Mitteleuropa nur selten vor, nur zur Überwinterung und zur Zugzeit taucht er manchmal auf. Sein Vorkommen beschränkt sich auf Südosteuropa. Er bevorzugt die Randzonen der großen Sümpfe, überflutete Bruchwälder und die Salzwasserlagunen. Er ist sehr vorsichtig und ausgesprochen scheu. Seine Nahrung besteht aus Fischen, Fröschen, kleinen Vögeln oder Säugetieren und Wasserinsekten. Zum Nisten vereint er sich zu kleinen Gruppen, sein primitives Nest baut er auf Bäumen oder direkt auf dem Schilf; nur einmal im Jahr legt er drei bis vier bläulich gefärbte Eier ab.

Ardea cinerea (Ardeidae)
Familie Reiherartige

Graureiher

Er erreicht eine Größe von 90 cm und eine Flügelspannweite von 140 cm und ist in Mitteleuropa überall häufig anzutreffen. Er hält sich vorzugsweise in See-, Fluß- und Sumpfgebieten, an Lagunen und an Meeresstränden auf. Seine Nahrung besteht vorwiegend aus Fischen und kleinen Wirbeltieren, die er mit seinem langen, spitzen Schnabel erbeutet. Zur Brutzeit vereint er sich in großen Kolonien in Sumpfgebieten oder Auwäldern. Er baut ein großes und grobgeflochtenes Nest aus trockenen Zweigen, Wurzeln und Pflanzenfasern hoch im Geäst der Bäume. Hier legt er einmal im Jahr drei bis fünf Eier von blaugrüner Farbe ab, die er 25 Tage lang bebrütet.

Egretta garzetta (Ardeidae)
Familie Reiherartige

Seidenreiher

Diese Form, die eine Größe von 60 cm und eine Flügelspannweite von 95 cm hat, kommt in Süd- und Osteuropa vor. Er bevorzugt Sumpfgebiete, Flußdeltas und die vorliegenden Sandbänke. Im Winter findet man den Seidenreiher an seichten Gewässern, wo er sich von Fischen, Amphibien, Würmern, Wasserinsekten und jungen Trieben von Sumpfpflanzen ernährt. Er errichtet sein Nest auf jungen Weiden, die am Rand der Sümpfe wachsen, aus weichen und biegsamen Pflanzenteilen. Nur einmal im Jahr, im Mai, legt er drei bis sechs Eier von blaugrüner Farbe ab.

Ardeola ralloides (Ardeidae)
Familie Reiherartige

Rallenreiher

Diese Spezies erreicht eine Größe von 45 cm und eine Flügelspannweite von 95 cm, sie kommt in Süd- und Osteuropa ziemlich häufig vor. Als Brutplätze wählt der Rallenreiher Sumpfgebiete, er bevorzugt feuchte Wiesen, Moorgebiete oder vegetationsreiche Flußufer. Er hält sich gerne in der Nähe weidender Rinder auf. Zur Brutzeit vereint sich diese Vogelart zu sehr individuenreichen Kolonien. Das Nest, ein einfaches Flechtwerk, errichtet er auf Bäumen und Sträuchern, oder, allerdings selten, direkt auf dem Erdboden. Hier legt er nur einmal im Jahr, im Mai, vier bis sechs grünliche Eier ab. Seine Nahrung besteht aus Fischen, Amphibien und kleinen Säugetieren.

Cochlearius cochlearius (Cochleariidae)
Familie Kahnschnäbel

Kahnschnabel

Diese Art wird 54 cm groß und lebt verstreut vom Süden Mexikos bis nach Peru und Südbrasilien. Auffällig ist seine träge Lebensweise. Der Kahnschnabel lebt in Sumpfgebieten. Tagsüber lebt er verborgen in der üppigen Vegetation, zwischen den Mangrovenpflanzen, und geht meist nur nachts auf Nahrungssuche. Seine Nahrung besteht aus Würmern, Schnecken und Muscheln, Fischen, Amphibien und kleinen Säugetieren. Zur Brutzeit bauen die einzelnen Paare, die oft in Gemeinschaft mit Nachtreihern leben, ein Nest aus Zweigen, hier legen sie zwei bis vier weißblaue Eier ab, die von beiden Elternteilen bebrütet werden.

Balaeniceps rex (Balaenicipidae)
Familie Schuhschnäbel

Schuhschnabel

Der Schuhschnabel wird 120 cm groß und bewohnt die Sumpfgebiete der tropischen Zonen Afrikas, wo er allerdings immer seltener wird. Auch er zeichnet sich durch eine sehr träge Lebensweise aus und bevorzugt Papyrusdickicht und Sumpfzonen am Rande großer Wasserläufe. Er ernährt sich vorzugsweise von Fischen, Fröschen und Schnecken. Er baut ein einfaches Nest aus Gras zwischen den Sumpfpflanzen; hier legt er zwei oder drei weißlichblaue Eier ab. Die Jungen sind beim Schlüpfen bereits selbständig. Diese Spezies lebt allein oder in Gruppen vereint und ist sehr scheu und still. Der Schuhschnabel läßt sich, indem er die Luftströmungen ausnützt, mit unbewegten Flügeln segelnd in große Höhen tragen.

Scopus umbretta (Scopidae)
Familie Hammerköpfe

Hammerkopf

Er erreicht eine Größe von 50 cm und bewohnt die Sumpfgebiete Südwestarabiens, Afrikas und Madagaskars. Er ernährt sich, wie die Vertreter der Störche (Ciconiidae), von kleinen Wirbeltieren und lebt isoliert oder in ganz kleinen Gruppen. Sein Nest aus geflochtenen Zweigen hat eine Breite bis zu 150 cm, es ist kugelförmig mit seitlichem Eingang, der in eine kleine zentrale Höhlung mit einem Durchmesser von 20 cm mündet; hier legt er drei bis sechs Eier ab, die einen Monat lang bebrütet werden. Die Jungen werden von den Eltern weitere 50 Tage lang betreut.

➡ *Schuhschnabel*

Ciconia ciconia (Ciconiidae)
Familie Störche

Weißstorch

Diese Spezies erreicht eine Körperlänge von 102 cm und eine Flügelspannweite von 168 cm und lebt im östlichen Mittel- und Südeuropa, in letzter Zeit wird der Weißstorch allerdings immer seltener. Er bevorzugt Sumpfgebiete, Felder und Ackerbaugebiete, die von zahlreichen Wasserläufen durchzogen sind, auch weite Fluren. Er ernährt sich vorwiegend von Reptilien, Amphibien, Fischen, kleinen Vögeln, Säugetieren, Insekten und verschiedenen Pflanzenteilen. Zur Brutzeit baut er in bewohntem Gebiet auf Hausdächern ein großes Nest aus Zweigen, das innen mit Flaum, Federn, Haaren, Moos und Lumpen ausgekleidet wird. Hier legt er in der Zeit von März bis April drei bis fünf weiße Eier ab.

Leptoptilos crumeniferus (Ciconiidae)
Familie Störche

Afrika-Marabu

Diese Form erreicht eine Körperlänge von 150 cm und lebt vorwiegend in den Trockengebieten der tropischen Zonen Afrikas. Der Marabu ernährt sich fast ausschließlich von Aas, das er mit seinem riesigen, sehr kräftigen Schnabel zerreißt. Er nistet auf Bäumen und Felsen, wo er am Ende der Regenzeit zwei bis drei Eier ablegt. Die Jungen schlüpfen zu Beginn der Trockenperiode, was für deren Aufzucht besonders günstig scheint, da es zu dieser Zeit viel Aas gibt, wenn viele Tiere wegen Wassermangels verenden. Die Brutdauer beträgt 30 Tage, die Jungen verlassen das Nest jedoch erst nach weiteren vier Monaten. Diese Art hat einen sehr eleganten Flug und läßt sich oft von Aufwinden in große Höhen tragen.

Platalea leucorodia (Threskiornithidae)
Familie Ibisvögel

Löffler

Diese Art erreicht eine Körperlänge von 86 cm und eine Flügelspannweite von 104 cm und kommt bei uns praktisch nur während der Zeit des Vogelzuges und auch dann ziemlich selten vor. Brutvogel in Südosteuropa. Der Löffler ist sehr scheu und vorsichtig und bewohnt offene Sumpfgebiete, das Röhricht an den Uferzonen von Flüssen, Seen und Teichen in Meeresnähe. Seine Nahrung besteht vor allem aus Amphibien, Schalentieren, Wasserinsekten und Pflanzentrieben. Er nistet in Kolonien und baut aus trockenem Schilfrohr und Gras ein Nest, das er auf Horsten von Wasserpflanzen anlegt. Im Mai legt er hier drei bis fünf schmutzigweiße, rotbraun gesprenkelte Eier ab.

Ciconia nigra (Ciconiidae)
Familie Störche

Schwarzstorch

Der Schwarzstorch erreicht eine Körperlänge von 96 cm und eine Flügelspannweite von 156 cm und erscheint bei uns sehr selten zur Zugzeit. Hauptverbreitung: Osteuropa, in Österreich neuerdings Brutvogel. Er meidet die Nähe des Menschen und lebt in Moorgebieten, die von bewohntem Gebiet weit entfernt sind. Seine Nahrung besteht vorwiegend aus Fischen, Amphibien, Reptilien und Wasserinsekten. Mitte April baut er auf einem hohen Baum des dem Sumpfgebiet benachbarten Waldes in der Höhe von 10 m und höher ein Nest aus trockenen Zweigen, das er innen mit Moos auspolstert. Hier legt er drei bis fünf mattweiße Eier ab. Selten errichtet er das Nest direkt auf Felsen oder in Mulden.

Ephippiorhynchus senegalensis (Ciconiidae)
Familie Störche

Afrika-Sattelstorch

Diese Art erreicht eine Körpergröße von 130 cm und lebt in Äthiopien und Senegal bis Südafrika; der Sattelstorch erreicht eine Flügelspannweite von 2,5 m und ein Gesamtgewicht von 6 kg. Er ist ein sehr vorsichtiges Tier, das meist allein oder paarweise lebt. Wie die anderen Vertreter der Familie Störche ernährt er sich vorwiegend von kleinen Wirbeltieren und Insekten und liebt besonders Heuschrecken. Es scheint, daß er sich auch von Aas ernährt. Das Nest errichtet er auf Bäumen, wo er zwei weiße Eier mit rauher Oberfläche ablegt. Charakteristisch ist das Profil des Schnabels, welches leicht nach oben weist und an der Basis eine sattelartige Bildung trägt.

Plegadis falcinellus (Threskiornithidae)
Familie Ibisvögel

Brauner Sichler

Er erreicht eine Körperlänge von 55 cm und eine Flügelspannweite von fast 100 cm. Der Sichler erscheint bei uns manchmal zur Zeit des Vogelzuges. Hauptverbreitung: Venetien und Südosteuropa. Er bevorzugt Sumpfgebiete, Süß- und Salzwasserlagunen, wo er kleine Muscheln sucht, die seine bevorzugte Nahrung darstellen — weiters ernährt er sich von Reptilien, Fischen, Wasserinsekten und Schalentieren. Zur Brutzeit lebt er in großen Kolonien vereint mit Reihern und Kormoranen; sein Nest errichtet er am Erdboden oder auf Zweigen von Weidenbüschen. Hier legt er nur einmal im Jahr drei bis vier Eier von intensiv blaugrüner Farbe ab. Beim Flug sind Hals und Beine gestreckt.

**Threskiornis aethiopica
(Threskiornithidae)
Familie Ibisvögel**

Heiliger Ibis

Er wird bis zu 35 cm groß und lebt in ganz Afrika südlich der Sahara, in Ägypten ist er schon sehr selten geworden. Das Adjektiv »heilig« bezieht sich darauf, daß dieser Vogel in den Hieroglyphen abgebildet wurde. Er lebt in offenen Gebieten nahe von Wasserläufen und Seen. In verschiedenen Monaten, je nach den klimatischen Bedingungen der einzelnen Zonen Afrikas, baut der Ibis entweder direkt am Erdboden im Papyrusdickicht versteckt oder auf niedrigen Bäumen und Sträuchern sein Nest. Hier legt er drei bis vier Eier ab. Nach drei Wochen Brutzeit schlüpfen die Jungen, die nach weiteren eineinhalb Monaten mit Erlangen des Flugvermögens selbständig sind.

Phoenicopteriformes
Ordnung Flamingos

Zur Ordnung der Phoenicopteriformes gehören fünf Familien, von denen vier jedoch nur durch fossile Funde bekannt sind. Es handelt sich dabei um die Scarniornithidae, die sich von der Oberkreide bis zum Unteren Pleistozän entwickelt haben, um die Telmabatidae aus dem Unteren Eozän, um die Agnopteridae, die vom Oberen Eozän bis zum Oberen Oligozän lebten, und um die Palaelodidae, die sich vom Unteren Miozän bis zum Unteren Pliozän entwickelten. All diese fossilen Formen hatten wahrscheinlich den heutigen fünf Spezies der Familie Phoenicopteridae sehr ähnliche Formen, wenn auch sehr herausragende Charaktermerkmale, wie die Länge der Beine und des Halses oder die Filterstruktur des Schnabels, wahrscheinlich weniger spezialisiert waren. Die systematische Einordnung der Phoenicopteridae ist noch umstritten; einerseits will die Wissenschaft sie zu den Anseriformes, den Gänsevögeln, andererseits zu den Galliformes (Hühnervögeln) oder den Ciconiiformes (Stelzvögeln) zählen.
Außer durch die Länge der Beine und des Halses wird diese Gruppe durch folgende Merkmale charakterisiert. Vorderzehen mit Schwimmhäuten versehen, die vierte Zehe ist rückseitig in erhöhter Position eingelenkt oder kann fehlen, die Jungen sind völlig mit Flaum bedeckt und werden schon einige Tage nach dem Schlüpfen autonom, außerdem haben sie besondere Parasiten, die sich von denen ähnlicher Gruppen deutlich unterscheiden. Zur Brutzeit bauen die Phoenicopteridae, die Flamingos, robuste konische Sockel aus Schlamm, die an der Basis eine Breite von ca. 50 cm haben; hier legt das Weibchen ein einziges weißes Ei ab – gemeinsam wird dieses dann von beiden Elternteilen einen Monat lang bebrütet. Die eigenartige Form des Schnabels, der mit zahlreichen Lamellen versehen ist, dient dazu, den Schlamm der salzhaltigen Sümpfe zu filtern, um an organische Elemente sowie Algen, Insektenlarven, Schalen- und Weichtiere zu gelangen.

Anseriformes
Ordnung Gänsevögel

Der Ordnung Anseriformes gehören drei Familien an: die Anhimidae (Wehrvögel), die sich in Südamerika im Pleistozän herausgebildet haben und heute von drei lebenden Spezies vertreten werden; zweitens die Paranirocidae, von denen eine einzige fossile Form bekannt ist, die aus Nordamerika aus dem Unteren Miozän stammt; und drittens die Anatidae (Entenvögel), eine sehr artenreiche Gruppe, die sich in der Unteren Kreidezeit entwickelt hat und heute von 146 lebenden Spezies vertreten ist, von denen die Enten, Schwäne und Gänse die bekanntesten sind. Die Anseriformes (Gänsevögel) umfassen Vögel, deren Lebensweise ausschließlich oder vorwiegend ans Wasser gebunden ist. Normalerweise haben sie einen relativ langen Hals und Füße mit Schwimmhäuten, die Flügel weisen zehn bis elf primäre Schwungfedern auf (es fehlt die fünfte sekundäre Schwungfeder), die Nasenöffnungen sind von rundlicher Form; sie haben einen dichten Dunenflaum an der Basis der Federn. Die Bürzeldrüse ist gut entwickelt. Die Jungen der Spezies dieser Gruppe sind Nestflüchter, d. h., sie sind beim Schlüpfen bereits vollkommen autonom. Die Anseriformes (Gänsevögel) leben, mit Ausnahme der Antarktis, über den ganzen Erdball verbreitet.
Die Anhimidae oder Wehrvögel sind Anseriformes (Gänsevögel), die in der Größe ungefähr einer Gans entsprechen, Füße und Zehen sind jedoch weitaus länger, der gebogene Schnabel weist keine Hornlamellen auf, außerdem besitzen sie ein dichtes Netz aus subkutanen (unter der Haut liegenden) Luftsäcken (die nichts mit dem System der Lungenluftsäcke zu tun haben). Bei der Familie Anatidae, den Entenvögeln, welche ganz überwiegend Wasservögel sind, sind der drei Vorderzehen durch eine Schwimmhaut verbunden, der mit Hornlamellen versehene Schnabel ist breit, flach, an der Spitze abgerundet und für die Nahrungssuche und -aufnahme im Wasser bestens geeignet.

**Eudocimus ruber (Threskiornithidae)
Familie Ibisvögel**

Roter Sichler

Der Rote Sichler erreicht eine Länge von 60 cm und bewohnt die tropischen Zonen Südamerikas. Diese Spezies lebt sehr zurückgezogen und baut ihr Nest in Kolonien, gemeinsam mit einer verwandten Art, dem Weißen Sichler, auf Mangroven und anderen Pflanzen. Zwischen Ende März und Mitte Mai legt der Rote Sichler zwei Eier, die beide Elternteile für eine Brutdauer von drei Wochen bebrüten. Nach weiteren drei Wochen sind die Jungen flügge, die Fortpflanzungsreife erlangen sie jedoch erst nach zwei Jahren. Leider wurde auf diese Vogelart intensiv Jagd gemacht, einerseits wegen ihrer Federn, andererseits wegen ihres Fleisches, das, eher übelriechend, bei den Eingeborenen als Nahrung sehr geschätzt wird.

**Phoenicopterus ruber (Phoenicopteridae)
Familie Flamingos**

Roter Flamingo

Der Rote Flamingo hat eine Körperlänge von 112 cm und eine Flügelspannweite von 140 cm. Sein Vorkommen als Jahresvogel beschränkt sich auf Spanien und Südfrankreich, taucht aber in allen Mittelmeerländern unregelmäßig auf (Sardinien). Er bevorzugt Schlammbänke, wo er sich in großen Scharen aufhält und sich von Schalentieren, Würmern, Insekten und vegetarischen Elementen ernährt, die er mit seinem krummen Schnabel aus dem schlammigen Wasser filtert. Im Flug sind Kopf und Beine gestreckt. Er nistet in Kolonien und baut einen Nestkegel aus Schlamm, der bis zu 50 cm hoch sein kann; hier legt er Ende Mai ein weißes Ei, das er einen Monat lang bebrütet.

**Chauna chavaria (Anhimidae)
Familie Wehrvögel**

Weißwangenwehrvogel

Der Weißwangenwehrvogel erreicht eine Körperlänge von 68 cm und lebt in Kolumbien und Venezuela und bevorzugt Sümpfe, Grasflächen und Lagunen in Waldnähe. Er hat kräftige Füße mit langen Zehen und ist in der Lage, sich damit auf den schwimmenden Blättern der Wasservegetation fortzubewegen. Seine Nahrung ist vegetarisch; er bevorzugt Gräser und Samen der Wasserpflanzen. Zur Brutzeit baut er grob geflochtene Nester aus Schilfrohr und Binsen in Sumpfnähe, wo er zwei bis sechs weiße Eier ablegt, die von beiden Geschlechtern fünf Wochen lang bebrütet werden. Nach dem Schlüpfen sind die Jungen in wenigen Tagen völlig selbständig.

Anatidae
Familie Entenvögel

Familie der Ordnung Anseriformes mit 146 Spezies, die über die ganze Erde verteilt leben.

**Cygnus olor
Höckerschwan**
Zügel nackt

**Anser anser
Graugans**
lange Seitenbefiederung unter den Flügeln, aschgrau

Lauf gegliedert

Zügel befiedert

Lauf an der Vorderseite mit Schilden versehen

Lauf nicht länger als innere Zehe ohne Kralle

**Anas clypeata
Löffelente**
Schnabel am Apex verbreitert

lange Seitenbefiederung unter den Flügeln, braun

**Anser fabalis
Saatgans**
Stirn nicht weiß

**Tadorna tadorna
Brandgans**
Tarsus länger als innere Zehe ohne Kralle

Schnabel am Apex nicht sehr verbreitert

**Anser albifrons
Bläßgans**
Stirn weiß

Hinterzehe nicht gelappt oder deutlich gelappt (in diesem Fall ist der Lappen schmäler als die Zehe)

Schnabel nicht länger als die Mittelzehe ohne Kralle

**Anas penelope
Pfeifente**
lange Seitenbefiederung unter den Flügeln, grau gesprenkelt

**Anas acuta
Spießente**
die zwei mittleren Stoßfedern deutlich länger als die übrigen

Schnabel länger als Mittelzehe ohne Kralle

**Anas strepera
Schnatterente**
lange Seitenbefiederung unter den Flügeln, ganz weiß

**Anas querquedula
Knäkente**
Kiele der primären Schwungfedern weiß

die zwei Stoßfedern sind nicht länger als die übrigen

Kiele der primären Schwungfedern nicht weiß

**Anas crecca
Krickente**
weiße Deckfedern vor dem Spiegel, nicht schwarz an der Spitze

**Anas platyrhynchos
Stockente**
weiße Deckfedern vor dem Spiegel, an der Spitze schwarz

Zur Familie Anatidae (Enten). Es ist verhältnismäßig schwierig, die verschiedenen Entenarten sicher anzusprechen (zu bestimmen), weil diese Vogelgruppe einerseits sehr artenreich ist, andererseits verschiedene Umstände ein sicheres Erkennen erschweren, wie zum Beispiel ihre unterschiedlichen Trachten während verschiedener Lebensphasen. Die Erpel tragen zur Fortpflanzungszeit ein besonders schönes und auffallendes Hochzeitskleid, um den Weibchen und Rivalen zu imponieren, während die Weibchen ein unauffälliges Tarnkleid aufweisen. Sie sind es ja, die in der Regel das Brutgeschäft und die Aufzucht der Jungen besorgen und die, aus eben diesen Gründen, nicht allzuleicht entdeckt werden sollen.
Auch die Mauser (der Federwechsel) erfolgt bei beiden Geschlechtern zu unterschiedlichen Zeiten, so findet der Wechsel der Steuerfedern, der eine ziemliche Beeinträchtigung des Flugvermögens mit sich bringt, bei den Weibchen erst nach Erlangung der Selbständigkeit ihrer Jungen statt.
Die Nestgewohnheiten der einzelnen Entenarten sind sehr unterschiedlich. So werden Nester im Schilf, auf Felsen, auf Bäumen, ja sogar in Baumhöhlen angelegt. Viele Enten polstern ihre Nester mit sehr feinen Daunenfedern, die sie sich aus dem Brustgefieder zupfen. Besonders wertvoll sind zum Beispiel die Daunen der Eiderente, deren Nestdaunen eingesammelt und gehandelt werden. Das Federkleid der Gänse hingegen ist eher unscheinbar, auch ein Sexualdimorphismus (Unterschiede zwischen den Geschlechtern) ist nicht deutlich ausgeprägt.

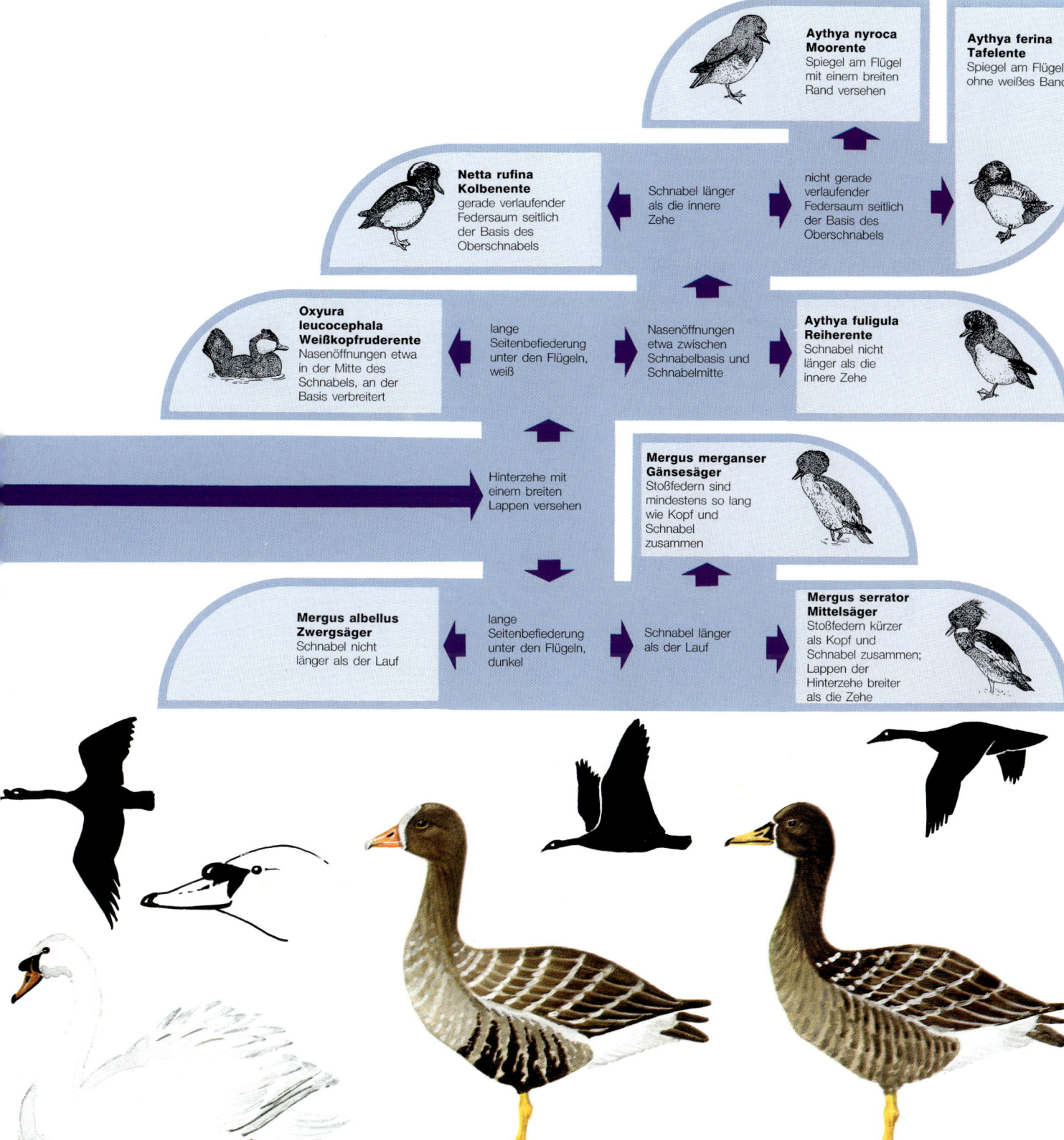

Aythya nyroca
Moorente
Spiegel am Flügel mit einem breiten Rand versehen

Aythya ferina
Tafelente
Spiegel am Flügel ohne weißes Band

Netta rufina
Kolbenente
gerade verlaufender Federsaum seitlich der Basis des Oberschnabels

Schnabel länger als die innere Zehe

nicht gerade verlaufender Federsaum seitlich der Basis des Oberschnabels

Oxyura leucocephala
Weißkopfruderente
Nasenöffnungen etwa in der Mitte des Schnabels, an der Basis verbreitert

lange Seitenbefiederung unter den Flügeln, weiß

Nasenöffnungen etwa zwischen Schnabelbasis und Schnabelmitte

Aythya fuligula
Reiherente
Schnabel nicht länger als die innere Zehe

Hinterzehe mit einem breiten Lappen versehen

Mergus merganser
Gänsesäger
Stoßfedern sind mindestens so lang wie Kopf und Schnabel zusammen

Mergus albellus
Zwergsäger
Schnabel nicht länger als der Lauf

lange Seitenbefiederung unter den Flügeln, dunkel

Schnabel länger als der Lauf

Mergus serrator
Mittelsäger
Stoßfedern kürzer als Kopf und Schnabel zusammen; Lappen der Hinterzehe breiter als die Zehe

Cygnus olor (Anatidae)
Familie Entenvögel

Höckerschwan

Diese Spezies erreicht eine Körperlänge von 147 cm und eine Flügelspannweite von 240 cm und ist bei uns ein sehr beliebter Vogel in Wasserparks und an Seen und Flüssen. Nur selten hört man seinen Ruf, der dem Klang einer Trompete ähnelt. Er ernährt sich von Wasserinsekten, Fröschen, kleinen Fischen, aber auch von Wasserpflanzen. Nördlich der Alpen, wo er seine Nistplätze hat, baut er sein Nest aus Schilfrohr und verschiedenen Pflanzenfasern auf einer trockenen Fläche, die aus dem Wasser herausragt. Nur einmal im Jahr, im Mai, legt er hier drei bis zwölf Eier (die Zahl ist proportional zum Alter des Weibchens) ab, die von graugrünlicher Farbe sind; die Brutdauer beträgt etwas mehr als fünf Wochen.

Anser albifrons (Anatidae)
Familie Entenvögel

Bläßgans

Sie wird 70 cm groß und kommt bei uns nur sehr selten im Herbst und Winter vor. Ihr natürliches Verbreitungsgebiet ist Grönland und Nordrußland. Sie bevorzugt feuchte Wiesenflächen, nistet hoch in den nördlichen Polarregionen und baut ihr Nest, das aus Halmen und trockenen Gräsern geflochten und innen mit Flaum ausgekleidet wird, in Bodenmulden der arktischen Tundra. Das Nest befindet sich immer in der Nähe von Wasserläufen oder von Flußmündungen. Im Juni legt sie hier fünf bis sieben oder auch mehr Eier von weißgelblicher Farbe ab. Sie hat einen sehr charakteristischen Ruf, der einem Lachen ähnelt.

Anser fabalis (Anatidae)
Familie Entenvögel

Saatgans

Diese Art, die eine Körperlänge von 76 cm und eine Flügelspannweite von 153 cm aufweist, nistet weit im Norden Europas und Asiens, fliegt aber vor der kalten Jahreszeit in den Süden. Hier trifft sie vor allem im November ein, hält sich dann vorwiegend in Mittel- und Süditalien auf. Im Sommer lebt sie in der Tundra und in den arktischen Wäldern, wo sie in der dichten Sumpfvegetation in einer Vertiefung des Bodens, die sie mit trockenen Gräsern und Flaum ausstattet, im Juni drei bis sechs weißgelbliche Eier ablegt. Wie es der Lebensgewohnheit vieler Gänsearten entspricht, schließt sich auch die Saatgans gerne mit anderen Arten derselben Gattung zusammen und bildet oft große Verbände.

Anser anser (Anatidae)
Familie Entenvögel

Graugans

Diese Spezies, mit einer Körperlänge von 80 cm und einer Flügelspannweite von 160 cm, kommt bei uns eher selten vor – zur Wanderzeit und im Winter kann man sie manchmal am Wasser finden. Die bevorzugten Aufenthaltsgebiete sind Süß- und Salzwassersumpfgebiete, Stoppelfelder und Weiden Osteuropas. In riesigen Scharen vereint, ernährt sie sich vorzugsweise vegetarisch von Pflanzenkeimen und Körnern. Zur Brutzeit begibt sie sich an Seen, kleine Inseln in Küstennähe, wo sie von März bis Mai ein aus Binsen, trockenem Schilfrohr grob geflochtenes, großes Nest baut, das sie mit Moos und Daunen auspolstert; hier legt sie sechs bis acht gelblichweiße Eier ab, die sie einen Monat lang bebrütet.

Anas acuta (Anatidae)
Familie Entenvögel

Spießente

Diese Entenart wird bis zu 71 cm groß und bewohnt weite Süß- und Brackwasserflächen, die seicht und reich an Algen und Wasserpflanzen sind. Seltener findet man sie an den Küstenzonen. Sie ist ein geselliger Vogel, der sich auch oft mit anderen Arten, wie Stockenten und Pfeifenten, vereint. Sie ernährt sich von Algen, Keimlingen von Wasserpflanzen, aber auch von Insekten und Weichtieren. Ihre Nistplätze liegen in Nordosteuropa in Wassernähe in einer versteckten Bodenmulde. Im Mai und Juni legt sie hier sieben bis neun Eier von grünlichgrauer oder rötlicher Farbe ab, die beide Elternteile 24 Tage lang bebrüten. Das aus Binsen erbaute Nest wird innen mit einer Daunenschicht gepolstert.

Anas penelope (Anatidae)
Familie Entenvögel

Pfeifente

Diese Entenart, mit einer Körperlänge von bis zu 48 cm, bewohnt Salzwasserlagunen, Küstenzonen, auch Seen und Wasserläufe im Binnenland, die sie besonders während der Nachtstunden aufsucht. Ihre Nahrung, deren Suche sie sich intensiv von Sonnenaufgang bis Sonnenuntergang widmet, besteht aus Meeresalgen, Insekten, kleinen Schnecken und Trieben von Wasserpflanzen. Zur Fortpflanzungszeit, in der sie sich in nördlichen Zonen aufhält, errichtet sie ihr Nest in ca. 10 m Entfernung vom Wasser in einer Mulde, die sie mit Pflanzenteilen auskleidet. Hier legt sie Ende Mai sieben bis zehn gelblichweiße Eier ab, die 25 Tage lang bebrütet werden.

Anas platyrhynchos (Anatidae)
Familie Entenvögel

Stockente

Diese Spezies mit einer Körperlänge von 58 cm und einer Flügelspannweite von 90 cm kommt bei uns sehr häufig, im Winter und zur Zeit des Vogelzuges oft sogar massenhaft vor. Sehr häufig ist sie in ganz Europa auch Brutvogel. Bevorzugte Aufenthaltsgebiete sind Flüsse, Teiche, Sümpfe und Küstenabschnitte. Sie ist relativ scheu und lebt oft mit anderen Entenarten in Scharen vereint. Sie schwimmt und fliegt ausgezeichnet und ernährt sich vorzugsweise in den Nachtstunden von Pflanzen, Wasserinsekten, kleinen Fischen, Würmern, Beeren und Körnern. Sie nistet von März bis Juni und legt ihre sieben bis zwölf grünlichgrauen Eier in einem kunstlosen Nest im Sumpfgras ab.

Anas strepera (Anatidae)
Familie Entenvögel

Schnatterente

Diese Art, die eine Größe von 50 cm erreicht, findet man oft an Seen, Flüssen, Sümpfen und Teichen und manchmal auch in Küstennähe. Sie ist eher nachtaktiv, lebt gerne in Scharen und ernährt sich von Wasserpflanzen, Körnern, Blättern, Weichtieren und Meeresalgen, aber auch von Insekten, Würmern und anderen wirbellosen Tieren. Das Nest, in einer natürlichen Vertiefung des Erdbodens errichtet, wird innen mit trockenen Blättern und einer Daunenschicht ausgepolstert, hier legt sie acht bis 14 gelblichweiße Eier ab. Sie hat einen leichten, etwas wellenförmigen Flug, der von einem sehr charakteristischen Fluggeräusch begleitet wird.

Spatula clypeata (Anatidae)
Familie Entenvögel

Löffelente

Diese Entenart erreicht eine Körperlänge von 50 cm und hält sich vorwiegend an Teichen und Sümpfen auf; sie kommt aber auch in Küstennähe vor. Sie ernährt sich von Insekten und Weichtieren, von Körnern verschiedener Pflanzen, Algen, Pflanzenkeimlingen und Fischen, die sie vor allem während des Tages und in der Dämmerung sucht. Sie nistet am Rande von Seen und Sümpfen im Röhricht und Binsendickicht. Von Mitte Mai bis Mitte Juli baut sie ihr Nest weit vom Wasser entfernt in einer großen Erdmulde und kleidet dieses mit Binsen, trockenen Gräsern und einer weichen grauen Daunenschicht aus. Hier legt sie acht bis 15 dünnwandige rötlich-grüne Eier ab, die sie 26 Tage lang bebrütet.

Anas crecca (Anatidae)
Familie Entenvögel

Krickente

Diese kleine Entenart, mit einer Körperlänge bis zu 35 cm, kommt bei uns sehr häufig vor; im Sommer findet man sie oft an Süßwasserflächen, im Winter auch in Küstennähe. Diese Spezies, die besonders in der Dämmerung aktiv ist, lebt sehr gesellig. Ihre Nahrung besteht vorzugsweise aus Pflanzen, aber auch aus Insekten und Weichtieren. Zur Fortpflanzungszeit errichtet sie ihr Nest aus trockenen Pflanzenelementen im Sumpfgras oder am Ufer der Teiche. Im Mai legt sie hier acht bis zehn gelblichweiße, manchmal schmutziggrün gesprenkelte Eier ab, die 22 Tage lang bebrütet werden.

Krickenten (präpariert) ➡

Anas querquedula (Anatidae)
Familie Entenvögel

Knäkente

Diese Spezies wird 38 cm groß und ist in Mittel- und Südeuropa und vor allem während der Zugzeit sehr häufig vertreten. Sie bevorzugt Süß- und Salzwassergebiete, die reich mit Röhricht bewachsen sind, seltener die Meeresküsten. Sie ernährt sich von Weichtieren, kleinen Fischen, Insekten und Wasserpflanzen. Im Mai legt sie in einer mit trockenen Gräsern, Blättern und einer Daunenschicht austapezierten Bodenmulde acht bis 14 rötlich-weiße Eier ab, die 22 Tage lang bebrütet werden. Das Männchen unterscheidet man von dem ähnlicher Spezies leicht an einem auffälligen weißen Band, das den Kopf in Höhe der Augen ziert.

Bucephala clangula (Anatidae)
Familie Entenvögel

Schellente

Diese Art wird 48 cm groß und bewohnt die Küstenzonen und die weiten Wasserflächen tiefer Seen, Lagunen und großer Flüsse. Sie ist überaus vorsichtig und scheu. Sie ist zwar gesellig, lebt aber in nicht allzu großen Scharen vereint. Sie pflanzt sich in Polarzonen fort und nistet auf Bäumen in verlassenen Spechthöhlen. Auf Holzspänen und Daunen legt das Weibchen im Juni zehn bis 19 graugrüne Eier ab. Sofort nach dem Schlüpfen beeilt sich das Weibchen, die neugeborenen Jungen während der Nachtstunden zum nächstgelegenen Teich zu bringen.

Aythya nyroca (Anatidae)
Familie Entenvögel

Moorente

Diese Spezies wird 40 cm groß und kommt in Ost- und Teilen Südeuropas, besonders in Italien, sehr häufig vor. Sie bevorzugt Süßwasserflächen, die von einer dichten Sumpfvegetation umrahmt sind. Sie lebt sehr zurückgezogen und isoliert, manchmal in kleinen Gruppen vereint. Sie schwimmt ausgezeichnet und macht besonders während des Tages Jagd auf Insekten, Weichtiere und kleine Fische, sie ernährt sich aber auch von vielen pflanzlichen Elementen, wie etwa Blättern, Körnern und Wasserpflanzen. Von April bis Juli errichtet sie ihr Nest am Erdboden in der Randvegetation der Sümpfe, wo sie sieben bis zwölf gelblichbraune Eier ablegt, die sie 23 Tage lang bebrütet.

Aythya ferina (Anatidae)
Familie Entenvögel

Tafelente

Diese Spezies wird bis zu 46 cm groß und kommt bei uns im Winter und während der Zugzeit recht häufig vor. Sie brütet in Mittel- und Osteuropa. Sie bewohnt die Süßwasserseen, Lagunen und Teiche sowie die Küstenzonen mit tiefem Wasser. Sie lebt in individuenreichen großen Scharen und nährt sich, vorwiegend in den Dämmerungs- und Nachtstunden, von Algen, Insekten, Weichtieren und kleinen Fischen. Sie nistet in Sumpfgebieten oder in der Nähe von Teichen, wo sie ein Nest aus Halmen und trockenem Gras errichtet. Im Juni legt sie hier sieben bis 15 grünlichgraue Eier auf einer Daunenschicht ab.

Gegenüber: Tafelenten (geschlüpft) ▶

Mergus serrator (Anatidae)
Familie Entenvögel

Mittelsäger

Diese Art, mit einer Körperlänge von 56 cm, befindet sich zur Zugzeit und im Winter in Südeuropa. Ihre Brutgebiete liegen im Norden Europas, sie bewohnt vorzugsweise die Gewässer des Binnenlandes, Lagunen und felsige Meeresküsten. In der kalten Jahreszeit lebt der Mittelsäger in Scharen und sehr individuenreichen Gruppen zusammen. Seine Nahrung besteht vorzugsweise aus Fischen, Weichtieren und Schalentieren, er verschmäht pflanzliche Nahrung. Mitte Mai bis in die erste Junihälfte nistet er in Nordeuropa; er lebt in kleinen Kolonien und baut in einer Bodenmulde sein Nest, das er mit Gras, grünen Blättern und Daunen auskleidet, hier legt er acht bis neun olivgrüne Eier ab.

Aythya fuligula (Anatidae)
Familie Entenvögel

Reiherente

Diese Entenart mit einer Größe von 43 cm lebt in den Wintermonaten in Süßwasserseen und an den Meeresküsten. Im Süden Europas findet man sie sehr häufig von März bis April, ihre Brutplätze liegen jedoch ausschließlich in Nordeuropa. In der kalten Jahreszeit lebt sie in Scharen vereint mit anderen Entenarten. Sie ernährt sich von Wasserinsekten, Weichtieren und kleinen Fischen sowie von pflanzlichen Elementen. In den Brutgebieten baut sie ein Nest aus trockenem Gras in einer Vertiefung des Erdbodens, das innen mit viel Daunen austapeziert ist. Hier legt sie Ende Mai acht bis 13 rötlich-grüne Eier ab, die sie 27 Tage lang bebrütet.

Netta rufina (Anatidae)
Familie Entenvögel

Kolbenente

Diese Spezies erreicht eine Größe von 56 cm und kommt in Südeuropa während der Zugzeit, aber auch als Brutvogel ganz im Süden Spaniens vor. Sie bewohnt seichte Süßwassergegenden und lebt in Gruppen von etwa 15 Individuen, aber auch in sehr großen Scharen zusammen. Ihre Nahrung, die sie tagsüber und während der Nacht sucht, besteht aus Pflanzen, aber auch aus Weichtieren, Würmern, Insekten und kleinen Fischen. Im Mai und Juni baut sie in einer Erdmulde in Wassernähe ein Nest aus Binsen und verschiedenen Pflanzenfasern, es wird mit Flaum ausgepolstert, hier legt sie acht bis neun hellgrüne Eier ab.

Mergus merganser (Anatidae)
Familie Entenvögel

Gänsesäger

Er wird bis zu 63 cm groß und bewohnt reich bewaldete See- und Flußufer, brütet in Nordeuropa und den Alpen in Baumhöhlen. Von April bis Juni legt er auf einer weichen Daunenschicht acht bis 13 gelblichweiße Eier ab. Beim Schlüpfen bringt die Mutter jedes einzelne Junge mit dem Schnabel in tiefere Gewässer und gibt darauf acht, daß sie nicht Opfer eines Hechtes werden. Auf dem Land bewegt er sich nur sehr ungeschickt fort, verfügt jedoch über ein hervorragendes Schwimmvermögen und kann sogar mehrere Minuten unter Wasser bleiben. Er ist sehr vorsichtig und scheu und läßt nur schwer Menschen nahe an sich herankommen.

Mergus albellus (Anatidae)
Familie Entenvögel

Zwergsäger

Diese Spezies wird bis zu 40 cm groß und ist besonders in ganz Mittel- und Südeuropa und auf Sardinien in den Wintermonaten häufig zu sehen. Der Zwergsäger bevorzugt bewaldete Seen und Flüsse, seltener Meeresbuchten. Seine Nahrung besteht aus Wasserinsekten, Weichtieren und vor allem aus kleinen Fischen; pflanzliche Nahrung scheint er zu verschmähen. Seine Brutplätze liegen in Lappland und Sibirien; Anfang Juni legt er sieben bis acht gelblichweiße Eier auf eine dichte, aschgraue Daunenschicht in natürliche Baumhöhlen. Das Fleisch dieser Spezies ist wie bei den Gänsesägern *(Mergus merganser)* aufgrund des starken Fischgeruchs ungenießbar.

Tadorna tadorna (Anatidae)
Familie Entenvögel

Brandgans

Sie hat eine Körperlänge von 60 cm und kommt unregelmäßig zur Zugzeit und in den kalten Monaten nach Mittel- und Südeuropa. Diese Spezies bewohnt vorwiegend Meeresküsten, Küstensümpfe und Flußmündungen; seltener findet man sie am Süßwasser. Ihre Nahrung besteht vorwiegend aus Pflanzen, Weichtieren, Würmern und Insekten. Ihr Nest befindet sich in einer im Erdreich ausgescharrten Höhle, die sich am Ende eines 3–4 m langen Einschlupfrohres befindet. Auf einem Geflecht aus Moorpflanzen, trockenen Blättern und weichen Flaumfedern legt sie Ende Mai sechs bis 16 gelblichweiße Eier ab, die sie 30 Tage lang bebrütet. Oft benützt sie als Nest verlassene Dachs- oder Kaninchenbaue.

Oxyura leucocephala (Anatidae)
Familie Entenvögel

Weißkopfruderente

Diese Art erreicht eine Größe von 45 cm und erscheint in Italien zur Zugzeit und in den Wintermonaten, besonders aber in den südlichen Regionen Spaniens, wo sie auch Brutvogel ist. Sie bevorzugt Süßwassersümpfe, Seen und Flüsse mit reicher Vegetation sowie Küstengewässer. Ihre Nahrung besteht aus Insekten, Weichtieren und Trieben von Wasserpflanzen. Zur Brutzeit, im Juni, baut sie ein Nest im Röhricht, wo sie sieben bis neun bläulichweiße Eier mit rauher Oberfläche ablegt. Wie die Haubentaucher und Schwarzhalstaucher ist sie ein hervorragender Taucher und kann, wenn sie sich in Gefahr befindet, lange Zeit unter Wasser bleiben. Erst in großer Entfernung taucht sie wieder auf.

Falconiformes
Ordnung Greifvögel

Zur Ordnung der Falconiformes (Greifvögel) gehören sieben Familien, von denen zwei nur durch fossile Funde bekannt sind. Zur ersten Familie, den Neocathartidae, die im Oberen Eozän lebte, gehört eine einzige ausgestorbene Form. Zu den Cathartidae (Neuweltgeier) gehören 19 Spezies. Die meisten Arten lebten im Mittleren Eozän und sind heute ausgestorben. Sechs Spezies der Familie leben heute unter der Gruppenbezeichnung Amerikanische Geier oder Neuweltgeier. Zu ihnen gehört auch der Kondor, ein großer Geier, der eine Flügelspannweite bis zu 3 m erreicht.

Zu den Terathornitidae, bekannt durch drei fossile Funde aus dem Oberen Pleistozän, gehört der größte Vertreter der Falconiformes (Greifvögel), der jemals gelebt hat: *Terathornis incredibilis,* der bis zu 5 m Flügelspannweite und vielleicht noch mehr erreichte. Zur Familie der Sagittariidae gehören die Sekretäre, die sich mit drei Spezies im Oberen Eozän entwickelt haben; eine Art lebt heute in Afrika.

Die Familie der Accipitridae (Habichte) mit Vorfahren aus dem Unteren Eozän wird heute von mehr als 200 Spezies vertreten, die unter den Trivialnamen Geier, Adler, Falken, Habichte, Milane und Bussarde bekannt sind. Sie sind, was ihre Größe, ihr Aussehen und ihre Lebensweise betrifft, sehr unterschiedlich und leben praktisch über die ganze Erde verbreitet, mit Ausnahme der Antarktis. Die Pandionidae (Fischadler), die sich im Pleistozän herausgebildet haben, sind bekannt durch eine einzige, über die ganze Erde verteilte Spezies: *Pandion haliaetus,* den Fischadler. Zur letzten Familie, den Falconidae oder den eigentlichen Falken, gehören 58 lebende Spezies.

Sarcorhamphus papa (Cathartidae)
Familie Neuweltgeier

Königsgeier

Dieser Geier, der eine Größe bis zu 80 cm erreicht, lebt vom Süden Mexikos bis nach Nordargentinien. Die auffallende Buntheit der fleischigen Anhänge und nackten Teile des Kopfes bildet sich erst im dritten und vierten Lebensjahr völlig aus. Diese lebendige Färbung hat oft die bildnerische Phantasie der indianischen Ureinwohner angeregt. Er lebt vorwiegend im dichten tropischen Urwald, wo er sich die Nahrung, die vorzugsweise aus Aas besteht, besonders mit seinem Geruchssinn sucht. Diese bei Vögeln sehr seltene Wahrnehmungsfähigkeit erkannte man aus der Tatsache, daß dieser Geier auch von Gestrüpp völlig verdeckte Tierkadaver auffinden kann.

Sagittarius serpentarius (Sagittariidae)
Familie Sekretäre

Sekretär

Diese Spezies, die eine Körperhöhe bis zu 115 cm und eine Flügelspannweite von 200 cm erreicht, lebt in ganz Afrika südlich der Sahara; er bevorzugt die Steppengebiete. Er hat einen majestätischen Gang und lange, mit Hornblättchen versehene Füße, was einen ausgezeichneten Schutz gegen Schlangen, seiner Hauptnahrung, darstellt. Zur Fortpflanzung baut er aus Zweigen und Gras ein großes Nest. Dieses errichtet er an Büschen oder dornigen Bäumen in einer Höhe bis zu 10 m. Hier legt er zwei bis drei weiße Eier ab, die er 45 Tage lang bebrütet. Die Aufzucht der Jungen dauert drei Monate.

← *Sekretär*

Vultur gryphus (Cathartidae)
Familie Neuweltgeier

Andenkondor

Der Andenkondor erreicht eine Körperlänge von 130 cm, eine Flügelspannweite bis zu 300 cm und ein Gewicht von 12 kg. Er lebt in den Anden von Venezuela und Kolumbien bis zur Magellanstraße und scheint, trotzdem er heute selten geworden ist, im Gegensatz zum Kalifornischen Kondor, noch nicht vom Aussterben bedroht zu sein, letzterer lebt weiter im Norden und ist durch Jagd und durch Strychnin von Koyotenködern sowie Mangel an Aas, von dem er sich gewöhnlich ernährt, vom Aussterben bedroht. Beide Kondorarten haben einen sehr langsamen Fortpflanzungsrhythmus. Sie erreichen die sexuelle Reife erst mit sechs Jahren und legen alle zwei Jahre nur ein einziges Ei ab.

Aegypius monachus (Aegypiidae)
Familie Altweltgeier

Mönchsgeier

Diese Art, mit einer Größe bis zu 112 cm und einer maximalen Flügelspannweite von 274 cm, kommt in Europa, vor allem in Spanien, Süditalien und auf der Balkanhalbinsel vor, wo er auch nistet. Er bevorzugt reichbewaldete Gebirgsgegenden, seltener auch Steppen und kahle, weite Ebenen. Mißtrauisch und von Natur aus scheu, führt er ein geselliges Leben; er ernährt sich von Aas und wenn nötig auch von Reptilien. Zur Brutzeit, im Februar, errichtet er seinen aus Zweigen grob geflochtenen Horst auf den Ästen von Bäumen oder auf dem nackten Felsen. Hier legt er ein, maximal zwei Eier ab, die von mattweißer oder leicht rötlicher Farbe rotbraun gescheckt sind.

Neophron percnopterus (Aegypiidae)
Familie Altweltgeier

Schmutzgeier

Der Schmutzgeier erreicht eine Länge von 68 cm und eine Flügelspannweite von 150 cm und bewohnt vorwiegend Gebirgsgegenden Südeuropas. Er ernährt sich von Aas und nötigenfalls auch von Reptilien, Fischen, Insekten und auch vegetarisch. Er ist gesellig. Mitte April legt er zwei gelblichweiße, dunkelrot gesprenkelte Eier ab. Sein Horst besteht aus wenigen kunstlos verflochtenen Zweigen und ist innen mit Wolle und Tierhaaren ausgekleidet. Mit Vorliebe bewahrt er faulige Nahrungsreste im Horst auf, welche oft einen unerträglichen Gestank verbreiten.

Kopf eines Schmutzgeiers ➡

Gyps fulvus (Aegypiidae)
Familie Altweltgeier

Gänsegeier

Dieser Geier erreicht eine Größe bis zu 109 cm und eine Flügelspannweite von 277 cm und findet sich in Spanien, Süditalien und auf der Balkanhalbinsel. Er bewohnt felsige Gebirgszonen und weite Ebenen. Man sieht ihn manchmal in großer Höhe seine Kreise ziehen, wo er nach Aas, seiner einzigen Nahrung, Ausschau hält. Von seiner Beute verschlingt er meist so große Mengen, daß er längere Zeit fluguntauglich wird. Er führt ein geselliges Leben, zumeist ortstreu, auch wenn er bei der Nahrungssuche oft große Flugstrecken zurücklegt. Im Februar/März legt er in seinem auf nackten Felsen aus einem Haufen von Zweigen angelegten Horst ein oder zwei schmutzigweiße Eier ab.

Gypaëtus barbatus (Aegypiidae)
Familie Altweltgeier

Bartgeier

Dieser Geier, der eine Körperlänge von 117 cm und eine Flügelspannweite von 235 cm erreicht, schien in den Alpen schon Anfang dieses Jahrhunderts ausgestorben, vor kurzer Zeit ist er jedoch wieder aufgetaucht. In den österreichischen Alpen läuft zur Zeit ein Wiedereinbürgerungsprogramm. Er führt ein einsames Leben in hohen Bergmassiven und ernährt sich hauptsächlich von Aas. Dieser Geier hat einen leichten und wendigen Flug und ist durch seinen langen keilförmigen Schwanz leicht erkennbar. Im Jänner oder Februar legt er im allgemeinen nur ein Ei von rostgelber oder rötlichbrauner Farbe in seinem Lumpenhorst ab, den er in Felsspalten oder auf unzugänglichen Felsen errichtet.

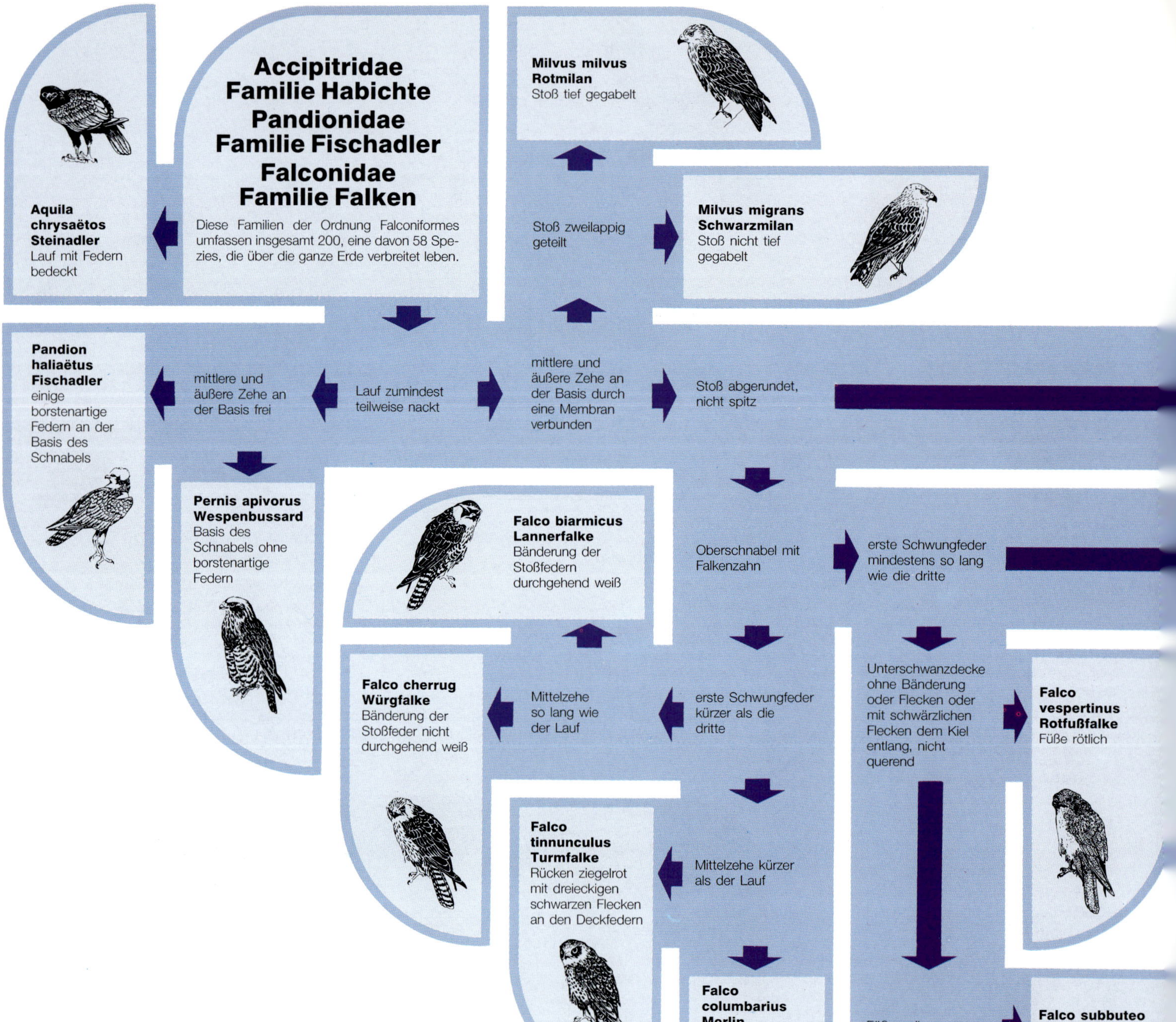

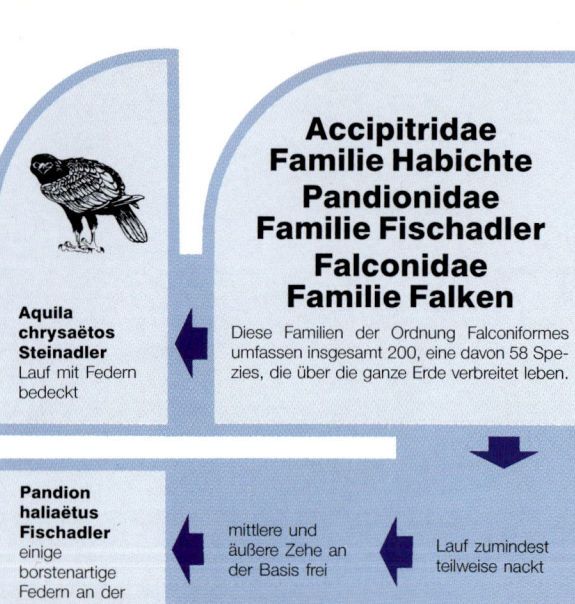

Aquila chrysaëtos Steinadler
Lauf mit Federn bedeckt

Accipitridae
Familie Habichte
Pandionidae
Familie Fischadler
Falconidae
Familie Falken

Diese Familien der Ordnung Falconiformes umfassen insgesamt 200, eine davon 58 Spezies, die über die ganze Erde verbreitet leben.

Milvus milvus Rotmilan
Stoß tief gegabelt

Milvus migrans Schwarzmilan
Stoß nicht tief gegabelt

Stoß zweilappig geteilt

Pandion haliaëtus Fischadler
einige borstenartige Federn an der Basis des Schnabels

mittlere und äußere Zehe an der Basis frei

Lauf zumindest teilweise nackt

mittlere und äußere Zehe an der Basis durch eine Membran verbunden

Stoß abgerundet, nicht spitz

Pernis apivorus Wespenbussard
Basis des Schnabels ohne borstenartige Federn

Falco biarmicus Lannerfalke
Bänderung der Stoßfedern durchgehend weiß

Oberschnabel mit Falkenzahn

erste Schwungfeder mindestens so lang wie die dritte

Falco cherrug Würgfalke
Bänderung der Stoßfeder nicht durchgehend weiß

Mittelzehe so lang wie der Lauf

erste Schwungfeder kürzer als die dritte

Unterschwanzdecke ohne Bänderung oder Flecken oder mit schwärzlichen Flecken dem Kiel entlang, nicht querend

Falco vespertinus Rotfußfalke
Füße rötlich

Falco tinnunculus Turmfalke
Rücken ziegelrot mit dreieckigen schwarzen Flecken an den Deckfedern

Mittelzehe kürzer als der Lauf

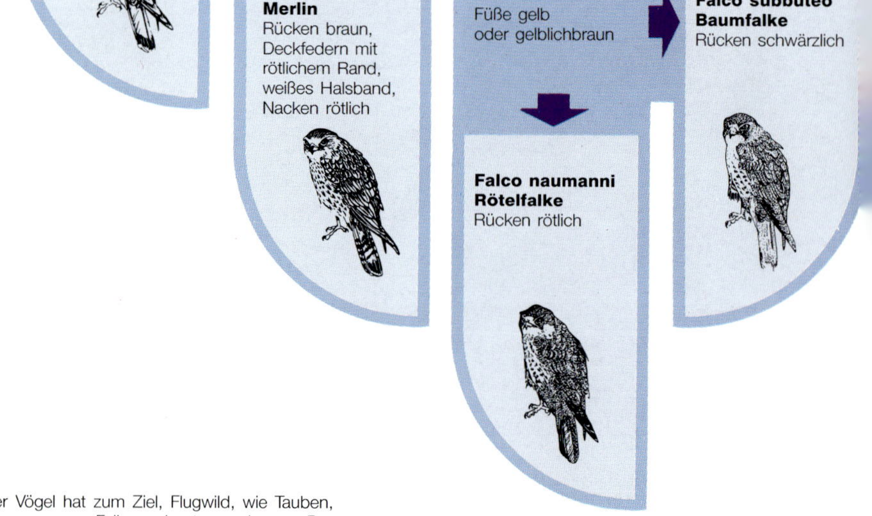

Falco columbarius Merlin
Rücken braun, Deckfedern mit rötlichem Rand, weißes Halsband, Nacken rötlich

Füße gelb oder gelblichbraun

Falco subbuteo Baumfalke
Rücken schwärzlich

Falco naumanni Rötelfalke
Rücken rötlich

Pandionidae (Fischadler), Accipitridae (Habichte) und Falconidae (Falken). Eine höchst interessante Art der Jagd mittels gezähmter Greifvögel ist die sogenannte Beizjagd, die sich wahrscheinlich schon im Altertum in Asien und im Nahen Osten entwickelte und sich im Mittelalter auf den europäischen Fürstenhöfen etablierte.

Ein berühmtes Buch mit dem Titel »De arte venandi cum avibus – Über die Kunst mit Vögeln zu jagen«, zu Beginn des 13. Jahrhunderts geschrieben vom Hohenstaufenkaiser Friedrich II. und zugleich das erste große vogelkundliche Werk, gibt Auskunft über die »Hohe Schule der Falknerei«, die sich schließlich zu einer eigenen Zunft mit eigener Fachsprache entwickelte. Viele dieser Fachausdrücke finden sich heute teils in der Ornithologie wie z. B. Stoß (Schwanz), Fang (Fuß), Atzung (Nahrung), kröpfen (fressen) wie auch in der Falknerei, die sich neuerdings in einigen Ländern Europas wieder großer Beliebtheit erfreut und sogar zum Nachteil der Natur kommerzialisiert wurde (Greifvogelflugvorführungen auf diversen Burgen gegen Eintritt). Dies führte naturgemäß zu einer großen Nachfrage nach Greifvögeln und Nestlingen, ja sogar nach Wildfängen (in freier Natur gefangene Tiere), was sich auf das natürliche Vorkommen der für Falkner interessanten Arten, wie Wanderfalken (Falco peregrinus) oder Gerfalken (Falco rusticulus), zwangsläufig verheerend auswirken mußte.

Vielenorts sind Naturschutzorganisationen gezwungen, Falken und Adler im Horst während der Brut und Aufzuchtperiode rund um die Uhr zu bewachen. Abgetragene (dressierte) Beizvögel werden nach wie vor um horrende Summen gehandelt, häufig auch über mehrere Grenzen bis in den Nahen Osten gebracht, wo der Besitz dieser Vögel Statussymbol ist.

Vielfach wird die Herkunft der Beizvögel verschleiert, oder behauptet, es handle sich um gezüchtete Tiere (Falken pflanzen sich in Gefangenschaft nur schwer fort); Behauptungen, die wegen nicht existierender amtlicher Registrierung kaum überprüft werden können.

Das Abrichten der Vögel hat zum Ziel, Flugwild, wie Tauben, Enten, Rebhühner usw., vom Falken erbeuten zu lassen. Der Greifvogel sitzt mit Lederhäubchen, das seine Augen verdeckt, auf der behandschuhten Faust des Falkners. Fliegt die Jagdbeute auf, wird der Falke zum Steigflug hochgeworfen, nachdem die Lederhaube entfernt wurde. Hat der Falke die Beute geschlagen, tötet er sie mit dem Schnabel durch Hinterkopf- oder Nackenbiß. Der Falkner entfernt den auf der Beute sitzenden Vogel und gibt ihm ein Stück Fleisch als »Atzung«. Beizvögel tragen an ihren Beinen Schellen, damit sie rasch gefunden werden, wenn sie sich verfliegen.

Accipiter nisus
Sperber
die innere Zehe
erreicht nur die
Spitze des ersten
Phalangengliedes
der Mittelzehe

Accipiter gentilis
Habicht
Mittelzehe länger
als der halbe Lauf

Buteo buteo
Mäusebussard
Lauf knapp doppelt
so lang wie die
Mittelzehe

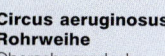
Circus aeruginosus
Rohrweihe
Oberschwanzdecke
durchgehend oder
vorwiegend
rötlichgelb

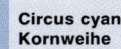

Circus cyaneus
Kornweihe
Oberschwanzdecke
weiß, bisweilen
rötlichgelb oder
grau gefleckt

äußere Fahne der
5. Schwungfeder
eingebuchtet

 Oberschnabel ohne
Falkenzahn

 Mittelzehe
überragt diese
Spitze

 Mittelzehe nicht
länger als der
halbe Lauf

 Lauf mehr als
doppelt so lang
wie die Mittelzehe

Circus macrourus
Steppenweihe
die Einbuchtung
der inneren Fahne der
primären Schwungfedern
beginnt nicht jenseits der
Spitze der diese
bedeckenden Deckfedern

Unterschwanzdecke
mit einem
schwarzen
Querstreifen
an den Federn

Falco eleonorae
Eleonorenfalke
innere Fahne der
primären
Schwungfedern
ohne große
weiße Flecken

äußere Fahne der
5. Schwungfeder
nicht eingebuchtet

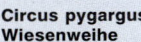

Falco peregrinus
Wanderfalke
innere Fahne der primären
Schwungfedern mit großen
weißen Flecken

Circus pygargus
Wiesenweihe
die Einbuchtung beginnt
weit jenseits der Spitze
jener Deckfedern, die die
Schwungfedern bedecken

Pandion haliaëtus (Pandionidae)
Familie Fischadler

Fischadler

Dieser Greifvogel erreicht eine Größe von 61 cm und eine Flügelspannweite von mehr als 150 cm; er bewohnt weite Tiefebenen mit fischreichen Gewässern, die von bewaldeten Zonen begrenzt werden. Er ist scheu und vorsichtig, zieht seine Kreise in großer Höhe, um Nahrung zu erspähen. Er ernährt sich fast ausschließlich von Fischen. Der Fischadler stürzt sich senkrecht von oben auf seine Beute, Fische, taucht ins Wasser und packt sie mit seinen Krallen, dann fliegt er damit an einen abgelegenen Ort, um sie zu verzehren. Anfang Mai legt er zwei oder drei weißliche, rötlich gefleckte Eier in einem Horst, den er hoch auf Bäumen oder Felsen anlegt, ab.

Buteo buteo (Accipitridae)
Familie Habichte

Mäusebussard

Diese häufige Spezies, mit einer Körperlänge von 56 cm, bewohnt sowohl Gebirgszonen als auch Flachland, Wälder, Lichtungen und Felder. Der Mäusebussard kreist oft in großer Höhe. Seine Nahrung besteht aus Nagetieren, Spitzmäusen, Reptilien, Insekten und Würmern; selten jagt er auch kleine Vögel, aber nur unter großen Schwierigkeiten, denn er ist unfähig, im Flug zu jagen. Zur Nistzeit errichtet er seinen Horst aus geflochtenen Halmen, den er mit grünen Blättern, Lumpen und anderem auskleidet, auf Bäumen oder efeubewachsenen Felsen. Ende April legt er hier drei oder vier weiß oder rötlich gefärbte, braun gesprenkelte Eier ab, die Brutdauer beträgt 22 Tage.

Pernis apivorus (Accipitridae)
Familie Habichte

Wespenbussard

Dieser Bussard, mit einer Körperlänge von 56 cm, liebt die dichten Wälder und geht zur Nahrungssuche oft auf den Erdboden; er ernährt sich von kleinen Säugetieren, Vögeln, Reptilien und Insekten. Bekannt ist seine Vorliebe für Bienen und Wespen und deren Brut, was ihn bei den Bienenzüchtern unbeliebt macht; er zerstört auch die Nester anderer Vögel und verzehrt Eier und Junge. Im Juni legt er zwei bis vier gelblichweiße, rötlichbraun gesprenkelte Eier ab, die von beiden Elternteilen drei Wochen lang bebrütet werden. Seinen Horst errichtet er auf Bäumen im Wald; er baut ihn aus trockenen Zweigen, die er lose ineinander verflicht, und kleidet ihn mit trockenen Blättern aus.

Accipiter nisus (Accipitridae)
Familie Habichte

Sperber

Er erreicht eine Körperlänge von 38 cm und kommt in bewaldeten Zonen, aber auch auf freiem Feld häufig vor. Er sieht einem Habicht ähnlich, ist aber wesentlich kleiner; er ist unwahrscheinlich aggressiv. Dank seines überaus geschickten Fluges erbeutet er Vögel bis zur Größe eines Rebhuhns. Im Mai errichtet er seinen Horst auf einem Baum in großer Höhe; hier legt er vier bis sechs bläulichweiße, rot und braun gesprenkelte Eier ab. Die Brutdauer beträgt 20 Tage. Es wird berichtet, daß der Sperber wegen seiner Jagdlust mehr Beute erlegt, als er zum Leben braucht. Andererseits benötigt er täglich einen Vogel in der Größe eines Finken, um seinen Nahrungsbedarf zu decken.

Accipiter gentilis (Accipitridae)
Familie Habichte

Hühnerhabicht

Diese Spezies, mit einer Körperlänge von 60 cm, lebt in bewaldeten Zonen, vorzugsweise in Nadelwäldern, die durch Lichtungen aufgelockert sind, auch in Gebirgsgegenden sowie in der Ebene. Er ist ein geschickter Jäger, seine Beute, Tauben, Hühnervögel, Enten sowie Hasen und Kaninchen, schlägt er im Flug oder auf dem Boden. Sein Federkleid ähnelt dem des Sperbers, aber er ist wesentlich größer und kräftiger. Zur Brutzeit errichtet er sein Nest in großer Höhe (bis zu 30 m über dem Erdboden) auf großen Ästen. In einem großen, haufenartigen Horst aus Zweigen, Moos und Flechten legt er hier im Frühling drei bis fünf Eier von bläulichgrüner Farbe, die manchmal kräftig gefleckt sind, ab.

Circus pygargus (Accipitridae)
Familie Habichte

Wiesenweihe

Diese Spezies, die eine Größe von 43 cm erreicht, bewohnt vor allem Sumpflandschaften, Heideland, Wiesen und Felder in der Ebene. Sie hat sehr spitze, schmale Flügel und einen sehr eleganten Flug. Ihre Nahrung besteht aus Insekten (dabei bevorzugt sie Grillen und Heuschrecken), kleinen Reptilien und Amphibien, verletzten Vögeln, Mäusen, auch Eiern und Jungvögeln. Ende Mai errichtet sie ihr Nest, versteckt auf einem Acker, im Gras oder unter einem Strauch in einer Bodenmulde, die mit trockenem Gras bedeckt wird. Hier legt sie vier bis sechs bläulichweiße Eier ab, die sie 21 Tage lang bebrütet.

Circus aeruginosus (Accipitridae)
Familie Habichte

Rohrweihe

Diese Weihenart, die eine Körperlänge von 55 cm und eine Flügelspannweite von 125 cm erreicht, bewohnt große Schilfgebiete und weite Fluren. Sie kommt besonders in den Wintermonaten bei uns vor. Ihr Flug ist langsam und niedrig und sie ergreift ihre Beute direkt am Boden, nie im Flug. Sie ernährt sich vorwiegend von kleinen Säugetieren, jungen Vögeln, Reptilien, Amphibien und Fischen. Ihr Nest errichtet sie im Schilfgürtel auf einer trockenen Erhöhung, die sie mit Schilf und Sumpfgräsern bedeckt. Hier legt sie im Mai drei bis sechs weiße, manchmal mit bläulichen oder hellgrauen Flecken bedeckte Eier ab.

Circus cyaneus (Accipitridae)
Familie Habichte

Kornweihe

Diese Spezies, mit einer Größe von 50 cm, ist in Mittel- und Nordeuropa heimisch. Sie lebt vorwiegend auf Heideland und offenen Ebenen (wo sie auch nistet), in Feucht- und Sumpfgebieten. Sie fliegt, manchmal in kleinen Gruppen, knapp über dem Boden und macht Jagd auf kleine Vögel, die sie im Flug fängt. Weiters ernährt sie sich von Mäusen, Fröschen, Eiern und Jungen von Wasservögeln sowie frischem Aas. Ende Mai baut sie in einer Vertiefung des Erdbodens, die sie mit Pflanzenfasern aufschichtet und einigen Federn polstert, ein Nest, in dem sie drei bis sechs bläulichweiße Eier ablegt; die Brutdauer beträgt 22 Tage. Das Weibchen hat, wie bei allen Weihen, ein braunockerfarbenes Federkleid.

Circus macrourus (Accipitridae)
Familie Habichte

Steppenweihe

Diese östliche Spezies, die eine Größe von 45 cm erreicht, ist ziemlich selten. Sie lebt in Moorgebieten oder im Heideland sowie in trockenen Steppen, auch im Hügelland. Bisweilen hält sie sich auf Ackerland auf. Sie ernährt sich von Eidechsen, Eiern und Küken, von verletzten oder toten Vögeln und von Insekten. Ende Mai legt sie in einer Bodenmulde, die sie mit Gras und Blättern auslegt, drei bis fünf bläulichweiße, braun oder blaßrot gesprenkelte Eier. Die Weibchen und die jungen Vögel sehen den anderen Weihenarten sehr ähnlich, auch die Jagdgewohnheiten haben sie mit ihnen gemeinsam.

Milvus milvus (Accipitridae)
Familie Habichte

Rotmilan

Diese Art, die bis zu 66 cm groß wird, ist durch ihren langen, deutlich gegabelten Stoß leicht erkennbar; sie bevorzugt bewaldetes Hügelland oder weite Ebenen, die verstreute Wäldchen aufweisen. Der Rotmilan führt ein geselliges Leben und vereint sich zur Zugzeit oft in großen Gruppen. Der Jagdflug findet in Bodennähe statt. Er ernährt sich von Schlangen, Eidechsen, Insekten und Weichtieren, jungen Vögeln und Säugetieren bis zur Größe eines Hasen. In bewohntem Gebiet macht er seine Jagd auf Junghühner, aber er ernährt sich nötigenfalls auch von Aas. Ende April/Anfang Mai legt er drei Eier ab, die mehr oder weniger bläulich schimmern und rötlichbraun gefleckt sind.

Milvus migrans (Accipitridae)
Familie Habichte

Schwarzmilan

Dieser Greifvogel, mit einer Körperlänge von bis zu 66 cm, kommt an Seen oder Flüssen mit üppiger Auwaldvegetation nicht selten vor. Recht häufig dringt er auf der Suche nach Abfällen weit in bewohntes Gebiet vor. Seine Ernährungsweise ist der des Rotmilans *(Milvus milvus)* sehr ähnlich. Er ernährt sich auch von Fischen, die er wie der Fischadler *(Pandion haliaëtus)* im Stoßtauchen fängt. Oft nistet er in Kolonien. Seinen Horst aus dürren Zweigen errichtet er auf Bäumen. Zur Brutzeit, Anfang Mai, legt er drei oder vier bläulichweiße Eier mit rötlichbraunen Flecken ab.

➥ *Steinadler im Horst*

Aquila chrysaëtos (Accipitridae)
Familie Habichte

Steinadler

Diese mächtige Greifvogelart, die eine Körperlänge von 86 cm erreichen kann, war bis vor kurzer Zeit vom Aussterben bedroht. Der Steinadler bewohnt vor allem die unzugänglichen Gebirgszonen, im Winter begibt er sich aber gerne in die Ebene und in große Moorgebiete. Sein Flug ist majestätisch und mächtig und, wenn er seine Beute ausgemacht hat, blitzschnell. Der Adler tötet Säugetiere bis zur Größe einer Gemse, indem er sie mit seinen kräftigen Fängen am Kopf ergreift. Den großen, unordentlichen Horst errichtet er an unzugänglichen Stellen im Fels; hier legt er im März oder April zwei bis drei Eier ab. Er ist durch Schonung (Jagd) in den Alpen nunmehr etwas häufiger anzutreffen.

Falco columbarius (Falconidae)
Familie Falken

Merlin

Diese Art, die kleinste europäische Falkenart, erreicht eine Größe von 30 cm; der Merlin bewohnt das Flachland und nistet auf Heiden oder im Hügelland ohne Baumbestand. In den Herbst- und Wintermonaten begibt er sich auch in Moorgebiete, Ackerland und Küstenzonen. Er ernährt sich von Vögeln bis zur Größe eines Rebhuhns, die er im Flug fängt. Zur Brutzeit errichtet er seinen Horst in einer Vertiefung des Erdbodens oder Felsennische und kleidet ihn mit Pflanzenelementen aus. Manchmal nistet er auf Bäumen; hier belegt er verlassene Rabennester. Etwa Mitte Mai legt er vier bis sechs rötlichbraune und verschiedenartig gesprenkelte Eier ab.

Falco peregrinus (Falconidae)
Familie Falken

Wanderfalke

Dieser wunderschöne Greifvogel, der eine Körperlänge von 50 cm hat, findet sich in bewaldetem Flachland oder felsigem Hügelland, wo er auch nistet. Diese Spezies war einst häufig zu beobachten, aber heute ist sie, wahrscheinlich wegen der Jagd, Falknerei und Verwendung von Insektiziden, überall sehr selten geworden. Im Herbst und im Winter bevorzugt der Wanderfalke Heideland und Moorgebiete. Er gilt als einer der kühnsten Greifvögel, sein Flug ist kräftig und schnell, er erbeutet Vögel bis zur Größe einer Ente oder eines Reihers, Hasen und Kaninchen. Im April legt er zwei bis vier Eier von gelblich- oder rötlichbrauner Farbe, die rötlich gesprenkelt sind, ab.

Falco biarmicus (Falconidae)
Familie Falken

Lannerfalke

Dieser Falke wird bis zu 43 cm groß und bewohnt steil abfallende Gebirgsflanken, Hügelland und Ebenen. Sein Vorkommen beschränkt sich auf den Süden Europas und Nordafrika. Er ist ein jagdlustiger Greifvogel und bei arabischen Falknern besonders beliebt. Diese Art hat dem Wanderfalken ähnliche Gewohnheiten. Er nistet von Februar bis Mai und legt vier gelblichweiße, rötlichbraun gesprenkelte Eier ab. In Ägypten nistet diese Spezies auf Felsen und auf den Pyramiden, in Spanien scheint er eher von anderen großen Vögeln verlassene Horste zu bevorzugen. Er unterscheidet sich vom Wanderfalken vor allem durch seinen hellbraun gefärbten Kopf.

Falco cherrug (Falconidae)
Familie Falken

Würgfalke

Dieser Falke, mit einer Größe von 45 cm, kommt in Osteuropa bis nach Zentralasien vor, wo er die offenen wüsten- und halbwüstenartigen Ebenen bevorzugt. Im allgemeinen sieht er dem Wanderfalken sehr ähnlich, aber die Färbung seines Federkleides ist viel heller. Er ist sehr aggressiv und hat einen gewandten und schnellen Flug; es gelingt ihm, große Vögel und Säugetiere bis zu mittlerer Größe zu schlagen. Seinen Horst errichtet er auf vereinzelt stehenden, großen Bäumen; er besteht aus einem unordentlichen Haufen dürrer Zweige und wird innen mit pflanzlichen Überresten und Wollflocken ausgekleidet. Er legt zwei bis vier Eier, die denen des Lannerfalken sehr ähnlich sind.

Falco subbuteo (Falconidae)
Familie Falken

Baumfalke

Diese Spezies hat eine Größe von 30 cm und kommt in Waldgebieten und im offenen, baumbestandenen Heideland häufig vor. Sie sieht auch, was die Färbung des Federkleides betrifft, dem Wanderfalken sehr ähnlich und unterscheidet sich von diesem hauptsächlich durch seine geringere Größe. Sein Flug ist sehr elegant. Der Baumfalke jagt mit großer Wendigkeit im rasenden Flug Vögel bis zur Größe einer Wachtel oder eines Regenpfeifers. Außerdem ernährt er sich noch von Nagetieren, Eidechsen und Insekten. Im Juni legt er drei bis fünf gelblichweiße, rötlich gesprenkelte Eier. Seinen Horst errichtet er auf Bäumen oder er übernimmt ein verlassenes Nest einer anderen Vogelart.

Falco eleonorae (Falconidae)
Familie Falken

Eleonorenfalke

Diese Spezies kommt in felsigen Küstenzonen des Mittelmeeres und auf felsigen Inseln vor. Der Eleonorenfalke wird bis zu 36 cm groß und erscheint in zwei verschiedenen Färbungsphasen, einer hellen und einer dunklen. Er bevorzugt zum Meer steil abfallende Felsen und jagt im Flug Vögel bis zur Größe einer Taube, Insekten und Eidechsen. Im August legt er zwei oder drei Eier ab, die denen des Baumfalken (Falco subbuteo) sehr ähnlich sind, und bebrütet sie 25 Tage lang. Seine Brutzeit ist wahrscheinlich wegen des Wachtelzuges, der genau in dieser Zeit stattfindet, so spät angesetzt.

Falco vespertinus (Falconidae)
Familie Falken

Rotfußfalke

Dieser Greifvogel wird bis zu 30 cm groß und bewohnt das mittlere und nördliche Osteuropa. Sein Flug ist elegant, aber nicht schnell, und daher erbeutet er hauptsächlich Insekten, Mäuse und Eidechsen, die er vor allem in der Dämmerung jagt. Er ist ein geselliger Vogel und lebt das ganze Jahr über in Gruppen mit anderen Arten vereint. Er segelt gerne mit unbewegten Flügeln in der Luft. Der Rotfußfalke nistet in Ungarn und Südrußland und benützt vor allem verlassene Krähennester, wo er im Juni vier bis sechs Eier ablegt, die denen des Turmfalken (Falco tinnunculus) sehr ähnlich sehen.

Falco tinnunculus (Falconidae)
Familie Falken

Turmfalke

Dieser Falke, der eine Körperlänge von 30 cm aufweist, ist weit verbreitet und sehr häufig; man findet ihn vor allem im offenen Gelände. Er ist nicht scheu und nistet auch auf alten Gebäuden der Städte, am Land bevorzugt er Felswände. Er baut sich sein Nest nicht gerne selbst, sondern benützt lieber verlassene Nester von Wildtauben, Krähen oder dem Sperber (Accipiter nisus). Im April legt er hier vier bis sechs rötlichbraun gesprenkelte Eier ab. Er ernährt sich vor allem von Mäusen, Grillen, Heuschrecken und Insekten, Eidechsen und Fröschen, nur sehr selten von kleinen Vögeln.

Kopf eines Turmfalken ➡

Caracara cheriway (Falconidae)
Familie Falken

Caracara

Diese Spezies erreicht eine Körperlänge von 60 cm und lebt im Süden der Vereinigten Staaten bis nach Venezuela, Kolumbien und Peru. Caracaras haben sehr kräftige Füße und bewegen sich oft ausgiebig am Boden fort, wo sie nach Aas suchen, um das sie sich oft mit Geiern streiten. Sie halten sich auch an Autobahnen auf, weil sie es anscheinend gelernt haben, daß es hier häufig von Autos überfahrene Beute gibt. Sie legen in ihrem Nest nur zwei Eier ab, die von beiden Elternteilen über eine Brutdauer von vier oder fünf Wochen bebrütet werden; nach dem Schlüpfen müssen die Jungen weitere zweieinhalb Monate lang betreut werden, ehe sie das Flugvermögen erlangen und selbständig sind.

Falco naumanni (Falconidae)
Familie Falken

Rötelfalke

Diese Spezies, die etwa so groß ist wie der Turmfalke (Falco tinnunculus), lebt vor allem in Ackerbaugebieten, auf offenen Wiesenflächen und Moorgebieten, manchmal findet man sie sogar an der Peripherie von Städten. Der Rötelfalke ist noch weniger scheu als der Turmfalke und lebt gerne gesellig; in manchen Ländern nistet er auch in Kolonien. Er baut kein eigentliches Nest, sondern legt Ende April/Anfang Mai seine vier bis fünf gelblichweißen, braun gesprenkelten Eier unter die Dachziegel unbewohnter Häuser oder von Kirchtürmen, in Baumhöhlen oder in Felsnischen ab. Manchmal benützt er auch verlassene Nester von Elstern und Krähen.

Galliformes
Ordnung Hühnervögel

Zur Ordnung der Galliformes, den Hühnervögeln, gehören acht Familien, die 240 Spezies umfassen. Dazu gehört die Familie Opisthocomidae aus dem Oberen Eozän, die heute nur mehr durch den brasilianischen Hoatzin vertreten ist, weiters die Gallinuloididae aus dem Mittleren Eozän, bekannt nur durch eine fossile nordamerikanische Form. Die Familie Cracidae, die Hokkos aus dem Unteren Oligozän, sind heute auf dem amerikanischen Kontinent mit 39 Spezies vertreten, dazu gehören der Tuberkelhokko (*Crax rubra*) und die Penelopini (Penelopenhühner). Die Familie Megapodidae oder Großfußhühner des australischen Pleistozän sind heute mit zehn Spezies in Australien, den Philippinen und auf den Inseln des Pazifischen Ozeans vertreten, besonders bekannt ist *Alectura lathami*, das Buschhuhn, wegen seiner charakteristischen Fortpflanzungsgewohnheiten. Die Familie Tetraonidae oder Rauhfußhühner aus dem Unteren Eozän sind mit 17 lebenden Spezies vertreten, die bekanntesten sind *Tetrao urogallus*, das Auerhuhn, *Lagopus mutus*, das Alpenschneehuhn, *Lyrurus tetrix*, das Birkhuhn, *Testrastes bonasia*, das Haselhuhn, *Francolinus francolinus*, der Halsbandfrankolin, *Tympanuchus cupido*, das Präriehuhn.

Die Familie Phasianidae, die Fasanartigen, aus dem Oberen Eozän umfassen 221 Spezies, 174 davon gibt es heute noch. Zu ihnen gehören Wachteln, Fasane, Pfauen und Rebhühner der Alten Welt. Zur Familie der Numidae aus dem Oberen Pleistozän gehören sieben lebende Spezies, bekannt unter dem Namen Perlhühner, und zu den Meleagrididae aus dem Unteren Pleistozän Nordamerikas gehören die bekannten Truthühner.

Die Ordnung der Galliformes (Hühnervögel), die sich, wie oben angeführt, schon vor sehr langer Zeit entwickelt hat, ist auch durch eine große Zahl von domestizierten Formen (Haustieren) vertreten, die die Entwicklung der menschlichen Zivilisation seit frühester Zeit »begleitet« haben.

Die Galliformes umfassen Arten mit mächtigen Brustmuskeln zum raschen Auffliegen, die große Zehe ist im Vergleich zur übrigen Fußfläche erhöht eingelenkt, der Lauf vorne mit Horntafeln besetzt, der Schnabel ist kräftig und leicht gebogen. Sie sind überwiegend Bodenvögel mit kräftigen Füßen. Ein geräumiger Kropf und ein kräftiger Muskelmagen mit Mahlsteinchen kennzeichnen den Verdauungsapparat.

Alectura lathami (Megapodidae)
Familie Großfußhühner

Buschhuhn

Diese 76 cm große Art lebt in Ostaustralien. Sie ist ein Bodenbewohner, fliegt nur sehr ungern und hat kräftige Füße. Ihre Nahrung besteht vorwiegend aus Körnern und Früchten, sie frißt aber auch verschiedene kleine Tiere. Diese Vögel bebrüten ihre Eier nicht mit ihrer eigenen Körperwärme, sondern legen sie in einer kegelförmigen Anhäufung auf pflanzlichen Überresten ab, die sie im dichten Wald am Boden anlegen. In diesem bis zu 2 m hohen und 6 m langen Haufen vollzieht sich ein Fäulnisprozeß, dessen Wärme die Eier ausbrütet. Nach zweieinhalb Monaten schlüpfen die Jungen, die Nestflüchter sind.

Crax rubra (Cracidae)
Familie Hokkos

Tuberkelhokko

Diese 96 cm große Spezies ist von Südamerika bis nach Ecuador verbreitet; sie ist ein Baumbewohner und geht zur Nahrungssuche (sie ernährt sich von Früchten, Beeren, Insekten und Würmern) auf den Erdboden. Von Natur aus zutraulich, läßt sich der Hokko leicht als Haustier halten. Er pflanzt sich auch als Haustier fort und schläft hockend auf Bäumen. Zur Brutzeit baut er sein Nest aus getrocknetem Gras, Zweigen, Blättern und Pflanzenfasern auf Bäumen im dichtesten Wald. Hier legt er seine Eier ab, die allein das Weibchen bebrütet. Beim Schlüpfen sind die Jungen sofort selbständig, und es wird berichtet, daß sie das Nest bereits nach nur zwei Stunden verlassen.

Penelope purpurescens (Cracidae)
Familie Hokkos

Rotbauch-Schakuhuhn

Diese Spezies wird bis zu 88 cm lang und lebt von Südmexiko bis nach Venezuela und Ecuador. Es ist ein Waldbewohner und lebt in den Baumkronen, wo es sich vorwiegend von Früchten ernährt. Das Schakuhuhn lebt gesellig und schließt sich nach der Brutperiode auch gerne zu sehr großen Gruppen zusammen; sie sind recht laut und reagieren auch sehr lautstark, wenn sich ein Mensch oder ein Raubtier nähert. Es scheint, daß die Paare sich ein Leben lang treu bleiben und sie besonders zur Fortpflanzungszeit eifersüchtig das eigene Territorium verteidigen. Um die Aufzucht der Jungen, die ziemlich lange dauert, kümmern sich beide Elternteile.

◆ *Birkhahn*

Lagopus mutus (Tetraonidae)
Familie Rauhfußhühner

Alpenschneehuhn

Diese 35 cm große Spezies ist in Europa heimisch und kommt besonders in den Alpen häufig vor. Ihre Nistplätze liegen hart an der Schneegrenze. Das Alpenschneehuhn ist ein Bodenbewohner, lebt in Einehe und ist ziemlich scheu. Gefahren entzieht es sich eher durch schnelles Laufen als durch Fliegen. Seine Ernährung besteht aus Pflanzentrieben, Früchten, Beeren und Insekten. Im Mai legt es in einem einfachen, innen mit Moos ausgepolsterten Nest, das es in einer seichten Bodenmulde anlegt, acht bis zehn Eier ab. Diese sind von rötlich-weißer Farbe, rot oder braun gefleckt. Die Brutdauer beträgt 24 Tage. Typisch ist seine Tarnung. Es hat im Winter ein schneeweißes Federkleid, anders als im Sommer.

Lyrurus tetrix (Tetraonidae)
Familie Rauhfußhühner

Birkhuhn

Das Männchen erreicht eine Körperlänge von 53 cm, das Weibchen 40 cm. In Europa kommt diese Spezies, besonders in den Alpen und in Nordeuropa, häufig vor. Es bewohnt Hochlagen, aber auch Heide und große Moorgebiete. Das Birkhuhn ist scheu und vorsichtig und ernährt sich von Beeren, Knospen, Pflanzentrieben und Körnern. Im Mai legt es in einer mit Blättern, Moos und Federn ausgelegten Erdmulde sechs bis zehn gelbliche, rötlichbraun gefleckte Eier ab, die nur das Weibchen 25 Tage lang bebrütet. Die Jungen werden vorwiegend mit Ameisenlarven ernährt.

➡ *Auerhahn*

Tetrao urogallus (Tetraonidae)
Familie Rauhfußhühner

Auerhuhn

Der Hahn dieser stattlichen Art erreicht eine Körperlänge von 86 cm, das Weibchen 60 cm. Diese Spezies lebt in den Zentral- und Ostalpen und in Nordeuropa; aufgrund der erbarmungslosen Jagd, der sie ausgesetzt ist, und der permanenten Störung ihrer Lebensräume ist ihre Zahl heute schon sehr dezimiert. Sie lebt in artenreichen Bergwäldern mit natürlichen Lichtungen. Das erwachsene Auerhuhn ernährt sich ausschließlich von Pflanzennadeln. Es baut ein dem Birkhuhn ähnliches Nest, und einmal im Jahr, im Mai, legt es hier 12 bis 16 rötlichgelbe, braun gefleckte Eier ab, die 28 Tage lang bebrütet werden. Die Jungen ernähren sich von Insekten und anderer tierischer Kost.

Tetrastes bonasia (Tetraonidae)
Familie Rauhfußhühner

Haselhuhn

Diese 35 cm große Spezies war früher überall in den Alpen und Nordeuropa weit verbreitet, doch Jagd und Umwelteinflüsse haben ihre Bestände stark gelichtet. Das Haselhuhn ist scheu und mißtrauisch und lebt in Berggegenden mit viel Unterholz. Seine Ernährung besteht aus Pflanzentrieben, Wacholderbeeren, Insekten und Würmern. Nur einmal im Jahr, Ende April, legt es in einer einfachen, nur grob mit Blättern bedeckten Erdmulde acht bis 14 gelbliche oder rötliche, braunrot gesprenkelte Eier ab. Die Brutdauer beträgt drei Wochen.

Centrocercus urophasianus (Tetraonidae)
Familie Rauhfußhühner

Beifußhuhn

Diese Spezies wird bis zu 71 cm groß und bewohnt die westlichen und zentralen Ebenen Nordamerikas. Während der Balzzeit stolzieren die Männchen tagsüber mit nach unten gespreizten Flügen und fächerartig ausgebreiteten, spitzen Schwanzfedern in charakteristischen Tanzschritten herum. Ende März oder im April vollziehen sie die Paarung. Die Weibchen legen auf einer kleinen Anhäufung von trockenen Pflanzen 12 bis 16 hellbraune, rot und braun gesprenkelte Eier ab; die Brutdauer beträgt 23 Tage, und die Jungen folgen schon wenige Stunden nach dem Schlüpfen der Mutter zur Nahrungssuche.

Perdix perdix (Phasianidae)
Familie Fasanartige

Rebhuhn

Diese 30 cm große Art ist in weiten Teilen Europas sehr verbreitet und bewohnt vorzugsweise weites Ackerland oder Wiesenflächen. Das Rebhuhn lebt gerne in kleinen Familienverbänden. Bei großer Gefahr erhebt es sich mit lautem Flügelgeknatter, landet aber in geringer Entfernung wieder. Es entzieht sich einer Gefahr lieber durch rasches Laufen und Verstecken im hohen Gras als durch Fliegen. Seine Nahrung besteht aus Pflanzenteilen, Körnern, Würmern und Insekten. Diese Spezies ist monogam und legt im April oder im Mai 12 bis 16 Eier ab. Das Nest errichtet das Rebhuhn in einer kleinen Erdmulde im Gras oder unter Gebüsch.

Alectoris barbara (Phasianidae)
Familie Fasanartige

Felsenhuhn

Diese Spezies erreicht eine Größe von 33 cm und ist in Nor... westafrika beheimatet. In Europa kommt es auf Sardinien v... Es bewohnt Hügelland und mit Gebüsch bestandene, trocke... Ebenen. Es ist sehr scheu und ernährt sich von Körne... Pflanzentrieben und Insekten. Mitte April errichtet es ein de... Rothuhn *(Alectoris rufa)* ähnliches Nest; hier legt es elf bis... gelblichweiße, rötlichbraun oder graubraun gesprenkelte Ei... Die Brutdauer beträgt 20 Tage. Man erkennt diese Spezies a... der Nähe betrachtet leicht an der grauen Färbung der Sto... federn, die von einem kastanienbraunen Band umsäu... sind.

Tympanuchus cupido (Tetraonidae)
Familie Rauhfußhühner

Präriehuhn

Diese 45 cm große Spezies ist auf der ganzen nordamerikanischen Prärie, im Osten bis nach Neuengland und im Süden bis Washington weit verbreitet. Eine besondere Rasse dieser Spezies, bekannt unter dem Namen »Heathen«, wurde im vorigen Jahrhundert sehr stark dezimiert, bis sie schließlich 1932 endgültig ausstarb. Bei der Balz blasen die Männchen leuchtend orangefarbene Luftsäcke seitlich des Nackens auf und richten zwei charakteristische Federbüschel oberhalb des Halses auf. Die Fortpflanzungsgewohnheiten entsprechen denen des Beifußhuhns *(Centrocercus urophasianus)*.

Alectoris rufa (Phasianidae)
Familie Fasanartige

Rothuhn

Diese Form wird bis zu 34 cm groß und ist vor allem in Spanien und Frankreich verbreitet. Versteckt unter einem Busch errichtet es in einer Erdmulde sein Nest; hier legt es zehn bis 17 gelblichweiße, rötlichbraun gefleckte Eier ab, die 22 bis 24 Tage lang bebrütet werden. Ihr Flugvermögen ist noch weniger entwickelt als das des Rebhuhns *(Perdix perdix)*, mit dem es zweifellos konkurriert, und es hat sich gezeigt, daß das Einsetzen des Rebhuhns dieses Feldhuhn zum Verschwinden bringen kann, denn diese Spezies entgeht Räubern wahrscheinlich wegen ihrer auffälligeren Färbung schwerer.

Alectoris graeca (Phasianidae)
Familie Fasanartige

Steinhuhn

Diese 33 cm große Spezies bewohnt steile, felsige, trocke... Gebirge und kahles Hügelland. Einer Gefahr entzieht sich d... Steinhuhn durch schnelles Laufen und, nur wenn unbedi... notwendig, durch kurzen Flug. Es ist nicht besonders sch... und ernährt sich von Körnern, Früchten und Insekten; beso... ders liebt es Wacholderbeeren und die zarten Triebe der Alpe... rose. Im Mai und Juni baut es sein Nest in einer Mulde, die ... mit Moos, Blättern und Federn auspolstert; hier legt es neun ... 20 blaßrötlich gefärbte, rot gesprenkelte Eier ab; die Brutdau... beträgt 25 Tage. Im Frühling, wenn die Hähne balzen, ka... man sich ihnen relativ leicht nähern.

Coturnix coturnix (Phasianidae)
Familie Fasanartige

Wachtel

Dieser etwa 18 cm große Vogel ist in ganz Mittel- und Südeuropa häufig vertreten. In letzter Zeit ist jedoch ein unaufhaltsamer Rückgang dieser Art zu beobachten. Die Wachtel lebt auf Wiesen und Feldern und versteckt sich gerne im hohen Gras. Einer Gefahr entzieht sie sich durch schnelles Laufen, und nur in ganz extremen Fällen fliegt sie mit schnellem schwirrendem Flügelschlag nah am Boden. Ihre Nahrung besteht aus Insekten, Würmern und vor allem aus Körnern, besonders gern frißt sie Weizen. Von Mai bis August legt sie in einer Erdmulde sieben bis zwölf gelblichweiße Eier ab, die sie dann 20 Tage lang bebrütet. Sie brütet zweimal oder öfter im Jahr.

Chrysolophus pictus (Phasianidae)
Familie Fasanartige

Goldfasan

Dieser schöne Fasan wurde vor einigen Jahrhunderten nach Europa importiert und war in England schon um 1740 bekannt. Ursprünglich stammt diese Art aus Westchina, wo sie in Höhen bis zu 2500 m und darunter in reich mit subtropischer Vegetation bedeckten Tälern lebt. Im April oder Mai beginnen die Hähne in den frühen Morgenstunden im Dickicht des Waldes mit ihrer Balz, die von einem weithin hörbaren metallischen Ruf, ähnlich dem Wetzen einer Sense, begleitet wird. Sie sind wahrscheinlich monogam und legen zwölf bis 16 blaßbraune Eier, die 23 Tage lang bebrütet werden. Die Männchen haben ein sehr prächtiges, die Weibchen ein unscheinbares Federkleid.

➤ *Rothuhn*

Crossoptilon mantchuricum (Phasianidae)
Familie Fasanartige

Brauner Ohrfasan

Diese Art, die eine Körperlänge von 94 cm erreicht, ist im Bergland Nordostchinas beheimatet, wo ihre Zahl jedoch aufgrund der erbarmungslosen Jagd, die man auf sie macht, schon stark zurückgegangen ist. 1864 wurden drei Exemplare dieser Spezies in den »Akklimatisationspark« von Paris gebracht. Sie sind die Stammeltern aller außerhalb Chinas lebenden Tiere. Aufgrund langer Inzucht legen die Nachkommen dieser drei Tiere heute Eier, die nur mehr zu 10 Prozent fruchtbar sind. Die Schwanzfedern sind beim Männchen und beim Weibchen fahnenartig verbreitert.

Phasianus colchicus (Phasianidae)
Familie Fasanartige

Jagdfasan

Das Männchen dieser Art erreicht aufgrund der langen Schwanzfedern eine Gesamtgröße von 87 cm, das Weibchen hingegen wird nicht größer als 60 cm. Diese Spezies, die zur Bereicherung der Jagd in ganz Europa eingeführt wurde, zeigt sich in vielen verschiedenen Rassen (Mongolikusfasan, Westkaukasischer Jagdfasan, Chinesischer Ringfasan). Der Fasanhahn weist häufig ein deutlich sichtbares, weißes Halsband auf. Er bewohnt die Randzonen unserer Wälder, Ackerflächen, wiesen sowie Parks. Er nistet entweder direkt am Boden, im Schutz der niedrigen Vegetation, oder auf Feldern, wo er in einer mit Blättern ausgelegten Mulde bis zu 14 olivbraune Eier ablegt.

Tragopan temminckii (Phasianidae)
Familie Fasanartige

Temminck-Satyrhuhn

Diese 56 cm große Spezies bewohnt Südosttibet bis zur Tonkingregion in Höhenlagen zwischen 900 und 2700 m. Das Satyrhuhn lebt im Geäst der Bäume versteckt, wo es sich von Knospen, Beeren, Früchten und jungen Blättern sowie von Insekten ernährt. Es ist überaus scheu und vorsichtig. Während des Sommers lebt es paarweise, in der kalten Jahreszeit schließt es sich in kleinen Gruppen zusammen. Zur Brutzeit legt es drei bis vier gelblichbraun gesprenkelte Eier, die das Weibchen 26 Tage lang bebrütet. Die Jungen sind schon nach wenigen Tagen vollkommen selbständig. Nachts begeben sie sich aber trotzdem gerne zum Schutz unter die Flügel des Weibchens.

Pavo cristatus (Phasianidae)
Familie Fasanartige

Blauer Pfau

Diese bis zu 230 cm lange Art stammt ursprünglich aus Indien und Ceylon und wurde schon vor sehr langer Zeit nach Europa und auch nach Amerika eingeführt. Die schillernden langen Federn des Hahns sind keine eigentlichen Schwanzfedern, sondern sind die unglaublich lang entwickelten oberen Deckfedern des Schwanzes. Schon den alten Griechen und Römern war der Pfau gut bekannt. Sie verehrten ihn als heiligen Vogel der Juno. Pfaue fliegen schlecht. Ihr Ruf ist wie allgemein bekannt, rauh und krächzend und wird als unschön empfunden.

➥ *Weißer Pfau*

Argusianus argus (Phasianidae)
Familie Fasanartige

Argusfasan

Diese bis zu 182 cm große Spezies bewohnt den undurch dringlichen Dschungel der Malaiischen Halbinsel, Sumatras un Borneos. Die sekundären Schwungfedern, die zum Fliege dienen, sind ungeheuer lang und weisen eine Reihe von auger förmigen Flecken auf, die dieser Spezies wahrscheinlich de Namen gegeben haben. Zur Brutzeit legt das Weibchen zw rötliche, braun gesprenkelte Eier ab, die 25 Tage lang bebrüte werden. Die Balzdarbietungen des Hahnes, die auf eigene »Tanzböden« stattfinden, sind besonders reich an schöne Balzritualen. Die Tiere führen keine Ehe, sondern treffen sich nu kurz, um für Nachkommenschaft zu sorgen.

Gallus gallus (Phasianidae)
Familie Fasanartige

Bankivahuhn

Diese Art erreicht eine Größe von 36 cm und lebt in Südostasien. Sie gilt als Stammform des Haushuhns. Das Bankivahuhn lebt gesellig und verläßt die Gruppe nur zur Fortpflanzungszeit im Frühling. Nach Abschluß der Balzrituale besetzt der Hahn ein eigenes Territorium, in dem er sich mit drei oder vier Weibchen paart. Als Nest dient jeder Henne eine einfache Vertiefung des Erdbodens, in der sie fünf bis sechs weiße Eier ablegt. Acht Tage nach dem Schlüpfen sind die Küken schon in der Lage, so recht und schlecht von einem Zweig zum anderen zu flattern und folgen schließlich ihrer Mutter auf Nahrungssuche; sie sind Nestflüchter.

cryllium vulturinum (Numididae)
amilie Perlhühner

eierperlhuhn

ese Spezies wird 61 cm groß und lebt in den Ebenen Ostafri-
s. Ihre Kopfform ähnelt der eines Geiers, daher auch der
ame. Das Geierperlhuhn bewohnt Savannen und mit Akazien
ewachsene Steppen und lebt oft in individuenreichen Schwär-
en. Es brütet im Juni, nach der Paarung gräbt die Henne im
chutz eines Gebüsches eine kleine Mulde, die sie mit dürren
weigen auslegt; hier legt sie zehn bis 13 Eier von heller Farbe
. Es frißt Tierisches und Pflanzliches – von Schnecken,
äfern, Termiten und Ameisen bis zu Beeren, Körnern, Blättern
nd Keimlingen. Das Geierperlhuhn ist tagaktiv, ruht aber wäh-
end der heißesten Mittagsstunden gerne im Schatten.

Agriocharis ocellata (Meleagrididae)
Familie Truthühner

Pfauentruthuhn

Diese etwa 90 cm große Art lebt auf Yucatan, in Britisch-
Honduras und in Guatemala. Sie bewohnt vor allem subtropi-
sche Ebenen. Das Pfauentruthuhn besitzt am Ende der
Schwanzfedern eine sehr auffällige augenförmige Zeichnung,
welche ihr auch den Namen gab. Es lebt in tropischen Niederungswäldern. Die Hähne paaren sich mit mehreren Hennen
und zeigen schöne Balzrituale. Sowohl die Bebrütung der Eier
über eine Dauer von 28 Tagen als auch die Aufzucht der
Jungen obliegen ausschließlich den Weibchen. Sie legen neun
bis 15 Eier, ihr Nest errichten sie am Erdboden.

➥ *Pfauentruthahn*

Opisthocomus hoatzin (Opisthocomidae)
Familie Hoatzins

Hoatzin oder Schopfhuhn

Diese 60 cm große Spezies lebt im Urwald des Amazonas, im
Dickicht der Bäume, entlang der tropischen Flüsse. Zum Brüten
schließen sich Hoatzins in kleinen Gruppen von etwa zehn
Individuen zusammen. Aus Zweigen errichten sie einige Meter
über dem Wasserspiegel eigenartige kunstlose Plattformen.
Hier legen sie zwei oder drei weiße, braun gefleckte Eier ab, aus
denen sehr sonderbare, gänzlich federlose Küken schlüpfen,
deren kleine Flügel gut entwickelte Krallen tragen und die dazu
dienen, sich an den Zweigen festzuhalten. Junge Hoatzins
lassen sich bei Gefahr ins Wasser fallen, können schwimmen
und tauchen. Die Krallen bilden sich nach den ersten Lebens-
wochen zurück.

Gruiformes
Ordnung Kranichvögel

Zur Ordnung der Gruiformes gehören 21 Familien (neun davon sind nur durch fossile Funde bekannt), die zusammen 200 Spezies umfassen. Die Familie Mesitornithidae ist heute durch drei Spezies, z. B. die Monias oder Stelzenralle, vertreten. Zu den Turnicidae, die sich im Pleistozän entwickelt haben, gehören 15 rezente Spezies, die als Kampfwachteln bekannt sind. Zu den Pedionomidae gehört eine einzige Spezies, die australische Tropenkampfwachtel. Die Geranoididae sind durch eine einzige fossile Spezies aus dem Unteren Eozän vertreten, ebenso wie die Eogruidae aus dem Oberen Eozän. Zu den eozänen Gruidae, den Kranichen, gehören 38 Arten, von denen heute noch 14 existieren. Von den Aramidae aus dem Unteren Oligozän überlebte eine einzige amerikanische Spezies, der Rallenkranich. Die Psophiidae sind vertreten durch drei Arten, Trompetervögel genannt. Die Ergilornithidae aus dem Oligozän und die Orthocnemidae aus dem Oberen Eozän sind ausnahmslos durch fossile Formen vertreten. Die Rallidae, die Familie Rallen, aus dem Oberen Paleozän umfassen insgesamt 177 Spezies, von denen 119 noch existent sind, die Heliornithidae, aber nur drei heute noch lebende Spezies, die Binsenhühner. Die Rhynochetidae sind nur durch eine einzige Spezies, den Kagu, aus Neukaledonien vertreten. Zu den Eurypygidae gehört die Gattung Eurypyga, die Sonnenrallen. Die Bathornithidae aus dem Unteren Oligozän sind ausschließlich durch fossile Funde aus Nordamerika bekannt. Die Cariamidae, auch sie aus dem Oligozän, sind durch zwei lebende Formen, die Seriemas, in Südamerika vertreten. Die Psilopteridae sind fossile Formen aus dem Unteren Miozän. Von den Phororhacidae, den Riesenkranichen aus dem Unteren Oligozän, ist eine einzige fossile Riesenform, die in Südamerika lebte, bekannt. Die Brontornithidae und die Cunampaiidae

stammen ebenfalls aus dem Unteren Oligozän; die Otididae, die sich im Mittleren Eozän herausgebildet haben, sind mit 22 heute lebenden Arten, bekannt als Trappen, vertreten.

Turnix sylvatica (Turnicidae)
Familie Kampfwachteln

Rotkehlkampfwachtel

Diese bis zu 15 cm lange Art lebt in Südwesteuropa und Nordwestafrika. Sie lebt in sandigen Ebenen und Zwergpalmengebüsch, auch im gebüschbewachsenen Hügelland, gerne in Nähe von Wasserläufen. Sie ist ein guter Läufer und fliegt nur ungern auf. Sie ist äußerst scheu und ernährt sich von Körnern, Insekten und verschiedenen Wildpflanzen. In einer Erdmulde unter einem dichten Gebüsch legt sie auf wenigen Strohhalmen vier oder fünf graue oder rötliche, purpur und braun gesprenkelte Eier.

Grus grus (Gruidae)
Familie Kraniche

Kranich

Diese Art, die eine Körperlänge von 112 cm und eine Flügelspannweite von mehr als 2 m erreicht, brütet in Nordeuropa und zieht zur Überwinterung nach Nordafrika und Spanien. In uns erscheint der Kranich vorwiegend zur Zeit des Vogelzuges. Er bevorzugt Sumpfgebiete zum Brüten. Im Winter meidet er Wald und bevorzugt Ackerflächen und Wiesen. Er hat ein ausgeprägtes Lauf- und Flugvermögen. Seine Nahrung besteht aus Pflanzen, Keimlingen, Körnern und Insekten. Er nistet in Kolonien und baut sein Nest im Schilf oder direkt am Erdboden. Ende April legt er zwei mehr oder weniger olivfarbene, braun und rötlich gefleckte Eier ab, die 28 Tage lang bebrütet werden.

Mesitornis unicolor (Mesitornithidae)
Familie Stelzenrallen

Einfarb-Stelzenralle

Diese 25 cm große Spezies lebt in den Wäldern Ostmadagaskars. Die Stelzenralle läuft schnell und ernährt sich von Insekten, Körnern und Früchten. Zur Fortpflanzungszeit baut sie aus trockenen Zweigen und Blättern einfache Plattformen auf den Zweigen der Bäume knapp über dem Erdboden. Die erwachsenen Tiere gelangen durch Klettern ins Nest. Es scheint, daß ein Flugvermögen bei diesen Formen sehr schlecht entwickelt bzw. überhaupt nicht vorhanden ist. Aus dem einzigen grauweißen Ei schlüpft ein ganz schwarzes Küken. Beide Geschlechter besitzen ein sehr ähnliches Federkleid.

Psophia leucoptera (Psophiidae)
Familie Trompetervögel

Weißflügeltrompeter

Diese 43 cm große Art bewohnt vorwiegend die Urwälder im Nordosten Südamerikas. Sie ist sehr gesellig und hält sich zu 100 und mehr Individuen vereint vorwiegend auf dem Boden auf und ernährt sich von Heuschrecken, Spinnen, Tausendfüßlern, Termiten und Beeren. Als Nest benützt der Trompeter Baumhöhlen, wo er bis sieben weiße Eier ablegt. Über die Brutdauer und die Aufzucht der Jungen weiß man wenig. Bei der Werbung führt das Männchen Tänze nach Art der Kraniche auf: Es senkt abwechselnd den Kopf und richtet die seidigen Federn seines Federkleides auf, die auf diese Weise sehr auffallend präsentiert werden.

Anthropoides virgo (Gruidae)
Familie Kraniche

Jungfernkranich

Diese Art, die eine Größe von 96 cm und eine Flügelspannweite von 168 cm erreicht, ist in Südeuropa und in Rußland, in Kleinasien, Zentralasien und China verbreitet. In den Wintermonaten lebt der Jungfernkranich an See- und Flußufern, an Sümpfen und in weiten Ebenen, wo er ein geselliges Leben führt. Zum Brüten begibt er sich in die offenen und trockenen Ebenen und in Ackerbaugebiete. Sein Nest errichtet er aus wenigen Pflanzen und kleinen Steinchen gut im hohen Gras versteckt. Einmal im Jahr legt er hier zwei blaß rötlich-olivfarbene, braun und rötlich gesprenkelte Eier ab, die von beiden Geschlechtern bebrütet werden.

Grus antigone (Gruidae)
Familie Kraniche

Saruskranich

Er wird bis zu 150 cm groß und bewohnt Indien, Burma und Thailand, von den Ebenen Westpakistans bis weit in den Osten, nach Indochina. Diese Spezies, bei der beide Geschlechter einander sehr ähnlich sind, ist kein Zugvogel und überwintert am selben Ort, wo er auch brütet. Er ernährt sich vorwiegend von Pflanzen, aber auch von Insekten, Reptilien und Weichtieren. Er hat einen kräftigen Flug mit typischem Flügelklatschen. Zur Balz führen sie äußerst reizvolle »Liebestänze« auf. Von Juni bis September baut er eine unregelmäßige Anhäufung von Zweigen; hier legt er ein bis drei ovale gesprenkelte Eier.

Saruskranich ▶

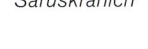

Aramus guarauna (Aramidae)
Familie Rallenkraniche

Rallenkranich

Diese 63 cm große Art lebt in den Sumpfgebieten Georgias, Floridas, der Westindischen Inseln und Mexikos bis nach Paraguay, Argentinien und Uruguay. Er bevorzugt Sumpfzonen mit üppiger Schilfvegetation und feuchte Regenwälder. Der Rallenkranich ist ein guter Schwimmer und kann sich dank der Form seiner Zehen auf dem weichen Sumpfboden leicht fortbewegen. Seine Nahrung besteht vor allem aus Weichtieren, aber auch aus kleinen Wirbeltieren, Insekten, Krebsen und Würmern. Das aus Schilfrohr und Binsen erbaute Nest befindet sich versteckt in der Sumpfvegetation oder auf Bäumen nicht weit vom Erdboden entfernt; hier werden vier bis sechs hellbraune, dunkelbraun gefleckte Eier abgelegt.

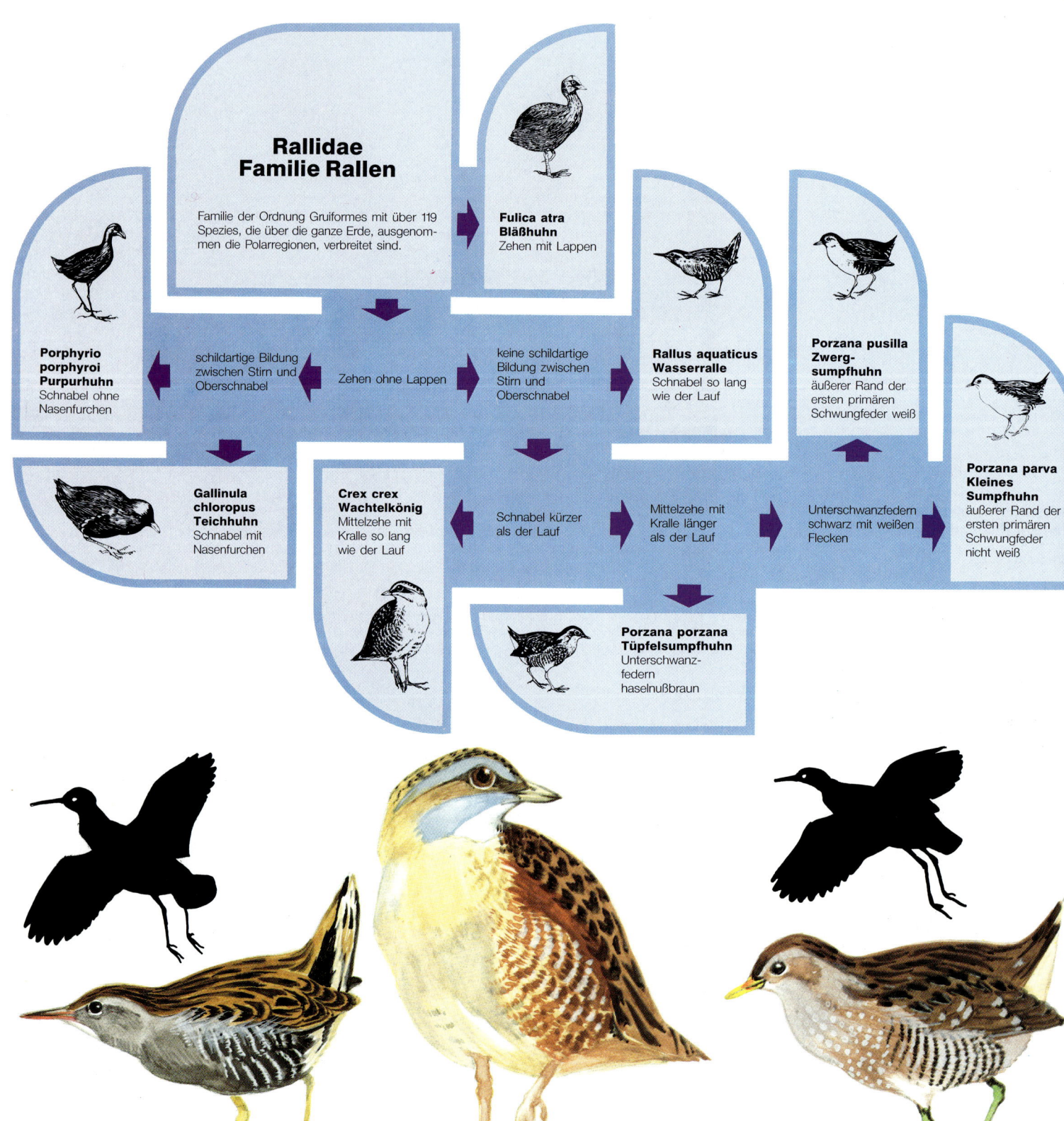

Rallidae
Familie Rallen

Familie der Ordnung Gruiformes mit über 119 Spezies, die über die ganze Erde, ausgenommen die Polarregionen, verbreitet sind.

Fulica atra
Bläßhuhn
Zehen mit Lappen

Porphyrio porphyroi Purpurhuhn
Schnabel ohne Nasenfurchen

schildartige Bildung zwischen Stirn und Oberschnabel

Zehen ohne Lappen

keine schildartige Bildung zwischen Stirn und Oberschnabel

Rallus aquaticus Wasserralle
Schnabel so lang wie der Lauf

Porzana pusilla Zwerg-sumpfhuhn
äußerer Rand der ersten primären Schwungfeder weiß

Porzana parva Kleines Sumpfhuhn
äußerer Rand der ersten primären Schwungfeder nicht weiß

Gallinula chloropus Teichhuhn
Schnabel mit Nasenfurchen

Crex crex Wachtelkönig
Mittelzehe mit Kralle so lang wie der Lauf

Schnabel kürzer als der Lauf

Mittelzehe mit Kralle länger als der Lauf

Unterschwanzfedern schwarz mit weißen Flecken

Porzana porzana Tüpfelsumpfhuhn
Unterschwanz-federn haselnußbraun

Rallus aquaticus (Rallidae)
Familie Rallen

Wasserralle

Diese 28 cm große Art lebt in ganz Europa als Brutvogel und kommt besonders während der Zugzeiten bei uns häufig vor. Sie lebt vorwiegend in Sumpfgebieten, man findet sie aber auch an Fluß- und Seeufern mit reicher Wasservegetation. Scheu und vorsichtig verbringt sie ihr Leben in der Vegetation, nur bei sehr großer Gefahr fliegt sie auf. Ihre Nahrung besteht aus Wasserinsekten, Würmern und Samen von Sumpfpflanzen. Ihr Nest errichtet sie aus Gräsern und Binsen im Dickicht des Schilfs; im Laufe des Jahres absolviert sie von April bis Juli zwei Bruten und legt hier fünf bis sieben gelblichweiße, rotbraun gefleckte Eier ab, die sie 20 Tage lang bebrütet.

Crex crex (Rallidae)
Familie Rallen

Wachtelkönig

Diese 25 cm große Spezies bewohnt als Brutvogel ganz Mittel- und Teile Nordeuropas, zur Zugzeit auch Südeuropa. Sein Lebensraum sind Wiesen, Ackerflächen und flache Moorwiesen nahe an Wasserläufen, wo er nach Larven, Würmern und Insekten, Samen und Pflanzenkeimlingen sucht. Er ist scheu und vorsichtig. Gefahren entzieht er sich durch schnelles Laufen. In einem aus trockenen Pflanzen geflochtenen Nest, das auf Wiesen oder am Ackerboden erbaut wird, legt er Ende Mai acht bis zwölf blaß gelblichweiße, dicht purpurbraun gefleckte Eier ab, die drei Wochen lang bebrütet werden.

Porzana porzana (Rallidae)
Familie Rallen

Tüpfelsumpfhuhn

Diese 23 cm große Spezies kommt bei uns sowohl zur Zugzeit als auch in den Sommermonaten als Brutvogel sehr häufig vor. Das Tüpfelsumpfhuhn lebt vorwiegend in Sumpfgebieten, im dichten Schilf und auf überfluteten Feldern. Es ist sehr vorsichtig, seine Nahrung besteht aus wasserlebenden wirbellosen Tieren, Pflanzentrieben und Samen. Bei Störung stellt es die Schwanzfedern senkrecht auf. Das auf Binsen knapp über dem Wasserspiegel angebrachte Nest besteht aus einem voluminösen Haufen aus trockenem Schilfrohr und Sumpfgras. Ende Mai legt es hier acht bis 14 ocker-olivfarbene, braun und violett gesprenkelte Eier ab, die es drei Wochen lang bebrütet.

Porzana parva (Rallidae)
Familie Rallen

Kleines Sumpfhuhn

Diese Spezies, die eine Größe von 18 cm erreicht, ist im Osten Europas beheimatet. Seine Lebensgewohnheiten sind jenen des Tüpfelsumpfhuhns ähnlich. Seine Nahrung besteht ausschließlich aus am Wasser lebenden Insekten. Aus Schilfrohr und Binsen baut es sein Nest, das es innen mit Gras auslegt; im April, Mai legt es hier sieben bis acht olivbraune, dunkelbraun gefleckte Eier ab. Es unterscheidet sich vom Zwergsumpfhuhn *(Porzana pusilla)* durch weniger auffällige Streifen in der Flankenregion und dadurch, daß es auch etwas größer ist.

Porzana pusilla (Rallidae)
Familie Rallen

Zwergsumpfhuhn

Es wird 18 cm groß und kommt in Spanien, Frankreich, Norditalien und der nördlichen Balkanhalbinsel vor. Es bewohnt vorwiegend Teichlandschaften und Sümpfe, wo es sich langsam durchs Schilfdickicht bewegt. Seine Nahrung besteht aus Insekten, Weichtieren und Pflanzenteilen. Es hat zwei Bruten im Jahr; im April und im Juni errichtet es aus unordentlich geflochtenen Binsen ein kleines Nest, wo es sechs bis acht olivbraune, dunkelbraun gesprenkelte Eier ablegt. Die Erwachsenen unterscheiden sich vom kleinen Sumpfhuhn *(Porzana parva)* außer durch die intensiveren Streifen beim Männchen unter anderem auch dadurch, daß ihnen an der Basis des Schnabels die roten Flecken fehlen.

Gallinula chloropus (Rallidae)
Familie Rallen

Teichhuhn

Diese 33 cm große Spezies kommt überall in ganz Europa häufig vor. Es bewohnt Seen, Teiche, Flußufer und Sümpfe, sofern sie von dichter Vegetation bedeckt sind. Es schwimmt gut; Gefahren entzieht es sich durch Untertauchen. Seine Nahrung besteht aus Würmern, Insekten, verschiedenen Pflanzenteilen und Samen. Das Teichhuhn baut ein voluminöses rundes Nest, versteckt im Schilf legt es im März sieben bis neun rötlichweiße, violett oder rötlichbraun gefleckte Eier ab, die es drei Wochen lang bebrütet.

➤ *Teichhuhn*

Fulica atra (Rallidae)
Familie Rallen

Bläßhuhn

Diese 39 cm große Art kommt bis auf den hohen Norden überall in Europa sehr häufig vor. Das Bläßhuhn bevorzugt Seen, Teiche und Sumpfgebiete und versteckt sich gerne im Schilf oder bewegt sich schwimmend durch die Wasservegetation, wo es nach Fischen, Insekten und Samen sucht. Es schwimmt und taucht mit großer Geschicklichkeit, fliegt jedoch nur widerwillig und nur kurze Strecken. Es baut sein großes Nest aus Schilfrohr und Binsen auf im Wasser stehenden Fundamenten und verflicht es geschickt mit dem umliegenden Schilf.

Bläßhuhn ➡

Porphyrio porphyrio (Rallidae)
Familie Rallen

Purpurhuhn

Diese 48 cm große Art kommt bei uns nur als Irrgast vor. Ihre Heimat ist Südspanien und Sardinien. Das Purpurhuhn bewohnt besonders gerne verschilfte Sumpfgebiete, lebt einzeln oder paarweise und ist sehr scheu. Es klettert im Schilf, schwimmt nur gelegentlich und fliegt nur schwerfällig. Es ernährt sich von Samen und verschiedenen Pflanzen, raubt aber auch Eier und erbeutet die Jungen anderer Vogelarten. Es baut sein Nest aus grob geflochtenen Gräsern und Schilfrohr, versteckt es in dichtester Vegetation. Es brütet zweimal im Jahr und legt von April bis Juni drei bis fünf ockerfarbene, violett und rötlichbraun gesprenkelte Eier ab, die 23 Tage lang bebrütet werden.

Gallirallus australis (Rallidae)
Familie Rallen

Wekaralle

Dieser 50 cm große Vogel lebt in Neuseeland und hat das Zusammentreffen mit den Maoris und den von Europäern in Neuseeland eingeführten Tieren heil überstanden. Die Wekaralle hat sich durch Anpassung zu einem Mäusejäger entwickelt, diese Tiere sind nämlich ihre Hauptnahrung. Sie ist etwa hühnergroß und besitzt ein sehr weiches Federkleid. Wie viele andere Vögel dieser Insel hat sie ihr Flugvermögen verloren und entkommt Gefahren durch sehr schnelles Laufen. Sie bewohnt Sumpfwälder und führt vorwiegend ein Nacht- und Dämmerungsleben. Diese Spezies wurde auch nach Europa gebracht, 1967 konnte sie sich im Kölner Zoo erfolgreich fortpflanzen.

Podica senegalensis (Heliornithidae)
Familie Binsenhühner

Afrikanisches Binsenhuhn

Diese Spezies erreicht eine Größe von 50 cm und ist in ganz Afrika südlich der Sahara verbreitet. Das Afrikanische Binsenhuhn lebt gerne in Sumpfgebieten und ist sehr scheu. Bei Gefahr kann es tauchen, nicht aber zur Nahrungssuche. Es ernährt sich vorwiegend von Fischen und anderen Wasserorganismen. Fliegen bereitet ihm Schwierigkeiten, und so flüchtet es lieber schwimmend oder sehr schnell laufend, es klettert auch sehr geschickt im Gezweig. Das aus Zweigen und Binsen erbaute Nest befestigt es in ca. 20 cm Entfernung vom Wasser am Buschwerk. Hier legt es zwei bis drei gelblichbraune, braungefleckte Eier ab. Einen Tag nach dem Schlüpfen sind die Küken bereits selbständig.

Cariama cristata (Cariamidae)
Familie Seriemas

Seriema

Diese 90 cm große Art bewohnt die Hochebenen Brasiliens, Paraguays und Nordargentiniens. Die Seriema bevorzugt die grasbewachsenen Ebenen der Pampas und ernährt sich von Insekten, Reptilien, Früchten und Beeren. Sie brütet direkt am Erdboden, wo sie zwei Eier ablegt, die von beiden Elternteilen bebrütet werden. Am Boden bewegt sich dieser hochbeinige Vogel durch schnelles Laufen, Fliegen hingegen bereitet ihm Schwierigkeiten. Die Nacht verbringt er auf Zweigen der Bäume. Diese Vögel sind Nachkommen der sehr alten Gruppe von fleischfressenden, flugunfähigen Vögeln, die bis zu 2,5 m Höhe erreichten, den Diatrymas, den gefürchteten Räubern des Eozäns.

Otis tarda (Otididae)
Familie Trappen

Großtrappe

Der Trappenhahn erreicht eine Größe von 100 cm und eine Flügelspannweite von 228 cm, das Weibchen ist etwas kleiner. Vorkommen: lokal in Spanien und Osteuropa. Die Großtrappe bewohnt vorzugsweise weite baum- und strauchlose Ebenen und Ackerflächen. Sie ist außergewöhnlich scheu und vorsichtig, läuft sehr schnell und fliegt mit großer Geschwindigkeit. Sie ernährt sich von Körnern, Samen und Gräsern sowie von Insekten, Reptilien und kleinen Säugern. Direkt am Erdboden legt das Weibchen im April zwei bis drei olivfarbene, braun gefleckte Eier ab, die 28 Tage lang bebrütet werden; die Aufzucht der Jungen besorgt das Weibchen.

Rhynochetos jubatus (Rhynochetidae)
Familie Kagus

Kagu

Diese 55 cm große Art lebt in Neukaledonien, vorzugsweise in höheren bewaldeten Regionen. Er ist ein sehr schlechter Flieger, bewegt sich aber im Unterholz äußerst geschickt fort. Wahrscheinlich führt er ein Dämmerungs- und Nachtleben. Der Kagu ernährt sich von Würmern und Larven. Über seine Fortpflanzungsgewohnheiten weiß man sehr wenig, das mag auch daran liegen, daß er an sehr unzugänglichen Orten brütet. In Gefangenschaft hat er sich schon mehrmals fortgepflanzt. Er legt ein einziges nußbraunes, grau gesprenkeltes Ei ab, das von beiden Geschlechtern 35 Tage lang bebrütet wird. Das Küken besitzt ein braunes Dunenkleid.

Eurypyga helias (Eurypygidae)
Familie Sonnenrallen

Sonnenralle

Diese 45 cm große Spezies bewohnt die bewaldeten Ufer der Wasserläufe und der Sümpfe tropischer Wälder von Mexiko bis nach Peru, Bolivien und Brasilien. Sie lebt zurückgezogen und ist sehr scheu, ist ein Einzelgänger oder lebt paarweise. Ihre Nahrung besteht aus Fischen, Insekten und anderen Organismen, die sie mit einem blitzschnellen Schnabelstoß ergreift. Aus einem Haufen Erde und trockenen Blättern baut sie auf einem Ast ein kunstloses Nest, das einen seitlichen Eingang hat. Hier legt sie zwei graue, rot gefleckte Eier ab. Mit zwei Lebensmonaten werden die Küken selbständig. Typisch sind die Balztänze, die sehr phantasievolle Bewegungsmuster und Balzrituale beinhalten.

Otis tetrax (Otididae)
Familie Trappen

Zwergtrappe

Diese Art, die eine Größe von 43 cm und eine Flügelspannweite von 90 cm aufweist, ist in Spanien, Frankreich, in den südlichen Provinzen Italiens und auf der Balkanhalbinsel regional verbreitet. Sie lebt gerne auf offenen Feldern mit wenigen und niedrigen Sträuchern sowie auf Ackerland und Wiesen. Sie ist scheu und vorsichtig und läuft mit großer Geschicklichkeit. Ihr Flug ist hoch und schnell mit pfeifenden Flügelschlägen. Im Herbst schließt sie sich gerne zu großen Schwärmen zusammen. Ende Mai legt sie in einer unter Büschen versteckten Erdmulde, die sie mit trockenen Pflanzen auslegt, drei oder vier grünlichbraune, dunkel und rötlich gesprenkelte Eier ab.

Charadriiformes Ordnung Wat- und Möwenvögel

Zur Ordnung der Charadriiformes, die aufgrund von fossilen Funden aus dem Pleistozän mit der Gruppe der Gruiformes, den Kranichartigen, verwandt erscheint, gehören mehr als 300 Spezies, die in 18 Familien unterteilt sind und über die ganze Erde verbreitet leben. Obgleich sie ein sehr unterschiedliches Aussehen haben, sind die einzelnen Formen in bezug auf die Knochenstruktur der Gaumenwölbung, die Form der Luftröhre und das Zehensystem der Füße miteinander eindeutig verwandt. Die 18 Familien heißen: Jacanidae (Blatthühnchen), die sich im Oberen Pleistozän herausgebildet haben und derzeit durch sieben lebende Arten vertreten sind, die Rostratulidae (Goldschnepfen), die im Mittleren Eozän aufgetaucht sind und durch zwei existente Spezies vertreten sind. Die Haematopodidae (Austernfischer) des Unteren Miozäns sind derzeit durch vier Arten repräsentiert. Die Charadriidae (Regenpfeifer) des Unteren Oligozäns sind mit 60 rezenten (heute lebenden) Arten auf der ganzen Welt vertreten. Die Scolopacidae (Schnepfenvögel) des Oberen Paleozäns sind mit 65 lebenden Arten vertreten. Die Recurvirostridae (Säbelschnäbler) des Unteren Eozäns sind mit sieben lebenden Spezies vertreten. Die Presbyornithidae des Unteren Eozäns sind nur durch eine fossile Form bekannt. Die Phalaropodidae (Wassertreter) des Oberen Pleistozäns sind mit drei lebenden Spezies vertreten. Die Dromadidae (Reiherläufer) mit einem einzigen lebenden Vertreter: Dromas ardeola (Reiherläufer). Die Burhinidae (Triele) mit neun lebenden Spezies. Die Glareolidae (Brachschwalben) mit 15 existierenden Arten. Die Thinocoridae (Höhenläufer) mit vier lebenden Arten, die in Südamerika beheimatet sind. Die Chionididae (Scheidenschnäbel) mit zwei aktuellen Formen. Die Stercorariidae (Raubmöwen) des Oberen Pleistozäns, die derzeit durch vier Spezies vertreten sind. Die Laridae (Möwen) des Unteren Pliozäns mit 78 über die ganze Erde verbreitet lebenden Arten. Die Rynchopidae (Scherenschnäbel) mit drei Arten. Die Alcidae (Alken) des Unteren Eozäns mit 19 lebenden Spezies, und die Mancallidae, die nur durch zwei fossile Funde aus dem Pliozän bekannt sind.

Jacana spinosa (Jacanidae) Familie Blatthühnchen

Jassana

Diese 25 cm große Art lebt von Mexiko und den Westindischen Inseln bis nach Uruguay und Argentinien. Sie bevorzugt flache Teiche und Seen mit reicher tropischer oder subtropischer Vegetation. Die äußerst langen Zehen ermöglichen ein leichtes Laufen auf der Schwimmblattvegetation. Die Jassana ist nicht scheu, bei Gefahr verharrt sie völlig unbeweglich und nützt ihr Tarnkleid. Ihr Nest baut sie aus verschiedenen Schwimmpflanzen; hier legt sie auch vier braune, schwarz gesprenkelte Eier ab, die nur das Männchen 22 Tage lang bebrütet, das Männchen sorgt auch für die Aufzucht der Küken.

Rostratula bengalensis (Rostratulidae) Familie Goldschnepfen

Buntschnepfe

Diese 50 cm große Art lebt in Afrika südlich der Sahara, in Kleinasien bis nach China und Japan, auf den Philippinen und in Australien. Im Unterschied zu anderen Vogelarten hat das Weibchen ein bunteres Federkleid als das Männchen. Auch der auffällige Ruf des Weibchens klingt tief und anhaltend, beim Männchen hingegen ist der Ruf leise, fast bescheiden. Bei der Werbung kämpfen die Weibchen um die Männchen, die das Bebrüten der Eier und die Aufzucht der Jungen ohne Hilfe der Weibchen besorgen. Diese Spezies, die sich vor allem von Schnecken ernährt, bewohnt feuchte Wiesen und Reisfelder.

Haematopus ostralegus (Haematopodidae) Familie Austernfischer

Austernfischer

Diese 43 cm große Spezies bewohnt die europäischen Steilküsten der Meere, die Salzlagunen und Flußmündungen. Der Austernfischer führt immer ein geselliges Leben und, ausgenommen zur Brutzeit, lebt er immer in großen Scharen vereint. Er hat ein gutes Lauf- und Flugvermögen und ernährt sich von Insekten, Würmern, Krebsen, Muscheln, Schnecken, kleinen Fischen und Algen. Ende April legt er drei bis vier rötliche, purpurgrau und braun gesprenkelte Eier ab. Sie brüten nur einmal jährlich, die Brutdauer erstreckt sich über 23 Tage.

Austernfischer im Flug

Charadriidae
Familie Regenpfeifer

Familie der Ordnung Charadriiformes mit 60 Spezies, die über die ganze Erde verbreitet leben.

**Arenaria interpres
Steinwälzer**
Schnabel ohne Einbuchtung

**Charadrius alexandrinus
Seeregenpfeifer**
Brust ohne dunkles Querband

**Vanellus vanellus
Kiebitz**
langes dünnes Federbüschel am Hinterkopf

Schnabel mit Einbuchtung

Hinterkopf ohne Federbüschel

Füße mit drei Zehen

Unterschwanzfedern weiß, ohne Flecken

Brust mit dunklem Querband

**Charadrius hiaticula
Sandregenpfeifer**
alle primären Schwungfedern mit weißem Kiel

**Pluvialis squatarola
Kiebitzregenpfeifer**
nur die erste primäre Schwungfeder mit weißem Kiel

Unterschwanzfedern nicht weiß, mit rötlichgelben oder braunen Flecken

**Pluvialis apricaria
Goldregenpfeifer**
alle primären Schwungfedern mit weißem Kiel, zumindest bis zur Hälfte

**Charadrius dubius
Flußregenpfeifer**
nur die erste primäre Schwungfeder mit weißem Kiel

**Eudromias morinellus
Mornellregenpfeifer**
nur erste primäre Schwungfeder mit weißem Kiel

Charadrius hiaticula (Charadriidae)
Familie Regenpfeifer

Sandregenpfeifer

Diese 18 cm große Art ist in Nordeuropa beheimatet. Sie bewohnt vorzugsweise die Sandküsten der Meere, Flußdeltas und Dünen. Nur zur Zeit des Vogelzuges dringt sie auch an die Seen und Flüsse des Landesinneren vor. Der Sandregenpfeifer läuft und fliegt schnell und geschickt. Seine Nahrung besteht aus Würmern, Meeresschnecken, Krebschen und Insekten. Er brütet vorzugsweise im hohen Norden, im Mai und August mit zwei Bruten jährlich. In einer mit kleinen Steinchen ausgelegten Vertiefung des Erdbodens, oft fern der Küste, legt er vier ockerfarbene, schwärzlichbraun oder violett gesprenkelte Eier ab, die er über einen Zeitraum von 20 Tagen bebrütet.

Charadrius dubius (Charadriidae)
Familie Regenpfeifer

Flußregenpfeifer

Diese 15 cm große Art ist in ganz Mitteleuropa als Brutvogel heimisch, häufig sieht man sie zur Zugzeit. Der Flußregenpfeifer bevorzugt See- und Flußufer der Binnengewässer, die Meeresküsten und Lagunen sucht er während der kalten Jahreszeit auf. Er ist scheu und vereint sich selten zu Gruppen. Er ernährt sich wie seine Verwandten von Würmern, Krebsen, Mollusken und Insekten. Fast in ganz Europa nistet er am Erdboden in einer Sandmulde mit groben Steinen, wo er im Mai drei oder vier blaßrötliche, purpurbraun oder schwärzlich gesprenkelte Eier ablegt. Sie sind, vorzüglich getarnt, von den umgebenden Steinen kaum zu unterscheiden.

Charadrius alexandrinus (Charadriidae)
Familie Regenpfeifer

Seeregenpfeifer

Diese 15 cm große Spezies bewohnt die europäischen Küstengebiete. Besonders zur Zugzeit ist sie zu beobachten. Sie bewohnt die Meeresküsten und Lagunen in Meeresnähe. Diese Art fliegt schnell, oft mit akrobatischen Darbietungen und lebt normalerweise in kleinen Gruppen. Ihre Nahrung besteht aus Würmern, Insekten und Larven, Weichtieren und Trieben von Pflanzen. Sie brütet in der arktischen Tundra in einer Erdmulde. Im Juni/Juli legt sie hier vier olivbraune, schwarz oder purpur gesprenkelte Eier ab. Beide Elterntiere kümmern sich um die Bebrütung – die Brutdauer beträgt 24 Tage und erfolgt nur einmal im Jahr.

Pluvialis squatarola (Charadriidae)
Familie Regenpfeifer

Kiebitzregenpfeifer

Diese 28 cm große Spezies findet man an den europäischen Küsten speziell zu den Zugzeiten und im Winter. Sie bewohnt die Meeresküsten und Lagunen in Meeresnähe. Diese Art fliegt schnell, oft mit akrobatischen Darbietungen und lebt normalerweise in kleinen Gruppen. Ihre Nahrung besteht aus Würmern, Insekten und Larven, Weichtieren und Trieben von Pflanzen. Der Kiebitzregenpfeifer brütet in der arktischen Tundra in einer Erdmulde. Im Juni oder Juli legt er hier vier olivbraune, schwarz oder purpur gesprenkelte Eier ab. Beide Elterntiere kümmern sich um die Bebrütung – die Brutdauer beträgt 24 Tage und erfolgt nur einmal im Jahr.

Pluvialis apricaria (Charadriidae)
Familie Regenpfeifer

Goldregenpfeifer

Diese 28 cm große Art kommt bei uns besonders zu den Zugzeiten vor. Ihr bevorzugter Aufenthaltsort sind feuchte Wiesen sowohl in der Ebene als auch im Hügelland. Ihre Brutgebiete liegen in Nordeuropa. Von April bis Mai legt der Goldregenpfeifer in einer Erdmulde vier grün-ockerfarbene oder gelblich, braun und rötlich gesprenkelte Eier ab. Beide Elternteile kümmern sich um die Bebrütung, die 20 Tage dauert. Diese Art führt vor allem ein Nachtleben und ernährt sich von Würmern, Insekten, kleinen Weichtieren und Pflanzen. Zur Zugzeit schließt er sich zu großen Schwärmen zusammen.

➥ *Kiebitz*

Vanellus vanellus (Charadriidae)
Familie Regenpfeifer

Kiebitz

Diese Art erreicht eine Größe von 30 cm. Er bewohnt ganz Mittel- und Osteuropa als Brutvogel. Der Kiebitz bevorzugt Moorwiesen, Sümpfe und Weideland. Er ist ausgesprochen gesellig, jedoch scheu und vorsichtig. Der Kiebitz hat einen auffallenden schmetterlingsartig gaukelnden Flug, an dem er leicht zu erkennen ist. Seine Nahrung besteht aus Würmern, Insekten und kleinen Weichtieren. Zur Brutzeit, von April bis Juni, legt er in einer Erdmulde, die manchmal mit trockenem Gras ausgelegt ist, vier olivbraune oder rötliche, braun oder purpur gefleckte Eier ab, die beide Geschlechter 20 Tage lang bebrüten.

Arenaria interpres (Charadriidae)
Familie Regenpfeifer

Steinwälzer

Diese 23 cm große Art kommt bei uns sehr selten und unregelmäßig vor, vor allem sieht man den Steinwälzer zur Zugzeit. Er bevorzugt Felsküsten sowie Sandküsten und Flußmündungen, selten dringt er auch ins Landesinnere vor. Er ist vorsichtig, jedoch nicht allzu scheu und ernährt sich von Insekten und anderen Tieren, die er unter Steinen aufspürt, welche er mit dem Schnabel umdreht. Der Steinwälzer nistet entlang den Küstenzonen nördlich des Baltikums. In von Büschen verdeckten oder im Gras versteckten Mulden legt er im Monat Juli grüngraue, grau, purpur und olivbraun gefleckte Eier ab. Er brütet einmal jährlich, die Brutdauer beträgt 22 Tage.

Eudromias morinellus (Charadriidae)
Familie Regenpfeifer

Mornellregenpfeifer

Diese 23 cm große Art erscheint in Mittel- und Südeuropa nur zur Zugzeit und im Winter. Der Mornellregenpfeifer bewohnt öde steinige Bergrücken und die Tundra, während des Zuges lebt er an Fluß- und Seeufern und an Meeresküsten. Er ernährt sich von Insekten und Würmern. Er nistet vorzugsweise in Nordskandinavien und auf Bergrücken Mitteleuropas. Ende Mai oder im Juni legt er auf dem nackten Erdboden drei hellrötliche oder grünliche, verschieden braun, schwarz oder purpur gefleckte Eier ab. Beide Geschlechter brüten, die Brutdauer beträgt 20 Tage.

Gallinago gallinago (Scolopacidae)
Familie Schnepfenvögel

Bekassine (Sumpfschnepfe)

Diese 25 cm große Spezies kommt als Brutvogel in ganz Mittel- und Nordeuropa vor. Die Bekassine bewohnt weite Sümpfe, feuchte Wiesen und Moore, die mit Schilf oder hohem Gras bedeckt sind. Sie hat einen unglaublich schnellen Zickzackflug. Ihre Nahrung besteht aus Insekten, Würmern und Weichtieren. Sie nistet von März bis Juni in einer mit trockenem Gras ausgelegten Erdmulde, wo sie vier gelblichweiße, purpurgrau oder braun gefleckte Eier ablegt.

➥ *Bekassine*

Gallinago media (Scolopacidae)
Familie Schnepfenvögel

Doppelschnepfe

Diese 28 cm große Schnepfenart läßt sich bei uns besonders zur Zugzeit sehen. Ihre Zahl verringert sich leider ständig. Sie bewohnt Sumpfland und Moorwiesen, im Winter Ackerflächen, die von zahlreichen Entwässerungsgräben durchzogen werden. Sie führt vorwiegend ein Nachtleben und lebt einzeln oder paarweise. Ihre Nahrung besteht aus Insekten, Würmern und kleinen Weichtieren. Im Juni brütet sie in den reich mit Birken bewachsenen Sumpfgebieten Nordosteuropas. In der dichten Grasvegetation, im Röhricht oder zwischen Zwergweiden legt sie vier rötlichgraue, purpurbraun oder schwärzlich gefleckte Eier direkt auf dem Erdboden ab. Die Brutdauer beträgt 20 Tage.

Lymnocryptes minimus (Scolopacidae)
Familie Schnepfenvögel

Zwergschnepfe

Diese nur 20 cm große Schnepfenart sieht man auch bei uns vor allem zur Zeit des Vogelzuges und im Winter. So wie die Bekassine bewohnt sie Sümpfe und Moorgebiete im Nordosten Europas, aber sie bevorzugt dichtere Vegetation und abgelegenere Landstriche. Sie ist nicht sehr scheu. Die Zwergschnepfe nistet immer in Sumpfgebieten und ernährt sich vorzugsweise von Insekten, Larven und Weichtieren. Als Nest verwendet sie eine im Schilf oder im Gras verborgene Erdmulde, die sie mit trockenem Gras, Blättern und Pferdehaar auslegt. Im Juni legt sie vier gelblich-olivfarbene, purpur gesprenkelte Eier ab. Gefahren entzieht sie sich durch schnelles Laufen.

**Scolopax
rusticola
Waldschnepfe**
Unterschenkel
ganz befiedert

Scolopacidae
Familie
Schnepfenvögel

Familie der Ordnung Charadriiformes mit 65
Spezies, die überall auf der Erde, speziell aber
in der nördlichen Hemisphäre leben.

Unterschenkel
am unteren Ende
unbefiedert

**Calidris alba
Sanderling**
Füße mit drei Zehen

**Numenius
tenuirostris
Dünnschnabel-
brachvogel**
Seitenbefiederung
unter den Flügeln
weiß, ohne Flecken

stark nach unten
gekrümmter
Schnabel

äußere Zehe durch
eine Membran mit
der Mittelzehe
verbunden

Füße mit vier Zehen

**Numenius
arquata
Großer
Brachvogel**
längliche Fleckung
an der
Seitenbefiederung

lange Seiten-
befiederung unter
den Flügeln weiß,
schwarz gefiedert

gerader, eventuell
leicht nach oben
gebogener Schnabel

Schnabel wesentlich
länger als der Lauf

**Limosa limosa
Uferschnepfe**
Innenrand der Kralle
der Mittelzehe unregelmäßig
gezähnt, lange Seitenbe-
fiederung unter den Flügeln, weiß

**Numenius
phaeopus
Regen-
brachvogel**
Seitenbefiederung
querverlaufend
gefleckt

**Limosa lapponica
Pfuhlschnepfe**
Innenrand der
Kralle glatt,
Seitenbefiederung
schwärzlich gefleckt

**Tringa totanus
Rotschenkel**
Schnabel wesentlich
länger als Mittelzehe
mit Kralle

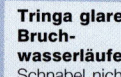

**Tringa glareola
Bruch-
wasserläufer**
Schnabel nicht
länger als
Mittelzehe samt
Kralle

Schnabel nicht oder
nur wenig länger
als der Lauf

Nasenfurche
erstreckt sich
fast bis zur Hälfte
des Schnabels

Kiel der ersten
primären Schwung-
feder weiß

Nasenfurche
erstreckt
sich bis zur Hälfte
des Schnabels

**Tringa
hypoleucos
Flußuferläufer**
Mittelzehe mit
Kralle so lang
wie der Lauf

Nasenfurche
erstreckt
sich mindestens
über drei Viertel
der Schnabellänge

**Tringa ochropus
Wald-
wasserläufer**
Kiel der ersten
primären
Schwungfeder
nicht weiß

Nasenfurche nicht
so lang wie der
halbe Schnabel

**Tringa nebularia
Grünschenkel**
Schnabel leicht
nach oben
gebogen

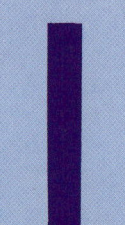

**Philomacus
pugnax
Kampfläufer**
Mittelzehe mit
Kralle wesentlich
kürzer als der
Lauf

Schnabel gerade

**Tringa erythropus
Dunkler Wasserläufer**
Schnabel mindestens
so lang wie der Lauf

**Tringa stagnatilis
Teichwasserläufer**
Schnabel wesentlich
kürzer als der Lauf

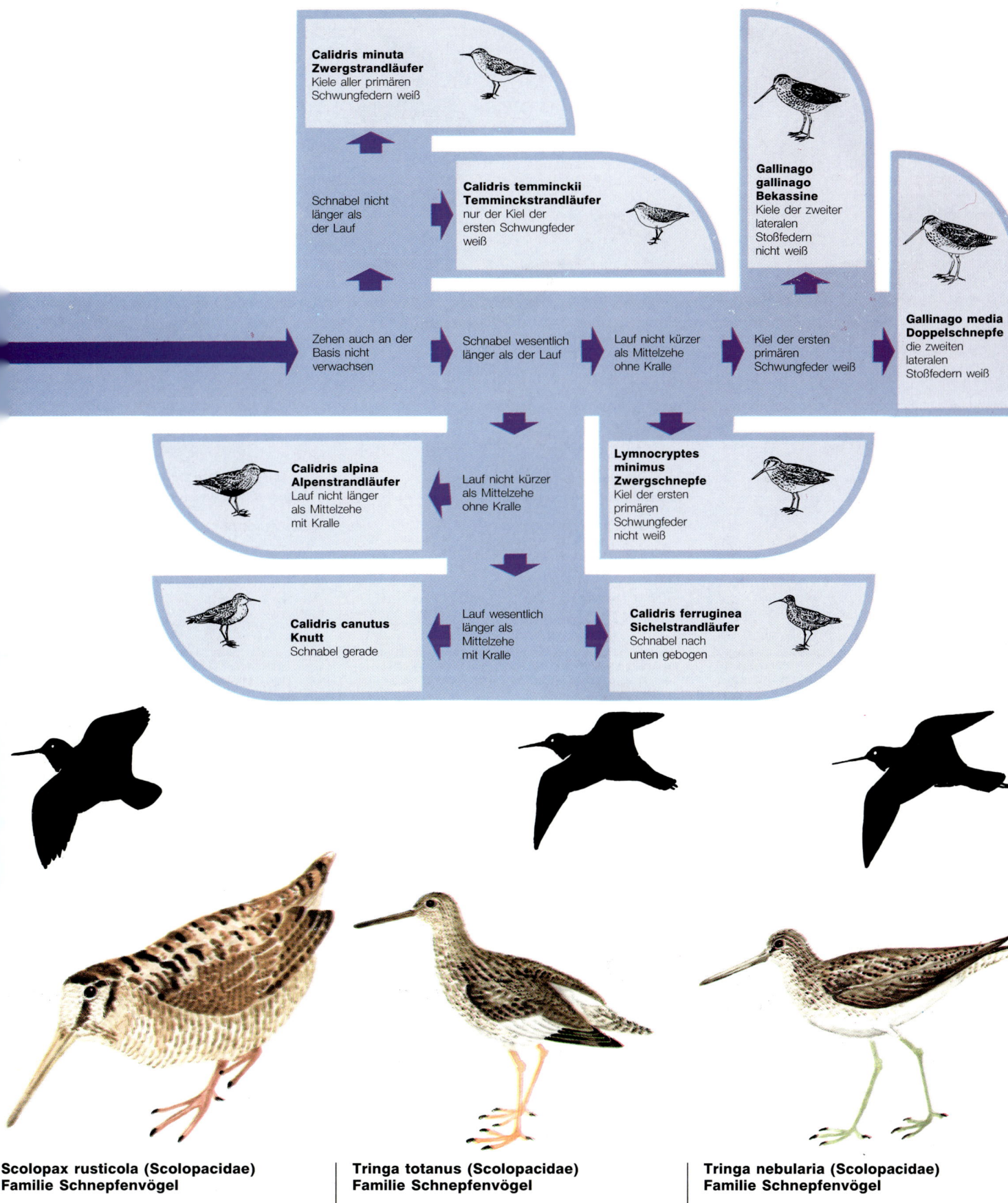

Calidris minuta
Zwergstrandläufer
Kiele aller primären
Schwungfedern weiß

Schnabel nicht
länger als
der Lauf

Calidris temminckii
Temminckstrandläufer
nur der Kiel der
ersten Schwungfeder
weiß

Gallinago
gallinago
Bekassine
Kiele der zweiter
lateralen
Stoßfedern
nicht weiß

Zehen auch an der
Basis nicht
verwachsen

Schnabel wesentlich
länger als der Lauf

Lauf nicht kürzer
als Mittelzehe
ohne Kralle

Kiel der ersten
primären
Schwungfeder weiß

Gallinago media
Doppelschnepfe
die zweiten
lateralen
Stoßfedern weiß

Calidris alpina
Alpenstrandläufer
Lauf nicht länger
als Mittelzehe
mit Kralle

Lauf nicht kürzer
als Mittelzehe
ohne Kralle

Lymnocryptes
minimus
Zwergschnepfe
Kiel der ersten
primären
Schwungfeder
nicht weiß

Calidris canutus
Knutt
Schnabel gerade

Lauf wesentlich
länger als
Mittelzehe
mit Kralle

Calidris ferruginea
Sichelstrandläufer
Schnabel nach
unten gebogen

Scolopax rusticola (Scolopacidae)
Familie Schnepfenvögel

Waldschnepfe

Dieser 36 cm große Schnepfenvogel ist in ganz Mittel- und
Nordeuropa Brutvogel und überwintert im Süden. Während des
Tages hält sie sich gerne in Auwäldern mit weicher, krümeliger
Erde auf. In der Dämmerung fliegt sie auf Wiesen und Ackerflächen oder in strauchdurchsetzte Moorwiesen. Sie ernährt sich
von Weichtieren, Regenwürmern und Insekten, indem sie das
Erdreich mit ihrem langen Schnabel durchtastet. In einer mit
trockenem Gras und Blättern ausgelegten Erdmulde, die in
Farbe dem Unterholz gleicht, legt sie von März bis Mai vier
weißgraue oder rötliche, purpurbraun gesprenkelte Eier ab. Sie
brütet zweimal im Jahr.

Tringa totanus (Scolopacidae)
Familie Schnepfenvögel

Rotschenkel

Diese 28 cm große Art ist in ganz Europa mit Ausnahme von
Teilen Süditaliens und der Balkanhalbinsel als Brutvogel verbreitet. Der Rotschenkel bewohnt Sümpfe, Moore, feuchte Wiesen
und im Winter die Meeresstrände und Flußmündungen. Er ist
sehr gesellig, aber äußerst mißtrauisch. Seine Nahrung besteht
aus Würmern, Insekten, Schnecken und Krebschen. Er nistet
oft in kleinen Gruppen im Dickicht der Sumpfvegetation auf
dichten Grasbüscheln. Hier legt er Ende April oder im Mai drei
bis vier gelblichweiße, rötlichbraun oder schwärzlichbraun gesprenkelte Eier ab.

Tringa nebularia (Scolopacidae)
Familie Schnepfenvögel

Grünschenkel

Diese 30 cm große Art kommt bei uns zu den Wanderzeiten
und im Winter häufig vor. Ihre Brutgebiete liegen im Norden
Skandinaviens. Der Grünschenkel bewohnt in kleinen Gruppen
oder paarweise Rieselfelder und Süßwassersümpfe des Binnenlandes sowie See- und Flußufer. Er ernährt sich von Fischeiern und Jungfischen, von Weichtieren, Krebsen, Würmern
und Insekten. Er nistet in einer mit trockenen Blättern und
Gräsern ausgelegten Erdmulde an Ufern von Bergseen und auf
hochgelegenen feuchten Wiesen. Im Mai legt er vier rötliche,
lebhaft purpurn und rotbraun gefleckte Eier ab. Die Bebrütung
wird von beiden Elternteilen besorgt und erstreckt sich über
einen Zeitraum von 21 Tagen.

Tringa erythropus (Scolopacidae)
Familie Schnepfenvögel

Dunkler Wasserläufer

Diese 30 cm große Spezies kommt bei uns nur zur Zugzeit und als Wintergast vor. Er ist mißtrauisch und vorsichtig. Gefahren entzieht er sich durch sehr schnelles Laufen. Seine Nahrung besteht aus Würmern, Insekten und Weichtieren, nach denen er im seichten Wasser sucht. Er nistet jenseits des nördlichen Polarkreises, baut ein grobes Nest in einer Waldlichtung oder auf Hügelkuppen, oft weit vom Wasser entfernt. Im Mai legt er vier gelblich-olivfarbene oder grüne Eier mit braunen und purpurnen Flecken ab. Er bewohnt Teiche, Flüsse und Süßwassersümpfe, in den Wintermonaten die Meeresküsten.

Tringa glareola (Scolopacidae)
Familie Schnepfenvögel

Bruchwasserläufer

Diese Spezies erreicht eine Körperlänge von 20 cm. Sie nistet im Norden Europas und Asiens und zieht bis nach Afrika, Indien und Australien. Er lebt paarweise oder in kleinen Gruppen vereint und bewohnt seichte Sümpfe und überflutete Felder sowie reich mit Weiden und Sumpfvegetation bedeckte Wasserflächen oder Strände. Er ernährt sich von Würmern, Insekten und Weichtieren. Im Mai oder Juni legt er vier gelbliche oder olivfarbene, purpurgrau oder rötlichbraun gesprenkelte Eier ab. Er brütet nur einmal jährlich.

Limosa limosa (Scolopacidae)
Familie Schnepfenvögel

Uferschnepfe

Diese 40 cm große Schnepfenart kommt in Mittel- und Südeuropa speziell zu den Zugzeiten vor. Sie bevorzugt Sümpfe und sumpfige Randzonen der Seen sowie die Ufer von Teichen und Flüssen, seltener Flußmündungen, Lagunen und Meeresküsten. Sie ist von mißtrauischer Natur und wechselt ständig ihren Aufenthaltsort. Sie läuft gut und ernährt sich von Würmern, Wasserinsekten und kleinen Weich- und Krebstieren. Im Mai legt sie in kleinen Kolonien in einer von der Sumpfvegetation verborgenen Erdmulde vier olivbraune, purpur-grau gestreifte Eier ab.

Tringa ochropus (Scolopacidae)
Familie Schnepfenvögel

Waldwasserläufer

Er erreicht eine Größe von 23 cm und kommt bei uns vor allem zur Zugzeit und im Winter vor. Diese Art bewohnt vorzugsweise Moore und Süßwassersümpfe, wo er einzeln, paarweise oder in kleinen Gruppen vereint lebt. Er entzieht sich Gefahren durch schnellen, stoßweisen Zickzackflug, ähnlich jenem der Bekassine. Seine Nahrung besteht aus Insekten, Larven, jungen Wasserschlangen und Würmern. Sein Nest legt er immer in Sumpfgebieten, die vom Wald eingesäumt sind, an, wo er es auf Bäumen in einer Höhe bis zu 10 m errichtet. Oft belegt er verlassene Vogelnester. In der zweiten Maihälfte legt er vier graugrüne oder rötliche, braun oder purpur-grau gefleckte Eier ab.

Tringa hypoleucos (Scolopacidae)
Familie Schnepfenvögel

Flußuferläufer

Diese bis zu 20 cm große Art kommt nahezu in ganz Europa als Brutvogel recht häufig vor. Er hält sich im Sommer gerne an Kiesbänken klarer Flüsse und Seen auf, während er sich im Winter in Salzwasserlagunen und an Meeresküsten tummelt. Er ist ein gewandter Läufer und Schwimmer, fliegt mit raschen, charakteristischen Flügelschlägen, die von kurzem Gleiten unterbrochen sind. Er ernährt sich vorwiegend von Insekten und Würmern sowie von Früchten und Beeren. Er brütet, in kleinen Kolonien vereint, im allgemeinen in Wassernähe. In einer mit trockenem Gras ausgelegten Vertiefung des Erdbodens legt er im Mai vier rötliche, braun gefleckte Eier ab, die das Weibchen 14 Tage lang bebrütet.

Limosa lapponica (Scolopacidae)
Familie Schnepfenvögel

Pfuhlschnepfe

Diese nordische Spezies wird bis zu 39 cm groß und kommt in Mitteleuropa nur zu den Zugzeiten und in den Wintermonaten vor. In der kalten Jahreszeit hält sie sich gerne in Mooren, Lagunen und an Meeresküsten auf, zur Fortpflanzungszeit bevorzugt sie die Sümpfe des Binnenlandes, der subarktischen Regionen im hohen Norden Europas und Asiens. Sie ist ein gewandter Flieger und Läufer und ernährt sich von Wasserinsekten, Würmern, Schalen- und Weichtieren. Ende Mai legt sie in der Tundra in einer mit Moos ausgelegten Erdmulde vier olivbraune, purpur-grau gesprenkelte Eier ab, die von beiden Elternteilen bebrütet werden. Sie hat nur eine Brut jährlich und diese dauert 20 Tage.

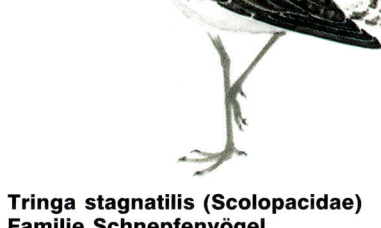

Numenius arquata (Scolopacidae)
Familie Schnepfenvögel

Großer Brachvogel

...se 56 cm große Art sieht man in Mitteleuropa vorzügsweise ...Zeit des Vogelzuges und im Winter; dann lebt er in Schwär... vereint gerne an Meeresküsten und an Lagunen mit gro-...Algenbeständen. Ihre Brutgebiete liegen im östlichen Mit-...und Nordeuropa. Die Paare legen in Mooren, Wiesen, ...en und Sümpfen in einer im Gras gut versteckten und mit ...kenen Blättern ausgelegten Erdmulde vier olivgrüne, purpur ...graubraun gesprenkelte Eier ab, die von beiden Elternteilen ...rütet werden. Sie absolvieren eine Brutperiode jährlich, im ...il oder Mai. Ihre Nahrung besteht vorzugsweise aus Wür-...n, Insekten, Weichtieren und Beeren.

Numenius tenuirostris (Scolopacidae)
Familie Schnepfenvögel

Dünnschnabelbrachvogel

Diese 40 cm große Art kommt in Südeuropa, wenn auch sehr selten, zur Zeit des Vogelzuges und in den Wintermonaten, besonders in Mittel- und Süditalien und auf der Balkanhalbinsel vor. Der Dünnschnabelbrachvogel nistet in sumpfigen Steppen und feuchten Wiesen Westsibiriens und im Ural. In einer mit trockenem Gras und Moos ausgelegten Erdmulde legt er Anfang Mai vier oder fünf weißliche, braun-aschfarben gefleckte Eier ab. Er ernährt sich vorwiegend von Würmern, Insekten und kleinen Weichtieren. Von den verwandten Formen unterscheidet er sich durch die runden Flecken auf der Brust und an den Flanken und durch seine geringere Größe.

Tringa stagnatilis (Scolopacidae)
Familie Schnepfenvögel

Teichwasserläufer

Diese 23 cm große Art kommt bei uns nur zur Zeit des Vogelzuges vor. Der Teichwasserläufer bewohnt offene Sumpfzonen, Fluß- und Seeufer. Oft in großen Schwärmen bewegt er sich auf dem Land wie auch im Flug mit Eleganz und Schnelligkeit fort. Er ist wenig scheu und ernährt sich von Würmern, Insekten, Krebstieren und Weichtieren. In den Monaten Juni und Juli baut er sein Nest im Sumpf. Dort legt er vier cremegelbe, braun oder purpur-grau gesprenkelte Eier ab. Er ist ein geschickter Schwimmer. Bei Gefahr verharrt er regungslos oder er schwimmt davon.

➡ *Bruchwasserläufer*

Numenius phaeopus (Scolopacidae)
Familie Schnepfenvögel

...genbrachvogel

...se etwa 40 cm große Art nistet in Nordeuropa und zieht im ...bst in die Mittelmeerländer, nach Afrika und Indien. Bei uns ...nt man ihn zur Zeit des Vogelzuges. Sie überwintern gerne ...Meeresküsten und in küstennahen Sümpfen. Zur Brutzeit ...Mai bis Juni legt er in den Dünen am Meer oder in Sümpfen ...d auf feuchten Wiesen bis zu 1000 m Seehöhe in einer mit ...ckenem Gras ausgelegten Erdmulde vier olivgraue, oft braun ...prenkelte Eier ab. Seine Nahrung besteht aus Insekten, ...bstieren, Würmern und Weichtieren. Er ist während der ...tzeit wenig scheu, in den Wintermonaten jedoch wird er ...chtsam und mißtrauisch.

Philomachus pugnax (Scolopacidae)
Familie Schnepfenvögel

Kampfläufer

Diese Spezies, bei der das Männchen eine Größe von 30 cm, das Weibchen aber nur 23 cm erreicht, kommt in Mitteleuropa zur Zugzeit im März, April und Mai häufig vor. Sein bevorzugtes Brutgebiet sind die Süßwassersümpfe Nordeuropas. Sein Flug ist schnell und geradlinig. Zur Fortpflanzungszeit geben die Kampfläufer ihr geselliges Leben auf und bauen ihr Nest versteckt im Sumpfgras. Hier legt das Weibchen Mitte Mai drei bis vier rötliche oder olivfarbene, braun und purpur-grau gefleckte Eier ab, die es 18 Tage lang bebrütet. Er ernährt sich von Insekten und Wasserpflanzen.

Calidris alba (Scolopacidae)
Familie Schnepfenvögel

Sanderling

Diese Spezies wird bis zu 20 cm groß und nistet jenseits des nördlichen Polarkreises. Im Herbst und Winter zieht der Sanderling in den Süden bis in die Mittelmeerländer, wo er an Meeresküsten und in sumpfigen Lagunen die kalte Jahreszeit verbringt. Bei uns findet man ihn nur während des Zuges und im Winter, doch taucht er unregelmäßig und ziemlich selten auf. Er ist ein Schwarmvogel und ernährt sich von Insekten, Weichtieren und Pflanzenkeimlingen. Er nistet in der Tundra. Sein Nest, das er in einer von Büschen gut versteckten Bodenmulde erbaut, kleidet er mit Pflanzenresten aus. Hier legt er im Juni vier rötlicholivfarbene, braun gefleckte Eier ab.

Calidris temminckii (Scolopacidae)
Familie Schnepfenvögel

Temminckstrandläufer

Diese Art wird 13 cm groß und nistet im Norden Europas un Asiens. Im Winter zieht dieser Vogel bis nach Nordafrika un Indien. Bei uns taucht er während der Zugzeit auf und überwintert in Süßwassersumpfzonen oder Mittelmeerländern. Selten begibt er sich auch an Lagunen oder an die Meeresküsten. D Nahrung besteht aus Insekten, Larven, Krebstieren, Würmer und verschiedenen wirbellosen Meerestieren. Im Juni legt er vie hellrötliche oder grünlichgraue, mit braunen oder purpurfarbe nen Flecken versehene Eier ab. Sie haben nur eine Brutze jährlich und beide Elternteile kümmern sich um die Bebrütur und Aufzucht ihrer Jungen.

Calidris minuta (Scolopacidae)
Familie Schnepfenvögel

Zwergstrandläufer

Diese 13 cm große Art brütet in den nördlichsten Gebieten Europas und Asiens. In den Wintermonaten zieht der Zwergstrandläufer in die mediterranen Länder sowie nach Afrika und Südasien. Er hat einen zutraulichen Charakter und lebt in sumpfigen Lagunen, Salzwassersümpfen und im Mündungsgebiet der Flüsse, nahe am Meer. Seine Nahrung besteht aus Insekten und deren Larven, Krebsen, Würmern und anderen Meeresorganismen. Im Juni und Juli legt er in einer Bodenmulde in der Tundra, nahe dem Meer gelegen, vier grünlichgraue, braun oder purpur gesprenkelte Eier ab.

Calidris canutus (Scolopacidae)
Familie Schnepfenvögel

Knutt

Der Knutt wird 25 cm groß und nistet in arktischen Gebieten. In der kalten Jahreszeit zieht er in den Süden. Bei uns sieht man ihn unregelmäßig während des Zuges. In den Wintermonaten bevorzugt er schlammige Meeresküsten. Die Nahrung besteht aus Insekten, Krebsen und Weichtieren sowie aus Teilen von Wasserpflanzen. Im Juni nistet er in der Tundra des hohen Nordens, in einer mit wenigen Pflanzenelementen ausgelegten Bodenmulde legt er vier grünlichgelbe, kastanienbraun oder purpurn gefleckte Eier ab. Wie verwandte Formen vereinigt sich auch der Knutt gewöhnlich zu großen Schwärmen oft gemeinsam mit anderen verwandten Arten wie z. B. dem Waldwasserläufer und Flußuferläufer.

Calidris ferruginea (Scolopacidae)
Familie Schnepfenvögel

Sichelstrandläufer

Diese 18 cm große Art pflanzt sich in den nördlichen Regionen Sibiriens fort, zieht dann in den Süden und überwintert in Afrika und Australien. Der Sichelstrandläufer bevorzugt Meeresküsten und die an den Küsten gelegenen Sümpfe und Gewässer. Er ernährt sich von Würmern, Schalen- und Weichtieren sowie Trieben von Wasserpflanzen. Auf Nahrungssuche geht er vorwiegend nachts. Im Juni legt er in kleinen Kolonien vier gelblichweiße und grünliche, purpur-grau oder braun gefleckte Eier ab. Sein Nest baut er in einer kleinen Erdmulde in den ungeheuren Weiten der sibirischen Tundra.

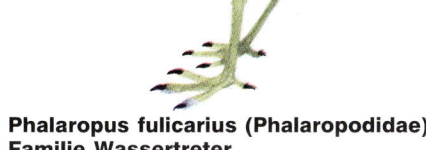

Calidris alpina (Scolopacidae)
Familie Schnepfenvögel

Alpenstrandläufer

Diese etwa 18 cm große Art findet man bei uns während des Zuges und in den Wintermonaten. Stellenweise brütet er hier auch. Der Alpenstrandläufer ist nicht selten (häufigster europäischer Strandläufer), wenig scheu, ist sehr gesellig und lebt oft mit anderen Strandläuferarten zusammen. Er ernährt sich von Krebstieren, Würmern, Insekten und Meerestieren. Er nistet von April bis Juni vorzugsweise an den Küsten Nordeuropas und Asiens. In einer mit trockenen Pflanzen und Moos ausgekleideten Erdmulde legt er vier oft verschiedenfarbene Eier ab. Die Bebrütung, die 20 Tage dauert, besorgt allein das Weibchen; die Männchen sind für die Nahrungssuche zuständig.

Himantopus himantopus (Recurvirostridae)
Familie Säbelschnäbler

Stelzenläufer

Diese interessante Spezies, die eine Körperlänge von 38 cm erreicht, ist in Mitteleuropa nur sehr selten anzutreffen, stellenweise und kleinräumig Brutvogel. Im Mai legt er drei bis vier rötlich-orangefarbene, schwärzlich gefleckte Eier ab. Er hält sich vorzugsweise in Sumpfgebieten auf, meidet aber das Röhricht und bevorzugt seichtes Wasser. Er geht und läuft in unnachahmlich eleganter Art und hat einen sehr schnellen Flug. Er lebt paarweise oder in kleinen Gruppen und ernährt sich von verschiedenen Insekten, Schnecken und anderen wirbellosen Tieren. Sein Hauptverbreitungsgebiet in Europa ist Südspanien und der Süden der Balkanhalbinsel.

Phalaropus fulicarius (Phalaropodidae)
Familie Wassertreter

Thorshühnchen

Diese etwa 18 cm große Spezies pflanzt sich in den arktischen Zonen Europas, Asiens und Amerikas fort und zieht dann, um der Kälte zu entrinnen, in den Süden. Das Thorshühnchen ernährt sich von Insekten, Larven, Würmern und Krebstieren. Es brütet in Meeresnähe. Sein aus dürren Zweigen geflochtenes, im Gras verstecktes Nest kleidet es innen mit trockenen Pflanzen aus. Hier legt es vier grünliche, rötliche oder braune, schwarz gefleckte Eier ab. Das Brutgeschäft und die Aufzucht der Jungen besorgt vorwiegend das Männchen. Sie brüten nur einmal jährlich und sind geschickte Schwimmer.

➥ *Stelzenläufer*

Recurvirostra avosetta (Recurvirostridae)
Familie Säbelschnäbler

Säbelschnäbler

Diese 43 cm große Art kommt in Mitteleuropa selten vor. Sie bevorzugt die Küstenzonen der Meere und Salzwasserlacken im Binnenland. Der Säbelschnäbler ist mißtrauisch und vorsichtig und lebt in kleinen Gruppen, die in der kalten Jahreszeit auf 100 Mitglieder anwachsen können. Die Nahrung, die er mit seinem langen, nach oben gebogenen Schnabel aus dem Schlamm fischt, besteht aus Insektenlarven, Weichtieren und Würmern. Ab der zweiten Maihälfte legt er drei oder vier rötlichgelbliche, schwarz gefleckte Eier direkt am Erdboden im Gras meist in Wassernähe ab. Die Bebrütung dauert 18 Tage und wird von beiden Elternteilen besorgt.

Dromas ardeola (Dromadidae)
Familie Reiherläufer

Reiherläufer

Diese 38 cm große Spezies lebt an den Küsten Ostafrikas und Südwestasiens. Sie hat ganz besondere Charakteristika und bildet daher eine eigene systematische Gruppe. Der Reiherläufer lebt gesellig und ist nicht scheu. Er ernährt sich von kleinen Krebsen (Garnelen), Muscheln und anderen Weichtieren. Zu kleinen Gruppen vereint sucht er gerne seichte schlammige Zonen der Meeresküsten, Korallenriffe und Sandstrände auf. Zur Brutzeit gräbt er eine bis zu 2 m lange Nisthöhle in den Sand, wo er ein einziges weißes Ei ablegt. Daraus schlüpft ein Küken mit grauem Dunenkleid, um deren Aufzucht sich beide Elternteile kümmern; in kurzer Zeit wird das Junge selbständig.

Burhinus oedicnemus (Burhinidae)
Familie Triele

Triel

Der Triel erreicht eine Körperlänge von etwa 40 cm und ist in Mittel- und Südeuropa sowie auf den Inseln des Mittelmeeres heimisch, im Norden findet man ihn nur während des Zuges. Er läuft und fliegt schnell, ernährt sich von Insekten, Amphibien, Reptilien und Mäusen. Im Herbst wird er gesellig und bildet beim Zug große Gruppen. Von April bis Juni legt der Triel auf dem Sand oder zwischen Steinen zwei oder drei gelblich-braune, grau gesprenkelte Eier ab. Beide Elternteile kümmern sich um die Aufzucht ihrer Jungen.

➥ *Triel*

Glareola pratincola (Glareolidae)
Familie Brachschwalben

Brachschwalbe

Die Brachschwalbe wird bis zu 25 cm groß, bewohnt troc nes, offenes Gelände in Südost- und Südwesteuropa. Sie f gut, läuft sehr schnell und ernährt sich von Insekten, vor a Heuschrecken, die sie oft in den Abendstunden im Flug fä Im Mai legt sie zwei oder drei rötliche oder graue, schwarz o purpur-braun gesprenkelte Eier direkt am Erdboden ab. Im sieht sie im Profil einer Seeschwalbe ähnlich, aber sie läßt dennoch sicher an den unteren Deckfedern der Flügel, die kräftig brauner Farbe sind, unterscheiden.

Gegenüber: Brachschwalbe

Cursorius cursor (Glareolidae)
Familie Brachschwalben

Rennvogel

Der Rennvogel erreicht eine Körperlänge von 23 cm und kommt in Europa unregelmäßig umherstreifend vor. Sein Verbreitungsgebiet als Brutvogel umfaßt Nordafrika und Asien bis nach Afghanistan und Arabien. Er hält sich vorzugsweise in sandigen oder felsigen Trockenzonen auf, die vom Wasser weit entfernt sind. Er führt ein geselliges Leben in kleinen Gruppen. Seine Nahrung besteht aus Insekten, vor allem Grillen und Käfern, und aus Weichtieren. Von März bis August legt er in einer einfachen Sandmulde zwei rötliche, rotbraun gefleckte Eier ab, die vom Weibchen allein bebrütet werden. Gefahren entzieht er sich entweder durch Flucht oder indem er sich vollkommen ruhig verhält.

Chionis alba (Chionididae)
Familie Scheidenschnäbel

Weißgesichtscheidenschnabel

Diese etwa 40 cm große Art ist auf subantarktischen Inseln, die dem Südpol vorgelagert sind, verbreitet. Der Schnabel dieser Art ist kurz und durch eine charakteristische Hornscheide über dem Oberschnabel verstärkt. Der Weißgesichtscheidenschnabel hält sich im Küstenbereich auf und ernährt sich von Weich- und Krebstieren, verschiedenen Meeresorganismen und verzehrt auch jede Art von Abfällen, selbst Aas. Der Weißgesichtscheidenschnabel nistet direkt auf dem Erdboden auf Nestern aus Gras, Algen und Federn und legt hier zwei oder drei braun gefleckte Eier ab. In der Folge kümmern sich beide Elternteile um die Bebrütung der Eier und die Aufzucht ihrer Jungen.

Stercorarius parasiticus (Stercorariidae)
Familie Raubmöwen

Schmarotzerraubmöwe

Die Schmarotzerraubmöwe wird bis zu 46 cm groß und bewohnt die Küstenzonen Nordeuropas, Asiens und Amerikas. In den kalten Monaten zieht sie in den Süden bis in die Mittelmeerländer, nach Südafrika, Indien, Australien und Neuseeland. Sie fliegt geschickt und anmutig mit tollkühnen Sturzmanövern, hält sich ständig auf dem Meer auf und bildet oft große Schwärme. Die Schmarotzerraubmöwe ernährt sich von Fischen, die sie häufig den Möwen abjagt, auch von verletzten Vögeln, Weichtieren, Insekten, Küken, Eiern und selbst von Aas. Im Juni legt sie in einer Bodenmulde zwei graubraune, dunkel gefleckte Eier ab.

Thinocorus rumicivorus (Thinocoridae)
Familie Höhenläufer

Zwerghöhenläufer

Der Zwerghöhenläufer hat eine Körperlänge von 17 cm und lebt von Ecuador und Bolivien bis nach Feuerland. Er bewohnt die kahlen Höhenregionen der Anden, die chilenische Küstenwüste und Patagoniens Steppen. Charakteristisch für die Höhenläufer ist eine Art häutiger Deckel, mit dem sie die Nasenöffnungen verschließen können, wahrscheinlich zum Schutz vor Sandstürmen. Er ernährt sich ausschließlich vegetarisch. Zur Brutzeit gräbt er eine Mulde ins Erdreich und legt hier drei oder vier tonfarbene, intensiv dunkel gefleckte Eier ab. Beim Verlassen des Nestes bedeckt er die Eier mit Erde. Die Jungen sind Nestflüchter.

Chlidonias hybrida
Weißbart-seeschwalbe
lange Seiten-befiederung unter den Flügeln, weiß

Chlidonias niger
Trauer-seeschwalbe
lange Seiten-befiederung unter den Flügeln, weiß

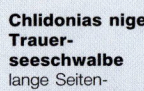

Laridae
Familie Möwen

Familie der Ordnung der Charadriiformes mit 78 Spezies, die über die ganze Erde verbreitet sind.

Mittlere Steuerfedern wesentlich kleiner als die seitlichen, Schnabel gerade, erst an der Spitze gebogen

Schwimmhaut geht nicht bis zur Spitze der äußeren Zehe

lange Seiten-befiederung unter den Flügeln, nicht weiß

Chlidonias leucopterus
Weißflügel-seeschwalbe
lange Seiten-befiederung unter den Flügeln, schwarz

Larus minutus
Zwergmöwe
Lauf kürzer als Mittelzehe samt Kralle

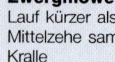

mittlere Stoßfeder nicht viel kürzer als die übrigen, stumpfer Schwanz, Oberschnabel an der Spitze gebogen

Gelochelidon nilotica
Lach-seeschwalbe
Schnabel kaum länger als der Lauf

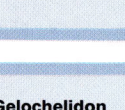

Schwimmhaut geht bis zur Spitze der äußeren Zehe

Schnabel doppelt so lang wie der Lauf

Sterna albifrons
Zwerg-seeschwalbe
Kiele der primären Schwungfedern dunkel

Larus argentatus
Silbermöwe
Lauf nicht länger als Mittelzehe samt Kralle

Lauf nicht kürzer als Mittelzehe samt Kralle

Larus canus
Sturmmöwe
Kiele der primären Schwungfedern dunkel

Lauf wesentlich länger als Mittelzehe samt Kralle

unbefiederter Teil des Schnabelfirsts nicht länger als die äußere Zehe samt Kralle

Kiele der primären Schwungfedern hell

Sterna sandvicensis
Brandseeschwalbe
unbefiederter Teil des Schnabelfirsts länger als die doppelte Länge des Laufs

Larus genei
Dünnschnabel-möwe
Kiele der primären Schwungfedern weiß

unbefiederter Teil des Schnabelfirsts länger als die äußere Zehe samt Kralle

Kiele der primären Schwungfedern weiß

Larus ridibundus
Lachmöwe
primäre Schwungfedern an der Spitze schwarz

Sterna hirundo
Flußseeschwalbe
unbefiederter Teil des Schnabelfirsts kürzer als die doppelte Länge des Laufs

Larus melanocephalus
Schwarzkopf-möwe
primäre Schwungfedern an der Spitze nicht schwarz

Larus audouinii
Korallenmöwe
Schnabel an der Spitze schwarz gebändert

Kiele der primären Schwungfedern dunkel

Larus fuscus
Heringsmöwe
Schnabel an der Spitze nicht schwarz gebändert

Lachmöwen

Larus fuscus (Laridae)
Familie Möwen

Heringsmöwe

Die Heringsmöwe wird bis zu 53 cm groß und hat ihre Nistplätze in Nordeuropa. In der kalten Jahreszeit zieht sie in den Süden. Bei uns kommt diese Art eher selten vor. Im Jugendstadium ist sie leicht mit der Silbermöwe zu verwechseln. Sie hält sich vorzugsweise in Küstenzonen und Häfen auf. Ihre Nahrung besteht aus Fischen und anderen Meerestieren, und sie erbeutet auch viele Eier und Küken, vor allem in Nistkolonien. Sie ist ein Kolonienbrüter und legt im Mai in einer einfachen, nur mit Algen und trockenen Blättern ausgekleideten Bodenmulde drei weiße, braune oder grünliche, dunkelbraun und grauviolett gefleckte Eier ab.

Larus argentatus (Laridae)
Familie Möwen

Silbermöwe

Die Silbermöwe wird bis zu 56 cm groß und ist entlang aller Küstenzonen Europas eine weitverbreitete und seßhafte Art. Sie lebt in Paaren oder in kleinen Gruppen und ist mißtrauisch und vorsichtig. Sie ergreift im Sturzflug ihre Beute, verschiedene Meerestiere, wie Fische, Krebstiere oder Weichtiere; seltener tötet sie die Jungen und verzehrt die Eier anderer Spezies oder ernährt sich von Aas. Ihr Nest, eine einfache Anhäufung von Algen, errichtet sie in Felsnischen in Küstennähe. Hier legt sie im Monat Mai zwei oder drei gelbliche, olivbraune oder bläuliche, verschieden braun oder purpurn gesprenkelte Eier ab. Die Brutdauer beträgt 26 Tage.

Larus melanocephalus (Laridae)
Familie Möwen

Schwarzkopfmöwe

Diese 38 cm große Möwenart hat ein ähnliches Verbreitungsgebiet wie die Lachmöwe, bevorzugt aber im allgemeinen die Meeresküsten, wo sie in Kolonien vereint lebt. Selten dringt sie auch ins Landesinnere vor. Sie ist vorsichtig und mißtrauisch und ernährt sich von Fischen, Krebschen, Insekten und auch von kleinen Vögeln, die sie während der Zugzeit erbeutet. Zur Brutzeit, die sie in Kleinasien, Ungarn und Griechenland verbringt, baut sie ihr Nest aus Meeresalgen oder Sumpfpflanzen in Lagunenzonen oder an Sandküsten. Hier legt sie im Mai zwei oder drei weiße oder gelbliche, braun und purpur-grau gesprenkelte Eier ab. Man findet diese Spezies oft in Hafennähe.

Larus canus (Laridae)
Familie Möwen

Sturmmöwe

Die Sturmmöwe hat eine Körperlänge von 41 cm, hat ihre Brutgebiete in Nordeuropa und -asien und zieht in der kalten Jahreszeit in den Süden. Sie lebt oft in großen Schwärmen, aber auch in kleineren Gruppen oder einzeln und ernährt sich von Fischen, Würmern, Insekten, kleinen Säugetieren und Aas, in der Nähe von Brutkolonien auch von fremden Vogeleiern. Das aus trockenen Pflanzen und Algen grob geflochtene Nest erbaut sie in Mooren oder an Küstenabhängen meist direkt am Boden; von Mai bis Juni legt sie hier drei olivbraune, schwärzlich oder rötlichbraun gefleckte Eier ab. Die erwachsenen Tiere sehen der Silbermöwe *(Larus argentatus)* recht ähnlich.

Larus audouinii (Laridae)
Familie Möwen

Korallenmöwe

Die Korallenmöwe wird bis zu 48 cm groß und ist eine sehr seltene und nur lokal vorkommende Art. Sie bevorzugt vor allem das offene Meer und nistet in kleinen Kolonien vereint auf felsigen Inseln des Mittelmeeres, wie Sardinien und Korsika. Sie ist sehr mißtrauisch und scheu und ernährt sich von verschiedenartigen Meerestieren. Ende Mai legt die Korallenmöwe zwei bis drei rötliche, braun und schwarz-grau gesprenkelte Eier ab. Von verwandten Arten unterscheidet sie sich vor allem durch die leuchtend rote Farbe des Schnabels mit schwarzer Binde. Das Verbreitungsgebiet dieser Spezies beschränkt sich vorwiegend auf das westliche Mittelmeergebiet.

Larus ridibundus (Laridae)
Familie Möwen

Lachmöwe

Die Lachmöwe erreicht eine Körperlänge von 36 cm und kommt in Mitteleuropa hauptsächlich im Binnenland vor. Sie bewohnt Seen, Flußmündungen, Rieselfelder und auch Meeresküsten, holt sich ihre Nahrung häufig aus Mülldeponien oder folgt dem Pflug. Sie ist vorsichtig, aber wenig scheu und nistet in großen Kolonien, in Sümpfen, Wiesen und auf Kiesstrand. Im allgemeinen baut sie ihr Nest aus trockenem Gras und Algen am Boden, seltener auf schwimmenden Moorinseln. Hier legt sie drei bis vier olivbraune, rötlich-schwarz oder braun gefleckte Eier ab, die sie 20 Tage lang bebrütet. In Brutkolonien plündert sie gerne die Nester anderer Arten.

Larus genei (Laridae)
Familie Möwen

Dünnschnabelmöwe

Diese 43 cm große Art kommt als Brutvogel vor allem an den Küsten Spaniens und Kleinasiens, des Schwarzen Meeres und der Kaspischen See vor. Sie hält sich vorzugsweise in Küstenzonen auf und dringt nur selten in das Landesinnere vor. Ihre Nahrung besteht aus Insekten und kleinen Fischen. Sie nistet in Dünen, wo sie aus Meeresalgen einen groben Kranz flicht. Hier legt sie im Mai und im Juni drei rosa-weiße, schwärzlichbraun oder purpurn gefleckte Eier ab. Von anderen Möwenarten unterscheidet sie sich durch die schwarzen Spitzen der weißen Flügel und durch den weißen Kopf. Bisweilen lebt sie in sehr großen Schwärmen.

Chlidonias niger (Sternidae)
Familie Seeschwalben

Trauerseeschwalbe

Die Trauerseeschwalbe wird bis zu 24 cm groß und kommt bei uns im Sommer und während der Zugzeiten vor. Sie nistet an der Pomündung sowie an den Südküsten Spaniens und in Nordeuropa bis nach Kleinasien, Zentralasien und Turkestan, vorzugsweise in Sümpfen, an Seen und in großen Moorgebieten des Binnenlandes. Sie ernährt sich hauptsächlich von Insekten und deren Larven. Im Mai legt sie drei bis vier olivgrüne, braun gefleckte Eier ab, die sie 15 Tage lang bebrütet. Für gewöhnlich fängt sie ihre Beute im Flug oder indem sie knapp über der Wasseroberfläche dahinfliegt. Sie vermeidet es aber zu tauchen.

Chlidonias hybrida (Sternidae)
Familie Seeschwalben

Weißbartseeschwalbe

Die Weißbartseeschwalbe erreicht eine Körperlänge von 24 cm. Ihre Brutgebiete liegen hauptsächlich in Spanien, Frankreich und in Teilen Südosteuropas. Sie lebt vorzugsweise an den Wasserflächen des Binnenlandes, an verschilften Seeufern, Sümpfen und Teichen mit reicher Vegetation. Sie ist sehr gesellig und dringt im Winter auch an die Küstenzonen vor. Sie ernährt sich von Insekten, Würmern und zeitweise auch von Fischen und Weichtieren. Zur Brutzeit nistet sie in Kolonien auf großen schwimmenden Algenhaufen, im Mai oder Juni legt sie zwei oder drei Eier ab.

Larus minutus (Laridae)
Familie Möwen

Zwergmöwe

Diese 28 cm große Möwenart kommt bei uns vor allem im Winter und während der Zugzeit vor. Man findet sie an den Küsten wie auch auf hoher See, aber auch an Seen und Flüssen des Binnenlandes. In den östlichen Zonen Europas und Asiens bevorzugt sie hingegen die Wasserflächen des Binnenlandes. Sie ist ein Schwarmvogel und hat einen zutraulichen Charakter. Sie ernährt sich hauptsächlich von Fischen und anderen Meerestieren und auch von Insekten. Sie nistet vorzugsweise im Juni. Ihr aus Binsen und Sumpfgras grob geflochtenes Nest errichtet sie auf großen schwimmenden Pflanzenhaufen. Hier legt sie drei bis vier rötliche oder olivbraune dunkel gefleckte Eier ab.

Chlidonias leucopterus (Sternidae)
Familie Seeschwalben

Weißflügelseeschwalbe

Diese 24 cm große Art kommt bei uns vor allem zur Zeit des Vogelzuges vor. Ihre Brutgebiete liegen in Osteuropa. Sie ist ein ausgezeichneter Flieger und Schwimmer und hat praktisch die gleichen Lebensgewohnheiten wie die Trauerseeschwalbe (Chlidonias niger), mit der sie oft in Gemeinschaft lebt. Sie nistet oft in den abgelegensten und dichtesten Sumpfgebieten. Zur Brutzeit, im Mai, legt sie drei Eier ab, die das gleiche Aussehen haben wie die Eier der Trauerseeschwalbe.

Sterna albifrons (Sternidae)
Familie Seeschwalben

Zwergseeschwalbe

Die Zwergseeschwalbe wird bis zu 23 cm groß. Diese Spezies brütet nahezu an allen Küstengebieten Europas und an kleinen Wasserflächen des Binnenlandes, vorzugsweise an Sandstränden. Sie fliegt mit langsamem Flügelschlag über dem Wasserspiegel dahin und taucht, um ihre Beute, kleine Fische, Garnelen und Weichtiere, zu ergreifen. Zur Brutzeit, in der zweiten Mai- oder der ersten Junihälfte, legt sie kolonienweise in eine einfachen Bodenmulde, direkt im Sand, zwei bis drei rötlichgraue, purpurn oder dunkelbraun gefleckte Eier ab. Die Bebrütung dauert 15 Tage und wird von beiden Elternteilen besorgt.

Sterna hirundo (Sternidae)
Familie Seeschwalben

Flußseeschwalbe

Die Flußseeschwalbe hat eine Körperlänge von 36 cm und kommt bei uns während der Zugzeit und teilweise auch im Sommer vor. Sie lebt vorzugsweise an See- und Flußufern des Binnenlandes sowie an Flußmündungen, sandigen Meeresküsten und auf kleinen Inseln. Sie ist sehr gesellig. Zur Brutzeit lebt sie in großen Kolonien vereint. Ihr aus Pflanzenmaterial bestehendes Nest errichtet sie entweder direkt auf dem Erdboden oder auf felsigen Inseln wie auch im Gras an einem leicht erhöhten Platz. Im Juni legt sie hier zwei bis drei gelbliche oder grünliche, purpurn oder braun gefleckte Eier ab. Beide Elternteile bemühen sich dann liebevoll um ihre Nachkommenschaft.

Gelochelidon nilotica (Sternidae)
Familie Seeschwalben

Lachseeschwalbe

Die Lachseeschwalbe wird ca. 38 cm groß und brütet an den Mittelmeerküsten Spaniens und Griechenlands auch im Mündungsdelta des Po. Sie ist an Salzwassergebiete gebunden und bewohnt Mündungsgebiete, salzige Sümpfe und Lagunen, seltener dringt sie auch an die Seen und großen Flüsse des Hinterlandes vor. Ihre Nahrung besteht aus Wasserinsekten, Fischen, Amphibien und manchmal auch aus Eiern und Küken anderer Arten. Als Nistplätze wählt sie sandige Küstenstreifen und Küstensümpfe, wo sie in einer Bodenmulde auf ein paar trockenen Pflanzen zwei bis drei rötlich-weiße, grünlich oder rötlichbraun gefleckte Eier ablegt.

Sterna sandvicensis (Sternidae)
Familie Seeschwalben

Brandseeschwalbe

Die Brandseeschwalbe wird bis zu 41 cm groß und nistet vorzugsweise an den Küstengebieten Mittel- und Nordeuropas. Sie ist gebunden an das Leben am Meer und nistet, oft in großen Kolonien vereint, an Stränden und auf kleinen Inseln. Die Nahrung besteht fast ausschließlich aus Fischen. Sie nistet in einer kleinen Sandmulde und legt im allgemeinen zwei intensiv gelbe oder weißliche, aschgrau, rotbraun oder schwarz gesprenkelte Eier ab, die sie 22 Tage lang bebrütet.

➥ *Brandseeschwalben*

Rynchops nigra (Rynchopidae)
Familie Scherenschnäbel

Schwarzer Scherenschnabel

Der Schwarze Scherenschnabel wird bis zu 50 cm groß und lebt verbreitet an den Küsten Amerikas, von Massachusetts und Nordwestmexiko bis zur Magellanstraße. Diese Spezies ernährt sich vorwiegend von Fischen und Schalentieren, die sie, knapp über dem Wasserspiegel dahinfliegend, erbeutet. Dieser Beschäftigung gehen die Scherenschnäbel während der Ebbe nach. Er ist sehr gesellig und brütet in Kolonien. In einer kleinen Sandmulde legt er drei bis vier verschiedenartig gefleckte Eier ab. Beide Elternteile kümmern sich um die Bebrütung und um die Aufzucht der Jungen.

Papageientaucher ➡

Fratercula arctica (Alcidae)
Familie Alken

Papageientaucher

Der Papageientaucher wird 30 cm groß und lebt an den Küsten des nördlichen Atlantik. Als Nistplätze bevorzugt er steil zum Meer abfallende Felsen. Im Mai legt er in großen Kolonien brütend ein einziges Ei in einer Bruthöhle ab. Diese gräbt er entweder selbst in das Erdreich über dem Felsboden oder er benützt verlassene Höhlen. Dieses bläulichweiße Ei wird einen Monat lang von beiden Geschlechtern bebrütet. Die Tiere sind ständig mit Tauchen beschäftigt und verwenden dabei ihre Flügel als Flossen. Der Papageientaucher hat einen schnellen und ausdauernden Flug und ernährt sich vorwiegend von Fischen, Weichtieren und Krebsen.

Alca torda (Alcidae)
Familie Alken

Tordalk

Der Tordalk wird bis zu 41 cm groß und pflanzt sich an den Küsten Nordeuropas und Nordamerikas fort. In der kalten Jahreszeit dringt er bis in die Mittelmeerregionen vor. Er ist ein Meeresbewohner und brütet auf Felsen an der Küste der Felsinseln. Sein einziges Ei legt er im Mai direkt auf den Fels. Beide Elterntiere kümmern sich um die Bebrütung der Eier und die Aufzucht der Jungen, die das Schwimmen sehr rasch erlernen. Der Tordalk ernährt sich von Weichtieren, Fischen und Krebsen. Er ist ein hervorragender Schwimmer und kann auch unter Wasser weite Strecken zurücklegen sowie schnell über dem Wasserspiegel dahinfliegen.

Pinguinus impennis (Alcidae)
Familie Alken

Riesenalk

Der Riesenalk hatte eine Größe von 76 cm und war auf den Inseln des Nordatlantiks weit verbreitet. Er brütete an den Küsten der Inseln um Neufundland, Grönland, Island, Großbritannien und in Skandinavien. Dieser Vogel bewegte sich im Wasser sehr gewandt, auf dem Festland hingegen war er eher unbeholfen. Er wurde von den alten Seefahrern, die sich auf den Inseln Nahrungsvorräte besorgten, außerordentlich stark verfolgt. So wurde diese ursprünglich häufige Spezies immer seltener, bis am 3. oder 4. Juni 1844 das letzte Paar auf der Insel Eldey bei Island getötet wurde und diese Art damit für alle Zeit verschwunden ist.

Columbiformes
Ordnung Taubenvögel

Zur Ordnung der Columbiformes, den Taubenvögeln, gehören drei Familien, eine davon ist nur durch fossile Funde bekannt. Zur ersten Familie, den Pteroclidae, den Flughühnern, die sich im Oberen Eozän oder im Unteren Oligozän herausgebildet hat, gehören 16 heute noch lebende Spezies, z. B. das Steppenhuhn *(Syrrhaptes paradoxus)* oder die Gattung Flughühner (Pterocles). Zu den Columbidae, der eigentlichen Familie Tauben, gehören derzeit 285 Formen, die praktisch in allen gemäßigten und tropischen Zonen der Erde leben. Zu der Familie Raphidae, den Dronten, die vor nicht allzulanger Zeit ausgestorben sind, gehörte die berühmte Dronte *(Raphus cucullatus),* die auf den Maskareneninseln lebte. Die Ordnung der Columbiformes weist Charakteristika von besonderer Ursprünglichkeit auf, was darauf schließen läßt, daß sie sich in viel früherer Zeit als die fossilen Funde vermuten lassen, entwickelt haben muß. Typisch für die Columbiformes ist der lockere Sitz der Körperfedern, die sich recht leicht lösen lassen. Man nimmt an, daß dies dazu beiträgt, sie vor ihren Feinden zu schützen. Tauben trinken im Unterschied zu allen anderen Vögeln, indem sie das Wasser durch den Schnabel saugen, ohne jedesmal den Kopf heben zu müssen, weil ihre Nasenöffnungen verschließbar sind. Zur Brutzeit ernähren sie ihre Jungen mit einer Art Flüssigkeit, im Volksmund »Kropfmilch« genannt, die sie aus dem Kropf heraufwürgen. Zu dieser systematischen Gruppe gehören viele Arten, die vom Aussterben bedroht sind, hierbei handelt es sich vor allem um die Formen, die seit langer Zeit ozeanische Inseln besiedeln.

Syrrhaptes paradoxus (Pteroclidae)
Familie Flughühner

Steppenhuhn

Das Steppenhuhn wird bis zu 38 cm groß und ist in Zentralasien verbreitet. Im Verlauf von Massenwanderungen taucht es zeitweise auch in Europa auf, wo es manchmal sogar brütet. Im allgemeinen bevorzugt es aber Steppengebiete und weite sandige Ebenen, über die es mit großer Geschicklichkeit läuft und fliegt. Es führt ein geselliges Leben in sehr großen Kolonien und ist scheu und vorsichtig. Seine Nahrung besteht aus verschiedenen Sämereien, Pflanzenkeimlingen und auch Insekten. Zur Brutzeit, April bis Mai, legt es in einer Bodenmulde drei rötlichgelbe, purpurn oder dunkelbraun gefleckte Eier ab. Es brütet zweimal jährlich.

Raphus cucullatus (Raphidae)
Familie Dronten

Dronte

Die Dronte wurde mehr als einen Meter groß und lebte einst auf der Insel Mauritius im Maskarenenarchipel. Da ihr natürliche Feinde fehlten, verlor sie ihre Flugfähigkeit. Die Dronte war ungefähr so groß wie ein Truthahn und plump in ihren Bewegungen. Auf dem Waldboden begab sie sich auf Nahrungssuche, sie ernährte sich von Früchten, Blättern, Beeren und Körnern. Sie legte ein einziges Ei, um das sich beide Elternteile kümmerten. Leider erschlugen Seeleute, die auf diesen Inseln landeten, eine große Zahl dieser Vögel. In der Folge wurden auch die importierten Schweine und Affen zu Feinden der Dronte, die um 1680 endgültig ausgerottet wurde.

Streptopelia decaocto (Columbidae)
Familie Tauben

Türkentaube

Die Türkentaube wird 28 cm groß und war früher am Balkan verbreitet. Zwischen 1930 und 1940 begann eine unerklärliche Massenverbreitung dieser Spezies, was zu einer fortschreitenden Kolonisierung neuer Gebiete im Nordwesten führte. Sie erreichte 1943 Wien und bevölkert vor allem Parks und Gärten bewohnter Gebiete. Im Mai oder Juni legt sie zwei weiße Eier ab. Von der Turteltaube *(Streptopelia turtur)* unterscheidet sie sich sowohl durch ihr durchgehend sandfarbenes Gefieder als auch durch ein schwarzes volles Halsband mit weißem Rand. Sie ist nicht scheu und lebt in Paaren oder kleinen Gruppen, oft mit Haustieren vereint in der Nähe des Menschen.

Streptopelia turtur (Columbidae)
Familie Tauben

Turteltaube

Die Turteltaube erreicht eine Körperlänge von 28 cm und kommt bei uns häufig vor. Sie bevorzugt Parks und Felder, Wälder mit viel Unterholz und bewaldete Zonen in der Nähe von Stoppelfeldern und bebautem Gebiet. Man sieht sie am Boden laufen oder im typischen geradlinigen Flug. Sie hat einen scheuen Charakter und ernährt sich von Samen, von Früchten und Weichtieren. Im Mai baut sie aus Wurzeln und dürren Zweigen in geringer Entfernung vom Erdboden ein Nest auf Bäumen; hier legt sie zwei cremeweiße Eier ab. Beide Elternteile kümmern sich sowohl um die Bebrütung als auch um die Aufzucht der Jungen. Sie brütet zweimal jährlich.

Treron capellei (Columbidae)
Familie Tauben

Grüntaube

Die Grüntaube wird bis zu 33 cm groß und lebt auf der Malaiischen Halbinsel, auf Sumatra, Java und Borneo in bewaldeten Zonen. Diese Art, die sich nur selten auf den Boden begibt, ernährt sich, wie alle ihre Verwandten, von Früchten und Beeren. Charakteristisch für diese Gruppe ist die grüne Farbe des Federkleides, die ihr den Namen gab. Obwohl es bei dieser Spezies keine regelmäßigen Wanderungen gibt, benimmt sie sich oft wie eine erratische Form und folgt bei ihren Wanderungen der Reife der Früchte, von denen sie sich ernährt. Zur Brutzeit baut sie anderen Tauben ähnliche Nester und legt hier ein bis zwei weiße Eier ab.

Columba palumbus (Columbidae)
Familie Tauben

Ringeltaube

Die Ringeltaube wird bis zu 40 cm groß und kommt in ganz Europa, ausgenommen Nordskandinavien, als Brutvogel vor. Häufig findet man sie in Wäldern, in baumdurchsetzten Gegenden nahe an Stoppelfeldern und in Parks großer bewohnter Zentren. Am Ende der Fortpflanzungszeit nimmt sie Schwarmgewohnheiten an und zieht in großen Scharen. Ihre Nahrung besteht aus Früchten, Sämereien, Blättern und verschiedenen Knospen. Im April und im Juni, zweimal im Jahr, errichtet sie auf Bäumen oder Felsen ein grobes Nest, wo sie zwei bis drei weiße Eier ablegt, deren Bebrütung 18 Tage lang von beiden Elternteilen besorgt wird.

Columba livia (Columbidae)
Familie Tauben

Felsentaube

Die Felsentaube wird 33 cm groß. Ihre Brutgebiete sind Spanien, Süditalien und die Balkanhalbinsel. Sie bewohnt Höhlen, Felsschluchten in Meeresnähe und steile Felsen. Die Felsentaube tritt hier gesellig auf und ernährt sich fast ausschließlich von Pflanzen, Samen und Körnern, manchmal auch von Würmern oder Insekten. Im März baut sie aus dürren Zweigen und Gras ein grobes Nest in Felsspalten versteckt; hier legt sie zwei weiße Eier, die von beiden Geschlechtern drei Wochen lang bebrütet werden. Üblicherweise brüten sie zweimal im Jahr. Die Felsentaube ist die Stammform unserer Haustaube, die in großen Scharen und allerlei Rassen unsere Städte besiedelt.

Columba oenas (Columbidae)
Familie Tauben

Hohltaube

Die Hohltaube wird 33 cm groß und ist, außer im äußersten Süden und im hohen Norden, überall in Europa weit verbreitet. In der kalten Jahreszeit lebt sie auf Feldern und Ackerland. Zur Brutzeit hingegen bevorzugt sie Waldzonen. Ihr Nest errichtet sie nämlich in Baumhöhlen und in verlassenen Kaninchenbauen. Auf einem groben Haufen von dürren Zweigen und Wurzelwerk legt sie im März zwei gelbliche Eier ab, die sie 18 Tage lang bebrütet. Sie brütet zwei- bis dreimal jährlich. Ihre Nahrung besteht aus Samen, Körnern, Beeren und Eicheln.

➡ *Ringeltauben*

Goura cristata (Columbidae)
Familie Tauben

Krontaube

Die Krontaube erreicht eine Größe von 83 cm und ist die größte Form der ganzen Gruppe. Ihre Heimat ist Neuguinea. Früher war sie weit verbreitet. Da sie jedoch einer erbarmungslosen Jagd ausgesetzt ist, findet man sie heute nur noch im undurchdringlichen Dschungel. Sie ernährt sich von Früchten, Beeren und Samen, die sie wahrscheinlich in kleineren Gruppen vereint umherstreifend, am Boden aufsammelt. In Freiheit nistet sie auf Bäumen und legt zwei Eier ab. Die Zucht dieser Spezies in zoologischen Gärten erzielte befriedigende Resultate, wenn man ihr genügend Platz zur Verfügung stellt, pflanzt sie sich ziemlich problemlos fort.

Psittaciformes
Ordnung Papageienartige

Zur Ordnung der Psittaciformes, den Papageienartigen, die nur durch eine einzige Familie Psittacidae, die Papageien, repräsentiert wird, gehören derzeit 317 Spezies, dazu noch etliche in früheren Zeiten ausgestorbene Arten.

Der älteste bekannte Urahn, der Archaeopsittacus, stammt aus dem unteren Miozän und lebte in Europa, trotzdem hält man es für wahrscheinlich, daß diese Gruppe ursprünglich aus der Australasiatischen Region stammt. Kennzeichnend für diese Familie ist eine große Mannigfaltigkeit an bunten Farben, trotzdem haben die einzelnen Arten, auch wenn sie beträchtliche Größenunterschiede aufweisen, die kleinsten Formen werden nicht größer als 5 cm, die größten werden bis zu 1 m groß, extreme Ähnlichkeiten im Körperbau. Unverwechselbares Kennzeichen der Papageien ist der ziemlich kräftige Kopf mit dem stark gekrümmten Schnabel; die Füße haben vier Zehen, die zwei Mittelzehen weisen nach vorne, die zwei seitlichen Zehen nach hinten, was ein ausgezeichnetes Halte- und Klettervermögen gewährleistet. Sie bewegen sich kletternd in den Baumkronen fort und finden dort auch ihre Nahrung, die vorwiegend vegetarischer Zusammensetzung ist. Beim Klettern bedienen sie sich sowohl ihrer Füße als auch ihres großen, gekrümmten Schnabels, dessen oberer Teil mittels eines eigenen Gelenks beweglich ist. Die Papageien sind vor allem in den tropischen Zonen der südlichen Hemisphäre verbreitet, mit Ausnahme Afrikas, wo diese Gruppe nur mit wenigen Arten vertreten ist. Ihre Schönheit, ihr freundliches Naturell und ihre Fähigkeit, auch menschliche Laute zu imitieren, trägt dazu bei, daß viele Vertreter dieser Familie gerne in Haushalten und in Zoos gehalten werden. Manche seltenen Arten wurden durch gewissenlose Fänger und einen ebensolchen Handel an den Rand der Ausrottung getrieben.

Psittacus erithacus (Psittacidae)
Familie Papageien

Graupapagei

Der Graupapagei wird 40 cm groß und ist in den Wäldern Zentralafrikas verbreitet. Er gilt als hervorragender »Sprecher«, allerdings variiert diese Fähigkeit von Individuum zu Individuum. Der Graupapagei ist ein ausgesprochener Baumbewohner und ernährt sich fast ausschließlich von Samen. Im Juli, August oder September legt diese Art in ihrem Nest drei oder vier Eier ab, die einen Monat lang bebrütet werden. Zehn Tage nach dem Schlüpfen der Brut übernimmt das Männchen die Rolle, die bisher das Weibchen innehatte, und versorgt die Jungen, die mit ca. 80 Tagen das Nest verlassen, mit Futter. Diese Fürsorge durch den Vater erfolgt noch weitere vier Monate.

Ectopistes migratorius (Columbidae)
Familie Tauben

Wandertaube

Die Wandertaube wurde bis zu 43 cm groß und ist heute ausgestorben. Noch um die Mitte des vorigen Jahrhunderts war diese Spezies in den Wäldern des Ostens von Nordamerika weit verbreitet und lebte in ungeheuren Schwärmen, die sich jedes Jahr vom Frühling bis zum Herbst in stetiger Suche nach Futter fortbewegten und sich von Eicheln, Samen der Schierlingstannen, Kastanien, Kirschen und Maulbeeren ernährten. Sie brütete von April bis September und legte im Nest ein einziges Ei ab, das bei Tag vom Männchen und bei Nacht vom Weibchen bebrütet wurde. Wenn sich die Schwärme in die Luft erhoben, verdunkelten sie den Himmel.

Amazona ochrocephala (Psittacidae)
Familie Papageien

Gelbscheitelamazone

Die Gelbscheitelamazone wird 38 cm groß und lebt in Mexiko bis Ecuador und Brasilien. Diese Art gilt als eine der besten Nachahmer von Lauten, Worten, Geräuschen oder Melodien. Wie die anderen Papageien lebt sie ausschließlich auf Bäumen und ist sehr geschickt im Klettern, während ihr Flugvermögen eher mäßig und schwerfällig erscheint. Sie verträgt die Gefangenschaft relativ gut, auch wenn diese Papageien nicht immer artgemäß gehalten werden, indem diese geselligen Vögel nämlich von anderen artgleichen Individuen ferngehalten und dadurch abgestumpft werden. In freier Natur nisten sie in natürlichen Baumhöhlen, deren Boden sie mit Blättern und kleinen Holzstückchen auslegen.

Psittacula cyanocephala (Psittacidae)
Familie Papageien

Pflaumenkopfsittich

Der Pflaumenkopfsittich wird bis zu 35 cm groß und ist von Nordwestindien bis nach Thailand, Laos und Vietnam verbreitet. Er bewohnt Wälder und Aulandschaften. Zur Nistzeit brüten verschiedene Paare gemeinsam in der Krone eines Baumes. Im Unterschied zu anderen verwandten Arten benutzen sie keine natürlichen Baumhöhlen, sondern bauen selbst Höhlungen. Ihre Nahrung besteht aus verschiedenen Früchten, Beeren und Samen. Sie legen vier bis fünf weiße Eier ab. Werden diese Papageien zu uns gebracht, sind sie bis zur ersten Mauser extrem empfindlich, nachdem sie sich aber eingewöhnt haben, können sie auch im Freien gehalten werden.

Cuculiformes
Ordnung Kuckucksvögel

Zur Ordnung der Cuculiformes (Kuckucksvögel) gehören zwei Familien, die nach Auffassung einiger Systematiker auch als zwei verschiedene Ordnungen aufgefaßt werden können. Die ältesten fossilen Funde aus dieser Gruppe gehen aufs Obere Eozän oder aufs Untere Oligozän zurück. Heute wird sie von 143 Spezies repräsentiert, dazu gehören: die Musophagidae (Turakos), die sich in Äthiopien entwickelt haben, und 18 heute noch existierende Spezies umfassen, bekannt als »Bananenfresser« und die Cuculidae (Kuckucke), die sich wahrscheinlich in der Alten Welt entwickelt haben und heute in allen gemäßigten und tropischen Zonen der Erde vorkommen.

Die Vertreter dieser Ordnung, die aufgrund vieler anatomischer Charakteristika den Papageien ähnlich sind, weisen ebenfalls zwei nach vorne und zwei nach hinten gerichtete Zehen auf, jedoch sind diese nicht so gut zum Greifen geeignet. Im Unterschied zu den Papageien ist ihr Oberschnabel nicht gelenkig beweglich und nur schwach gekrümmt. Außerdem haben die Papageien einen Schwanz mit 12 bis 14 Steuerfedern, die Cuculiformes verfügen aber nur über acht bis zehn Schwanzfedern. Zur Gruppe der Musophagidae, den Turakos oder Bananenfressern, gehören nur früchtefressende Arten, die Cuculidae, die Kuckucke hingegen sind reine Insektenfresser. Typisch für letztere Familie ist die für viele Arten charakteristische Gewohnheit, die eigenen Eier im Nest anderer Vögel abzulegen und dem fremden Elternpaar die Bebrütung und Aufzucht seiner Jungen anzuvertrauen. Diese Gewohnheit ist besonders beim europäischen Kuckuck stark ausgeprägt. Wahrscheinlich weisen die Eier des Kuckucks wegen dieses Brutschmarotzertums sehr heterogene Färbungen auf. Sie passen in Größe und Farbe ideal zu den Eiern der Wirtsvögel und sehen diesen zum Verwechseln ähnlich.

Melopsittacus undulatus (Psittacidae)
Familie Papageien

Wellensittich

Der Wellensittich erreicht eine Körperlänge von 17 cm und ist in fast ganz Australien, außer im Osten des Kontinents weit verbreitet. Nachdem er vor wenig mehr als einem Jahrhundert nach Europa importiert wurde, und er relativ leicht zu halten ist, vermehrte er sich unglaublich schnell. Heute gibt es Millionen dieser Tiere in verschiedenfarbigen Rassen in den Vogelbauern der Vogelliebhaber. In ihrer ursprünglichen Heimat legt dieser Papagei zwischen Oktober und Dezember vier bis acht Eier ab; die Küken sind beim Schlüpfen blind und öffnen die Augen erst nach acht Tagen; mit vier Wochen verlassen sie das Nest.

Ara ararauna (Psittacidae)
Familie Papageien

Ararauna

Der Ararauna wird bis zu 38 cm groß und ist von Panama bis Argentinien verbreitet. Er lebt in den tropischen Regenwäldern meist paarweise, häufig auch in individuenreichen Gruppen. Er hat einen kraftvollen und ausdauernden Flug, im allgemeinen geht oder klettert er jedoch lieber. Beim Klettern ist ihm sein kräftiger Schnabel ein gutes Werkzeug, ja praktisch eine dritte Hand. Auch für seine Ernährung leistet ihm sein Schnabel gute Dienste, denn er ernährt sich vorwiegend von Nüssen mit äußerst harten Schalen. Er legt zwei bis drei Eier ab, die etwa 26 Tage bebrütet werden. Die Jungen werden nach zweieinhalb Monaten selbständig und verlassen mit drei Monaten ihr Nest.

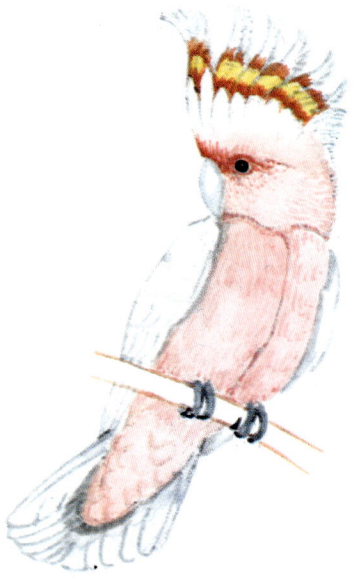

Kakatoe Leadbeateri (Psittacidae)
Familie Papageien

Inkakakadu

Dieser Vogel erreicht eine Körperlänge von 38 cm und bewohnt die wüstenhaften Zentralregionen Australiens bis hin zu den Küstenzonen im Nordosten und Südwesten. In freier Natur sind diese Vögel sehr geräuschvoll und überaus gesellig. Sie bewohnen die Baumwipfel und gehen paarweise oder in kleinen Gruppen auf Nahrungssuche, bevorzugen trockene und unwirtliche Gebiete und halten sich häufig am Boden auf, wo sie nach Samen, Wurzeln und Gräsern suchen. Sie nisten in Baumhöhlen, generell in Wassernähe und legen hier in der Zeit von September bis Dezember drei bis vier weiße Eier ab.

Nestor notabilis (Psittacidae)
Familie Papageien

Kea

Dieser Papagei, mit einer Körperlänge von nicht ganz einem halben Meter, hat schlichte Farben und einen länglichen, schwach gekrümmten Schnabel. Er lebt auf den Hochebenen der Südinseln Neuseelands, dringt auch in alpine Zonen bis hoch über die Baumgrenze vor und ernährt sich von Früchten und Keimlingen, Larven und Insekten, auch von Aas. In letzter Zeit hat er sich angeblich zu einem Räuber entwickelt. Die Farmer behaupten, er greife Schafe an, denen er die Lenden aufreißt, um das Nierenfett zu fressen. Der Kea nistet in Felsspalten. Eine verwandte Art, der Kaka (Nestor meridionalis), lebt in tiefer gelegenen Regionen, ebenfalls in Neuseeland; er ist selten.

Tauraco corythaix (Musophagidae)
Familie Turakos

Turako

Der Turako wird 45 cm groß und lebt im Dickicht der Wälder Südafrikas. Er ernährt sich hauptsächlich von Bananen, aber auch anderen Früchten, Larven und Insekten, klettert auf Baumstämmen und Zweigen mit der Geschicklichkeit eines Eichhörnchens, auf dem Boden läuft er sehr schnell, fliegt jedoch nur über kurze Strecken. Er brütet während des ganzen Jahres und errichtet sein Nest aus kleinen Zweigen auf Baumwipfeln, dort legt er zwei bis drei Eier ab, die von beiden Elternteilen bebrütet werden. Schon ehe die Jungen das Fliegen erlernen, klettern sie auf Zweigen in der Nähe ihres Nestes herum.

Turako ▶

Cuculus canorus (Cuculidae)
Familie Kuckucke

Kuckuck

Der Kuckuck wird 33 cm groß und kommt bei uns in der warmen Jahreshälfte von April bis Oktober häufig vor – vor allem in bewaldetem Hügelland. Er ist sehr scheu und zurückgezogen und man kann ihn nur sehr selten sehen, obwohl man ihn häufig rufen hört. Seine Nahrung besteht aus Insekten, Raupen und kleinen Reptilien. Wie allgemein bekannt, baut er kein Nest, sondern das Weibchen legt sein Ei im Nest eines Singvogels, um die Wirtseltern sein Junges aufziehen zu lassen. Vor der Eiablage wirft es ein Ei des Wirtsgeleges aus dem Nest. Kuckuckseier hat man schon in Nestern von etwa 100 verschiedenen Singvogelarten gefunden.

Clamator glandarius (Cuculidae)
Familie Kuckucke

Häherkuckuck

Der Häherkuckuck wird bis zu 40 cm groß und lebt in Nordafrika, Südwesteuropa und in der Türkei, er gelangt sogar bis nach Persien. Er hat die gleichen Lebensgewohnheiten wie der Kuckuck und ernährt sich von Insekten und anscheinend auch von Eiern anderer Vögel. Das Weibchen legt jeweils zwei oder mehr Eier in Nester von Rabenvögeln. Diese Eier sehen denen der Elster (Pica pica) sehr ähnlich und sind von blaß grünlichblauer Farbe, mit violetten und rötlichbraunen Sprenkeln. Er bewohnt Laub- und Nadelwälder, aber auch offene Flächen mit spärlichem Baumwuchs und Sträuchern. Das Weibchen legt die Eier auf dem Boden ab und bringt sie dann im Schnabel zum Nest des Wirts.

Geococcyx californianus (Cuculidae)
Familie Kuckucke

Erdkuckuck

Der Erdlkuckuck erreicht eine Körperlänge von 32 cm und lebt in den amerikanischen Wüsten, vom Südwesten der Vereinigten Staaten bis nach Mexiko. Er ernährt sich vorwiegend von kleinen Reptilien, die er mit seinem kräftigen Schnabel tötet und mit dem Kopf voran verschlingt. Er läuft mit einer Geschwindigkeit bis zu 22 km/h auf dem Boden dahin; sein Flugvermögen hingegen ist nicht sehr gut ausgeprägt. Seine Nahrung besteht neben Reptilien aus Heuschrecken, Schnecken, kleinen Vögeln und Mäusen. Sein aus kleinen Zweigen erbautes Nest baut er auf Kakteen oder Sträuchern, hier legt er zwei bis zwölf weiße Eier ab, die er 18 Tage lang bebrütet. Die Jungen verlassen das Nest, wenn sie eine Woche alt sind.

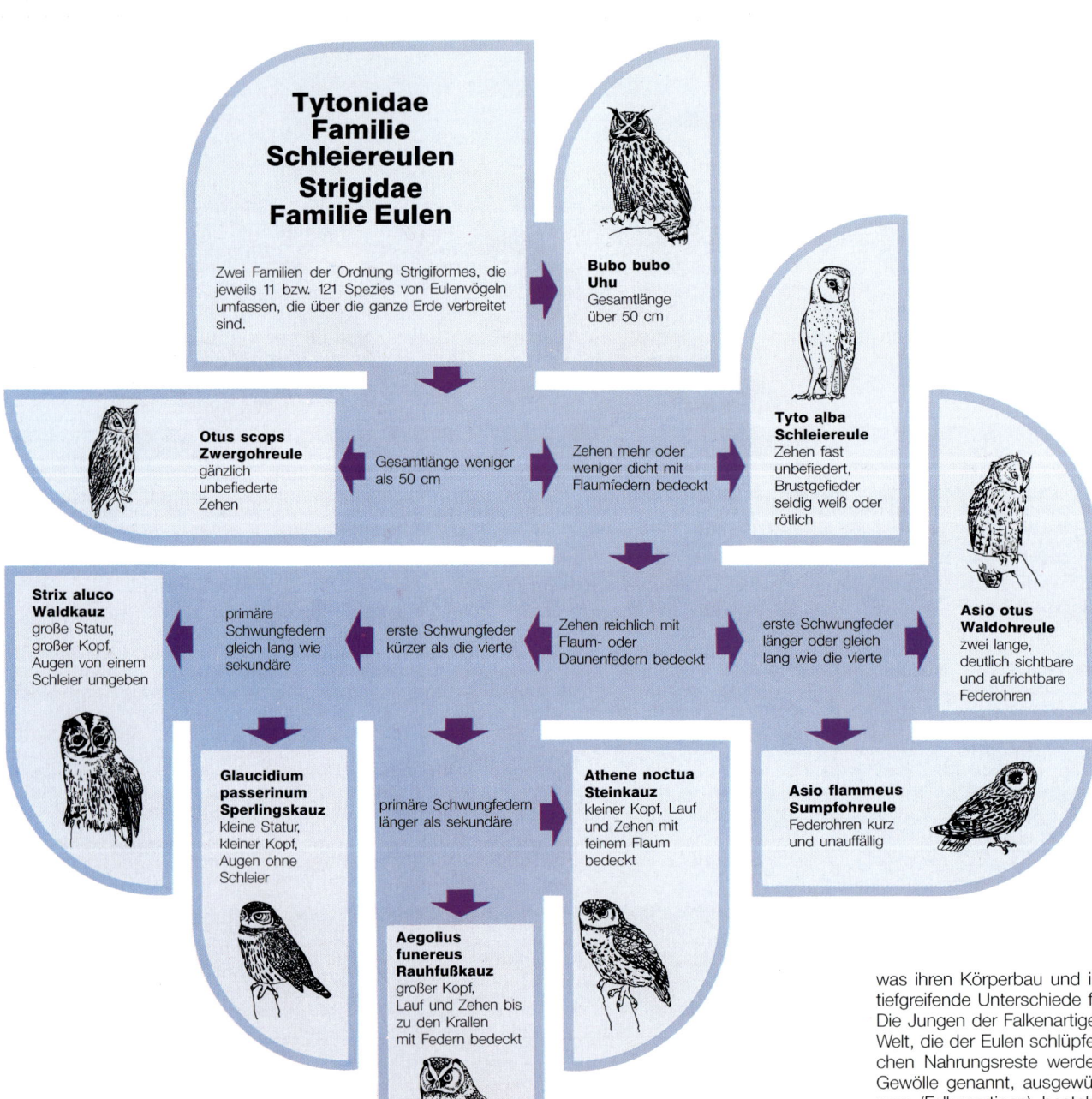

Tytonidae Familie Schleiereulen Strigidae Familie Eulen

Zwei Familien der Ordnung Strigiformes, die jeweils 11 bzw. 121 Spezies von Eulenvögeln umfassen, die über die ganze Erde verbreitet sind.

Bubo bubo Uhu
Gesamtlänge über 50 cm

Otus scops Zwergohreule
gänzlich unbefiederte Zehen

Gesamtlänge weniger als 50 cm

Zehen mehr oder weniger dicht mit Flaumfedern bedeckt

Tyto alba Schleiereule
Zehen fast unbefiedert, Brustgefieder seidig weiß oder rötlich

Strix aluco Waldkauz
große Statur, großer Kopf, Augen von einem Schleier umgeben

primäre Schwungfedern gleich lang wie sekundäre

erste Schwungfeder kürzer als die vierte

Zehen reichlich mit Flaum- oder Daunenfedern bedeckt

erste Schwungfeder länger oder gleich lang wie die vierte

Asio otus Waldohreule
zwei lange, deutlich sichtbare und aufrichtbare Federohren

Glaucidium passerinum Sperlingskauz
kleine Statur, kleiner Kopf, Augen ohne Schleier

primäre Schwungfedern länger als sekundäre

Athene noctua Steinkauz
kleiner Kopf, Lauf und Zehen mit feinem Flaum bedeckt

Asio flammeus Sumpfohreule
Federohren kurz und unauffällig

Aegolius funereus Rauhfußkauz
großer Kopf, Lauf und Zehen bis zu den Krallen mit Federn bedeckt

Strigiformes Ordnung Eulenvögel Tytonidae (Familie Schleiereulen) Strigidae (Familie Eulen im eigentlichen Sinn)

Zur Ordnung der Strigiformes (Eulenvögel) gehören drei Familien, welche alle durch frontale, mit einem Kreis weicher Federn, einem sogenannten »Schleier«, umrahmte Augen charakterisiert sind.
Zur Familie Tytonidae, den Schleiereulen, die sich im Unteren Miozän, wahrscheinlich in der Paläarktischen Region entwickelten, gehören elf heute noch lebende Arten. Ihr bekanntester Vertreter ist wohl die Schleiereule (Tyto alba) mit ihrem unverwechselbaren herzförmigen »Schleier« im Gesicht.
Zur Familie der Protostrigidae, den Ureulen, gehören nur fossile Formen, die sich wahrscheinlich im Unteren Miozän in Nordamerika entwickelt haben. Die dritte Familie, die Strigidae, das sind die Eulen

im eigentlichen Sinn, mit ihrer stammesgeschichtlichen Wurzel im Oberen Eozän und dem Unteren Oligozän, vereint 121 lebende Formen, deren Entwicklungsgebiet wahrscheinlich ebenfalls die Paläarktische Region war. Es scheint, daß bei den Strigiformes der »Schleier«, das ist dieser typische Federkranz im Gesicht, für die Aufnahme der Schallwellen eine wichtige Funktion hat. Außerdem verfügen diese Nachtgreifvögel über ein extrem weiches Federkleid, das ihnen einen lautlosen Jagdflug erlaubt, um ihre Beute im Schlaf zu überraschen oder sie zu überrumpeln.
Das Auge verfügt über spezielle Bildungen, um während der Dämmerung oder in der Nacht das Sehen zu ermöglichen. Ihre Beute verschlingen die Strigiformes als ganzes, unverdaute Teile, wie Knochen, Federn, Krallen und Haare, speien sie in Form ganz charakteristischer Ballen, sogenannter Gewölle, wieder aus. Im allgemeinen Sprachgebrauch zählt man Falkenartige und Eulen zu den Greifvögeln, und man trennt sie je nach ihren Lebensgewohnheiten in »Tag- und Nachtgreifvögel«, tatsächlich lassen sich aber bei diesen beiden Gruppen,

was ihren Körperbau und ihr Verhalten anbelangt, tiefgreifende Unterschiede feststellen.
Die Jungen der Falkenartigen kommen sehend zur Welt, die der Eulen schlüpfen blind. Die unverdaulichen Nahrungsreste werden in Form von Ballen, Gewölle genannt, ausgewürgt, bei den Falconiformes (Falkenartigen) bestehen diese aus Haaren, Federn und Chitin, bei den Strigiformes, den Eulen, außerdem aus kleinen Knöchelchen. Die Zusammensetzung dieser Eulengewölle ist für die Erforschung der Kleinsäugerfauna eines bestimmten Gebietes sehr repräsentativ, wobei insbesondere die Kieferknochen und Zähne der Beutetiere zur Bestimmung herangezogen werden. Vielfach herrscht auch die weitverbreitete Meinung, daß Eulen bei Tag nicht gut sehen können, tatsächlich verfügen diese Vögel aber auch tagsüber über ein ausgezeichnetes Sehvermögen, während sie bei totaler Finsternis, so wie wir, nichts sehen können. Da sie es vorziehen, ihre Beute in der Dämmerung oder in den Nachtstunden zu jagen, ist die Retina (Netzhaut) ihres Auges reich an lichtempfindlichen Zellen. Bei einigen Spezies dieser Gruppe, die auch tagsüber jagen, verfügt die Netzhaut über zahlreiche, spezielle Lichtsinneszellen, die für die Wahrnehmung der Farben zuständig sind. Dämmerungs- und Nachtjäger hingegen haben nur Stäbchenzellen und sehen daher nur schwarzweiß. Auch was das hochempfindliche Gehörorgan betrifft, zeigen die Eulen ganz spezielle Bildungen. Ihre Ohröffnungen können mittels befiederter Klappen verschlossen werden (zum Schutz), in geöffnetem Zustand fungieren sie als Schalltrichter zur Ortung ihrer Beute. Eulen können ihre nach vorne gerichteten Augen nicht bewegen, ihre Blickwinkel überschneiden sich stark, können daher auch Entfernungen sehr genau einschätzen, sie sind fähig, ihren Kopf bis zu 270 Grad zu verdrehen.

Tyto alba (Tytonidae)
Familie Schleiereulen

Schleiereule

Die Schleiereule wird 35 cm groß und ist ein »Nachtgreifvogel«, den man, wenn auch nicht besonders häufig, fast überall in Europa außer in Skandinavien findet. Sie verläßt ihren Unterschlupf erst in der Abenddämmerung und fliegt während der ganzen Nacht auf Beutefang, erst im Morgengrauen kehrt sie wieder in ihre Behausung zurück. Sie verfügt über ein wendiges Flugvermögen und ernährt sich von Nagetieren und anderen kleinen Säugetieren sowie von Vögeln. Sie baut kein Nest, sondern legt von Apriil bis Mai, in einigen Fällen auch im November oder Dezember, in Mauernischen oder auf Balken in unmittelbarer Nähe ihrer Gewölleballen und Nahrungsreste drei bis sieben weiße Eier ab.

Bubo bubo (Strigidae)
Familie Eulen

Uhu

Der Uhu erreicht eine Körperlänge von 68 cm und ist in ganz Europa eine sehr seltene Spezies, die man nur an abgelegenen Orten, vor allem aber in großen Waldgebieten, im Gebirge und auch auf dem offenen weiten Land vorfindet. Er ist die größte der europäischen Eulen. Der Uhu bevorzugt hochgelegene alpine Wälder, bis zu 2000 m Höhe, während der Morgen- und Abenddämmerung macht er Jagd auf Säugetiere und Vögel bis zur Größe eines Auerhahns. Seinen Horst errichtet er auf Felsen oder er brütet auf dem Boden, oft übernimmt er auch einen von einem anderen Greifvogel verlassenen Horst. Im April legt er zwei bis drei weiße, fast kugelförmige Eier ab, die 30 Tage lang bebrütet werden.

Strix aluco (Strigidae)
Familie Eulen

Waldkauz

Der Waldkauz wird bis zu 38 cm groß und ist die häufigste europäische Eule. Er bewohnt Wälder, Parkanlagen und Gärten auch in der Nähe bewohnter Zentren. In den Nachtstunden macht er in geschicktem und lautlosem Flug Jagd auf kleine Säugetiere, Vögel, Insekten, Amphibien und sogar Fische. Er baut kein eigentliches Nest, sondern wählt als Brutplatz natürliche Baumhöhlen, verlassene Dachs- und Fuchsbaue, Höhlen, Dachböden und Kirchtürme. Im März legt er drei bis sechs weiße Eier ab, die 20 Tage lang bebrütet werden.

➦ *Waldkauz mit Jungen*

Asio flammeus (Strigidae)
Familie Eulen

Sumpfohreule

Die Sumpfohreule erreicht eine Körperlänge von 38 cm und ist in Mitteleuropa nur regional verbreitet. Sie bevorzugt weite Sumpflandschaften und feuchte Zonen auf dem offenen Land, vor allem im Hügelland. Ihre Nahrung besteht aus Insekten, Fischen und kleinen Vögeln, die sie vor allem in den Nachtstunden erbeutet. Die Sumpfohreule errichtet ihr Nest in einer Bodenmulde im Schilf oder im hohen Gras und legt dort vier bis acht weiße Eier ab. Die Brutzeit ist Ende April oder im Mai. Ihr Flug ist niedrig und schaukelnd, das Federkleid variiert in seiner Färbung.

Asio otus (Strigidae)
Familie Eulen

Waldohreule

Die Waldohreule wird 35 cm groß und ist überall in Europa, mit Ausnahme des hohen Nordens, häufig anzutreffen. Sie nistet vorzugsweise in Nadelwäldern, lokal auch in Laubwäldern. In den Nachtstunden macht sie Jagd auf Nagetiere, Insektenfresser, Vögel bis zur Größe einer Drossel und Insekten. Als Brutplatz bezieht sie häufig verlassene Krähennester oder Eichhörnchenkobel, die sie an ihre Bedürfnisse anpaßt; hier legt sie in der ersten Märzhälfte vier bis sechs weiße Eier ab, die drei Wochen lang bebrütet werden. Gelegentlich nistet sie auch in kleinen Brutkolonien.

Glaucidium passerinum (Strigidae)
Familie Eulen

Sperlingskauz

Der Sperlingskauz erreicht eine Größe von 18 cm und bewohnt die alpinen Zonen Mitteleuropas und Nordeuropas, wo er in großen Nadelwäldern bis zur Baumgrenze anzutreffen ist. Seiner Zurückgezogenheit wegen und auch wegen seiner geringen Größe wird er für seltener gehalten als er tatsächlich vorkommt. Er ist die kleinste Eule Europas. Der Sperlingskauz nistet in Baumhöhlen und legt drei oder vier Eier ab, die im April oder Mai bebrütet werden. Er hat einen schnellen und leichten Flug und ist so wenig scheu, daß er auch die Gegenwart des Menschen nicht meidet.

➥ *Waldohreule*

Otus scops (Strigidae)
Familie Eulen

Zwergohreule

Die Zwergohreule wird 20 cm groß und lebt in den südeuropäischen Regionen rund um das Mittelmeer. Sie bewohnt Parks, Gärten und kleine Wälder, oft in Nähe menschlicher Siedlungen. Während der Nacht macht sie Jagd auf Insekten, wie Grillen, Raupen und Heuschrecken, ihrem Hauptnahrungsmittel. Selten jagt sie auch Mäuse, Frösche und kleine Vögel. Sie nistet in Baumhöhlen von Pappeln oder Olivenbäumen, Anfang Mai legt sie hier auf einer Moosschicht und Nahrungsresten vier bis sechs kugelförmige weiße Eier ab.

Athene noctua (Strigidae)
Familie Eulen

Steinkauz

Diese Eulenart wird 22 cm groß und kommt in ganz Mittel- und Südeuropa als Brutvogel vor. Der Steinkauz bewohnt offenes Kulturland mit einer Mischvegetation aus Bäumen und Hecken oder steiniges Ödland. Er bewohnt Dachböden alter Bauten und nistet in natürlichen Baumhöhlen und in Felsspalten. Vor allem in der Nacht macht er Jagd auf Insekten, seiner Hauptnahrung, und auf Mäuse, kleine Vögel, Reptilien und Amphibien. Er legt im April oder Mai drei bis fünf rundliche weiße Eier ab, die 28 Tage lang bebrütet werden.

Aegolinus funereus (Strigidae)
Familie Eulen

Rauhfußkauz

Der Rauhfußkauz erreicht eine Körperlänge von 25 cm und kommt entlang des Alpenkammes allerdings nur selten vor. Diese Art bewohnt primär Nordeuropa und bewohnt hier vorzugsweise Nadelwälder, wo sie vor allem, aber nicht ausschließlich nachts auf Beutezug geht. Seine Nahrung besteht aus Säugetieren, Vögeln und Insekten. Zum Nisten bezieht der Rauhfußkauz natürliche Baumhöhlen oder von Spechten verlassene Nester. Von April bis Juni legt er hier fünf bis sieben weiße, glänzende Eier ab.

➡ *Kopf eines Steinkauzes*

Caprimulgiformes
Ordnung Nachtschwalben

Zur Ordnung der Caprimulgiformes, den Nachtschwalben, gehören fünf Familien: die Steatornithidae (Familie Fettschwalme) haben sich vermutlich in Südamerika herausgebildet und sind heute mit einer einzigen Spezies vertreten, die in den Höhlen Venezuelas lebt und umgangssprachlich Fettschwalm *(Steatornis caripensis)*, genannt wird; die Aegothelidae (Familie Höhlenschwalme), die wahrscheinlich aus den Regionen Australasiens stammen, sind heute mit fünf Spezies vertreten, die in Australien und Neuguinea leben; die Podargidae (Familie Schwalme) stammen wahrscheinlich aus Ostasien und sind heute mit zwölf in Australien, Malaysia, den Philippinen und auf benachbarten Inseln lebenden Arten vertreten.

Die Caprimulgidae (Familie Ziegenmelker) haben sich im Unteren Pleistozän entwickelt. Sie sind heute mit 69 Arten vertreten und leben verbreitet über die ganze Erde, mit Ausnahme Neuseelands und der Ozeanischen Inseln.

Die Nyctibiidae (Familie Tagschläfer) aus dem Oberen Pleistozän sind heute mit fünf Arten vertreten, die in Mittel- und Südamerika verbreitet sind. Gemeinsames Kennzeichen aller Caprimulgiformes ist eine auffallend breite Mundspalte, die zum Fang von Insekten im Flug hervorragend geeignet ist. Die Füße erscheinen zurückgebildet und die Flügel sind schmal, lang und spitz zulaufend. Gleich wie die Eulen, wahrscheinlich aufgrund ähnlicher Lebensgewohnheiten, auch diese Ordnung geht nachts auf Beutefang, verfügen die Nachtschwalben über ein seidenweiches Federkleid, dies ermöglicht ihnen einen fast lautlosen Flug. Ihr Trivialname »Ziegenmelker« geht auf den Volksglauben zurück, daß diese Tiere den Ziegen die Milch aus den Eutern saugen würden. Diese Meinung rührt wohl von der Beobachtung, daß sich Ziegenmelker in der Dämmerung und in den Nachtstunden gerne in der Nähe von Rinder-, Ziegen- oder Schafherden aufhalten, um die von den Haustieren angelockten Fluginsekten zu erbeuten.

Steatornis caripensis (Steatornithidae)
Familie Fettschwalme

Fettschwalm

Der Fettschwalm wird 32 cm groß und lebt im Norden Südamerikas und auf Trinidad, und zwar vorzugsweise in Grotten entlang der Meeresküste oder im Gebirge. Er ist ein Dämmerungstier und ernährt sich ausschließlich vegetarisch von ölhaltigen Palmenfrüchten, die er im Flug mit dem Schnabel abreißt. Tagsüber hält sich der Fettschwalm im Dunkeln seiner Grotte verborgen, wo er auch brütet. Sein Nest, einen kegelförmigen Bau, errichtet er aus Kot, organischen Substanzen und Palmenkernen. Auf der stumpfen Kegelspitze des Nestbaues legt er in einer Vertiefung zwei bis vier Eier ab, die von beiden Elternteilen bebrütet werden.

Podargus strigoides (Podargidae)
Familie Schwalme

Eulenschwalm

Der Eulenschwalm erreicht eine Größe von 48 cm und lebt in Australien und auf Tasmanien. Er ist ein Nachttier und ergreift seine Beute im allgemeinen auf dem Boden oder auf Ästen, wo er kleine wirbellose Tiere, wie Skorpione, Raupen, Tausendfüßler, Schaben und selten auch kleine Mäuse erjagt. Wie die anderen Vertreter dieser Gruppe tarnt er sich tagsüber mittels seines unauffälligen Gefieders, indem er völlig bewegungslos auf abgestorbenen Ästen sitzt. Zur Fortpflanzungszeit legen die Eulenschwalme ein oder zwei Eier ab, die von beiden Geschlechtern abwechselnd bebrütet werden, nachts kümmert sich das Weibchen, tagsüber das Männchen um die Brütung.

Nyctibius grandis (Nyctibiidae)
Familie Tagschläfer

Riesenurutau

Der Riesenurutau erreicht eine Größe von 45 cm und ist von Panama bis Brasilien verbreitet. Vorzugsweise bewohnt er bewaldete Zonen, in denen er in den Nachtstunden Jagd auf Insekten, seiner Hauptnahrung, macht. Solange es hell ist, verharrt er völlig bewegungslos aufrecht am Ende eines abgebrochenen Astes sitzend und ahmt damit in hervorragender Weise einen Astzacken nach. Er legt ein einziges geflecktes Ei in eine kleine Vertiefung eines Astes oder Baumstumpfes ab, um dessen Bebrütung sich beide Eltern kümmern. Nach dem Schlüpfen verharrt das Junge lange Zeit hindurch nahezu unbeweglich und ist wegen seines Aussehens leicht mit weißlichen Pilzen verwechselbar.

Aegotheles albertisi (Aegothelidae)
Familie Höhlenschwalme

Höhlenschwalm

Der Höhlenschwalm wird 15 cm groß und ist ein sehr scheuer Bewohner der Urwälder Neuguineas. Er ist nur während der Nachtstunden aktiv, wenn er mit kräftigem Flug Jagd auf bodenbewohnende Insekten, Ameisen und Tausendfüßler macht, von denen er sich ernährt. Zur Brutzeit legt er in natürlichen Baumhöhlen drei bis vier weiße Eier ab. Er zeichnet sich durch ein sehr scheues und vorsichtiges Verhalten aus und verbringt den Tag in Baumhöhlen versteckt. Schon ein leichtes Klopfen auf seinen Ruhebaum bringt ihn zum Verlassen seiner Höhle. Er brütet zweimal jährlich.

➥ Ziegenmelker

Caprimulgus europaeus (Caprimulgidae)
Familie Ziegenmelker

Ziegenmelker

Der Ziegenmelker wird 28 cm groß und kommt als Brutvogel in ganz Europa vor, ausgenommen Nordskandinavien. Er bewohnt mit Vorliebe offenes Land, Heiden, Moore und lichte Wälder bis zu einer Höhe von 1500 m. Ähnlich wie die Eulen ist er dämmerungs- und nachtaktiv, dank weicher Federstrahlen fliegt er nahezu lautlos. Während des Tages verharrt er regungslos auf einem Ast oder am Boden hockend. Oft macht er Jagd auf Insekten, die sich gerne in der Nähe von Viehherden aufhalten, was sicher zum Entstehen der Legende, die sich um seinen Namen rankt, beitrug. Im Juni legt er in einer mit Moos ausgekleideten Bodenmulde zwei weißliche Eier ab, die er 18 Tage lang bebrütet.

Semeiophorus vexillarius (Caprimulgidae)
Familie Ziegenmelker

Ruderflügelziegenmelker

Die Körperlänge des Ruderflügelziegenmelkers beträgt von der Schwanzspitze bis zum Schwanzende 28 cm. Das Männchen dieser Art trägt während der Balzzeit zwei überaus lange Schwungfedern, die bis zu 60 cm lang sein können. Diese sehr dekorativen Wimpel spielen eine wichtige Rolle im Revierverhalten. Er ist ein Dämmerungstier und ernährt sich vorwiegend von Insekten. Sehr häufig hält er sich auf asphaltierten Straßen auf, die die tagsüber gespeicherte Wärme abgeben und scharenweise wirbellose Tiere anziehen. Nach Ende der Brutperiode im Süden Afrikas ziehen sie in Savannengebiete nördlich des Äquators. Sie folgen somit dem Sommer und der Regenzeit.

Apodiformes
Ordnung Seglervögel

Zur Ordnung der Apodiformes (Seglervögel) gehören vier Familien mit ziemlich unterschiedlichem Aussehen.

Von den Aegialornitidae, die sich im Oberen Eozän oder im Unteren Oligozän entwickelt haben, kennt man nur zwei fossile Formen, die man in Frankreich gefunden hat.

Zu den Apodidae, der Familie Segler, die sich gleichzeitig entfalteten, gehören heute 61 Spezies, allgemein bekannt unter dem Namen »Segler«, die praktisch über die ganze Erde verbreitet sind, aber sich besonders auf die tropischen und subtropischen Zonen, mit Ausnahme Neuseelands und Südafrikas, konzentrieren.

Zu den Hemiprocnidae, den Baumseglern, gehören drei heute lebende Arten.

Zu den Trochilidae (Familie Kolibris) aus dem Oberen Pleistozän gehören 320 heute noch existierende Arten, die vorwiegend in Mittelamerika verbreitet leben. Trotz der beachtlichen Unterschiede zwischen Seglern und Kolibris sind all diese Arten durch besondere anatomische Ähnlichkeiten ausgezeichnet. Etwa die beachtliche Entwicklung der Flügel, die eine sehr hohe Fluggeschwindigkeit erlauben (Segler erreichen eine Fluggeschwindigkeit bis zu 200 km/h), oder die kurzen und schwach entwickelten Beine und auch Form und Farbe der Eier. Es bleibe aber trotz all dieser Ähnlichkeiten nicht unerwähnt, daß einige Systematiker die Trochilidae als eigenständige Ordnung, die Trochiliformes, auffassen, weil sie unverkennbare, nur ihnen eigene Merkmale aufweisen. Kolibris nehmen ihre Nahrung (Nektar, Spinnen und Insekten) im Schwirrflug gleichsam in der Luft schwebend auf. Sie haben einen sehr intensiven Stoffwechsel, intensiver als der aller anderen Warmblüter, und besitzen ein herrlich schimmerndes Federkleid, daher auch die Bezeichnung »Fliegende Edelsteine«.

Apus apus (Apodidae)
Familie Segler

Mauersegler

Der Mauersegler wird bis zu 16 cm groß und ist bei uns überall vertreten. Diese Art verbringt praktisch ihr ganzes Leben im Flug, setzt er sich auf den Boden, ist der Mauersegler nicht mehr in der Lage, aus eigener Kraft aufzufliegen. Er nistet unter Ziegeln oder in Mauerlöchern, aber auch in Felsspalten. Das Nest besteht aus einem erhärteten, mit Speichel verkittetem Gemisch verschiedener Substanzen, die er im Flug einsammelt; hier legt er im Mai zwei weiße Eier ab, die 18 Tage lang bebrütet werden. Er ernährt sich von Fluginsekten, die er im Flug fängt. Mauersegler fliegen immer in Schwärmen und sehr gewandt mit hoher Geschwindigkeit (über 200 km/h).

Apus pallidus (Apodidae)
Familie Segler

Fahlsegler

Der Fahlsegler wird 16 cm groß und ist in Nordafrika bis zum Iran sowie entlang der spanischen und französischen Mittelmeerküsten, in Griechenland, in Süditalien und auf Sardinien verbreitet. Zum Unterschied zum Alpensegler (Apus melba) weist er im allgemeinen eine hellere Färbung auf, die Flügel sind unterseits eher braun als schwarz, und der weiße Fleck an der Kehle erscheint abgegrenzt. Der Fahlsegler erscheint im Flug weniger wendig als der Mauersegler. In den übrigen Lebensgewohnheiten sind sich beide Arten sehr ähnlich.

 *Mauersegler*

Apus melba (Apodidae)
Familie Segler

Alpensegler

Der Alpensegler erreicht eine Körperlänge von 20 cm und hat sein Verbreitungsgebiet in Südeuropa. Er bewohnt mit Vorliebe Gebirgslandschaften, wo diese Vögel steil zum Meer abfallende Felsen umkreisen. Er ist ein exzellenter Flieger und fliegt immer in Schwärmen. Seine Nahrung besteht hauptsächlich aus Insekten, die er in rasantem Flug erbeutet. Zur Nistzeit errichtet er kolonienweise in Felsspalten oder in Mauerlöchern alter Gebäude sein Nest, einen groben, mit Speichelsekret verkitteten Kranz aus Stroh, Federn und verschiedenen Pflanzenelementen. Hier legt er einmal im Jahr, Ende Mai, zwei oder drei weiße Eier ab.

Hemiprocne longipennis (Hemiprocnidae)
Familie Baumsegler

Haubensegler

Der Haubensegler erreicht eine Körperlänge von 20 cm und lebt von Indien bis nach Indochina und Celebes. Die Baumsegler sind weit weniger gute und ausdauernde Flieger als die eigentlichen Segler. Sie ernähren sich vorwiegend von Fluginsekten. Die Männchen unterscheiden sich von den Weibchen durch einen braunen Fleck an den Wangen. Sie leben am Rande von Waldlichtungen und verbringen lange Zeit auf dünnen Zweigen sitzend. Von dieser Warte aus jagen sie ihre Beute in kurzen Anflügen. Sie bauen im Vergleich zu ihrer Körpergröße winzige löffelgroße Nester, festgekittet in Ästen; auch das einzige Ei wird mit Speichel festgeklebt.

Topaza pella (Trochilidae)
Familie Kolibris

Topaskolibri

Der Topaskolibri wird 18 cm groß und lebt in den dichten Urwäldern Britisch-Guayanas. Man sieht ihn nur sehr selten, weil er sich hauptsächlich in den Kronen hoher Bäume bis zu 45 m über dem Boden auf Nahrungssuche begibt. Ebenso wie die anderen Arten dieser Gruppe verteidigen die Männchen ihre Reviere sehr vehement, nicht nur greifen sie Eindringlinge gleicher Art an, selbst viel größere Vögel werden mutig attackiert und verjagt.

Loddigesia mirabilis (Trochilidae)
Familie Kolibris

Wundersylphe

Die Wundersylphe wird bis zu 16 cm groß und lebt auf den Hochebenen Nordperus. Die Männchen dieser Art haben verlängerte Schwanzfedern, die ihnen besonders reizvolle Balzflüge ermöglichen. Wie bei den meisten anderen Arten dieser Familie tendiert das Männchen, vielleicht wegen der Schönheit seines Federkleides, zur Polygamie.

→ *Topaskolibri*

Ocreatus Underwoodii (Trochilidae)
Familie Kolibris

Flaggensylphe

Die Flaggensylphe wird 8 cm groß und lebt an den tiefergelegenen Andenabhängen. Diese Art kann als Beispiel für die Problematik der schwierigen Systematik der Kolibris genommen werden. Hartert bestimmte um 1900 fünf verschiedene Arten der Gattung Ocreatus; Peters stellte 30 Jahre später fest, daß es sich hier aber nur um eine einzige Art handelte, die man heute in sechs verschiedene Unterarten einteilt. Die Männchen der Flaggensylphen besitzen zwei flaggenartig verlängerte Schwanzfedern.

Eutoxeres aquila (Trochilidae)
Familie Kolibris

Adlerkolibri

Der Adlerkolibri hat eine Größe von 12 cm und ist von Costa Rica bis Ecuador verbreitet. Von allen Kolibris hat der Adlerkolibri den am stärksten gekrümmten Schnabel, manchmal ist er beim Weibchen länger als beim Männchen. Zweifellos hängen Entwicklung und Form des Schnabels bei diesen Vögeln mit dem Bau der Pflanzenblüten, deren Nektar sie bevorzugen, zusammen, und zwar in der Art einer gegenseitigen Anpassung. Bei ihren Blütenbesuchen besorgen sie passiv den Transport des Blütenpollens von einer Blüte zur nächsten. Auf diese Art tragen sie zur Befruchtung der besuchten Blüten bei.

Chrysolampis mosquitus (Trochilidae)
Familie Kolibris

Topasrubinkolibri

Diese Art wird 7 cm groß und besucht die nördlichen und östlichen Provinzen Südamerikas. Es grenzt nahezu an ein Wunder, daß dieser fliegende »Edelstein« die gnadenlose Jagd, die auf ihn zur Jahrhundertwende veranstaltet wurde, überlebt hat, wurden doch Hunderttausende Bälge dieser Art für die Hutmode der modebewußten europäischen Damen und auch zur Erzeugung künstlicher »Blumen« geopfert. Das Weibchen hat, wie bei anderen Formen der Kolibris, ein einfacheres und weniger leuchtendes Federkleid als das Männchen.

Popelairia popelairii (Trochilidae)
Familie Kolibris

Haubenfadenkolibri

Dieser Kolibri wird 11 cm groß und lebt von Kolumbien bis nach Ecuador und Peru. Er verfügt über einen interessanten Mechanismus, um allzu hohe Energieverluste während der kühlen Nacht zu vermeiden. Er fällt in eine Art Kältestarre, aus der er bei Sonnenaufgang nach dem Ansteigen der Temperatur wieder erwacht. Es ist nicht besonders schwierig, ihn in Gefangenschaft zu züchten.

Lophornis magnifica (Trochilidae)
Familie Kolibris

Prachtelfe

Die Prachtelfe wird 6 cm groß und ist in Mittel- und Südbrasilien verbreitet. Man erkennt sie an ihrer roten Scheitelhaube und an ihren weißen, schwarz gebänderten Wangenfächern sowie am kurzen, fächerförmigen Schwanz mit weißem Bürzelband. Herrlich metallisch grün schimmert ihr Halsgefieder. Wie bei Kolibris üblich, fliegt auch die Prachtelfe mit sehr hoher Flügelschlagfrequenz, daher ist auch ihre Brustmuskulatur ganz besonders gut entwickelt, sie haben die vergleichsweise bestentwickelte Brustmuskulatur im ganzen Tierreich.

Sappho sparganura (Trochilidae)
Familie Kolibris

Schleppensylphe

Die Schleppensylphe erreicht eine Körperlänge von 17 cm und lebt von den Anden Boliviens bis nach Nordargentinien. Auch diese Spezies hat einen sehr schnellen Flug. Forschungen in den Vereinigten Staaten haben gezeigt, daß diese Kolibris im Schwirrflug unbeweglich schwebend an Nektarblüten verharren können und dabei ca. 55 Flügelschläge pro Sekunde ausführen. Beim Vorwärtsflug steigert sich die Schlagfrequenz auf 75 Flügelschläge pro Sekunde und der Vogel erreicht dabei eine Geschwindigkeit bis zu 70 km/h. So verwundert es nicht, daß die Brustmuskulatur ein Drittel des gesamten Körpergewichts einnimmt.

Trogoniformes
Ordnung Trogons

Zur Ordnung der Trogoniformes gehört eine einzige Familie, die Trogonidae oder Trogons, die sich im Oberen Eozän und im Unteren Oligozän entwickelt hat und heute 35 lebende Arten umfaßt, die in der Neuen Welt, in Afrika und in den östlichen Teilen Indiens bis zu den Philippinen, Sumatra und Java leben. Wahrscheinlich war diese Gruppe in der Vergangenheit über ein weit größeres Gebiet verstreut und wies keine so unterschiedlichen Charakteristika auf wie heute. Bei den Vertretern dieser Ordnung weisen, wie bei den Papageien, den Bananenfressern und Kuckucken zwei Zehen, die an der Basis miteinander verwachsen sind, nach vorne, die beiden restlichen Zehen weisen nach hinten. Trotz scheinbarer Ähnlichkeiten besteht aber keine direkte Verwandtschaft, weil bei den Trogons die erste und zweite und nicht die erste und vierte Zehe nach hinten weisen, wie bei den Obgenannten.

Der Schnabel ist bei den Trogonidae, den Trogons, relativ kurz und an der Basis, welche von kräftigen Borsten bedeckt ist, breit. Typisch für diese Ordnung ist ein leuchtendes Federkleid, das bei manchen Arten, vor allem aber bei den Männchen, besonders prächtige Schwanzfedern aufweist, charakteristisch auch die zarte Haut mit den wenig festsitzenden Federn. zu dieser Gruppe zählt einer der schönsten Vögel Südamerikas, der Quetzal *(Pharomachrus mocino),* dessen leuchtend grüne Federn einst die Federkrone der Mayakönige zierten. Trogons sind vorwiegend Insektenfresser, mit Ausnahme der in Afrika verbreiteten Zügeltrogons *(Apaloderma narina),* die sich auch von Früchten und Beeren ernähren.

Pharomachrus mocino (Trogonidae)
Familie Trogons

Quetzal

Das Weibchen dieser Art erreicht eine Körperlänge von 35 cm, das Männchen hingegen wird aufgrund seiner Schmuckfedern bis über einen Meter lang. Der Quetzal ist von Südmexiko bis nach Costa Rica verbreitet und bewohnt vorzugsweise bewaldete Gebiete. Zur Fortpflanzungszeit fertigt er eine Bruthöhle in einem faulenden Baumstamm an, die angeblich zwei gegenüberliegende Öffnungen besitzen soll. Genauere Untersuchungen zeigten aber, daß das nicht stimmt und die Nisthöhlen nur eine Öffnung aufweisen. Die zwei blaßblaufarbenen Eier werden 18 Tage lang bebrütet.

➥ *Eisvogel*

Trogon violaceus (Trogonidae)
Familie Trogons

Veilchentrogon

Der Veilchentrogon wird 23 cm groß und ist von Mexiko bis Brasilien verbreitet, wo er vorzugsweise dichten undurchdringlichen Urwald bewohnt. Lange Zeit sitzt er bewegungslos auf einem Zweig und fliegt nur kurz ab, um ein Insekt im Flug zu erbeuten. Der Veilchentrogon hat Brutgewohnheiten, die für Vögel wohl einzigartig sind. Er bezieht die Nester von Papierwespen als Bruthöhle, indem er erst die Wespen selbst, dann ihre Larven frißt und das Innere des Papierbaues aushöhlt, um es sodann als Nest zu benützen. Hier legt er zwei bis vier Eier ab, die er 19 Tage lang bebrütet.

Coliiformes
Ordnung Mausvögel

ur Ordnung der Coliiformes, den Mausvögeln, gehört eine einzige Familie, die Coliidae oder Mausvögel, welche heute durch sechs Spezies, wahrscheinlich aus Äthiopien stammend, vertreten ist.
Von dieser Familie sind keine fossilen Vorfahren
bekannt. Hauptmerkmal dieser Gruppe ist die Wen-
defähigkeit der ersten und vierten Zehe an jedem
Fuß, die je nach Belieben nach vorne oder nach
hinten gedreht werden können. Die Mausvögel sind
vorwiegend in Afrika verbreitet und durch eine Federhaube am Kopf und im allgemeinen sehr lange
Schwanzfedern charakterisiert. Ihr Federkleid hat
unscheinbare Farben, meist Grau oder Nußbraun,
dies bildet einen starken Kontrast zur roten Farbe
der Füße und zu einem auffallend gefärbten nackten Hautstück rund um die Augen. Ihre Befiederung
ist gleichmäßig, die Federn weich und etwas zer-
schlissen aussehend. Während des Tages sind
diese Vögel unermüdlich im Geäst der Bäume kletternd auf der Suche nach Insekten, Blüten und
Früchten, ihrer Hauptnahrung. Gleich wie bei den in
hochgelegenen und kühlen Zonen lebenden Kolibris konnte man auch bei den auf den äthiopischen
Hochebenen lebenden Mausvögeln eine Art nächt-
liche Kältestarre feststellen, die diese Vögel vor allzu
großen Energieverlusten während der kühlen
Nächte bewahrt. Diese Vögel sind in ihrem Verbrei-
tungsareal bei Bauern nicht gern gesehen, da sie an
Keimlingen, Knospen und Blüten großen Schaden
anrichten können.

Coraciiformes
Ordnung Rackenvögel

Zur Ordnung der Coraciiformes, den Rackenvögeln,
gehören zehn Familien, die in ihrer Mehrzahl in tropischen und suptropischen Zonen leben. Trotz der
offensichtlichen Unähnlichkeit ihrer äußeren Erscheinung, haben alle Vertreter dieser Gruppe auffallend
kleine Füße mit drei teilweise längs miteinander verwachsenen Vorderzehen (Syndaktylie). Ihre Schnäbel
sind vielfach groß und auffallend geformt.
Zur Familie der Alcedinidae, den Eisvögeln, aus dem
Oberen Eozän, gehören 86 Spezies, ihr bekanntester
Vertreter ist der Eisvogel (Alcedo atthis).
Zu den Todidae, den Todis, gehören fünf lebende
Arten, die vor allem auf den Antillen verbreitet sind.
Zu den Momotidae, den Sägeracken, aus dem Mittleren Eozän gehören acht Spezies, die von Mexiko
bis Nordargentinien verbreitet sind. Die Familie der
Meropidae, der Bienenfresser, vereint 25 Arten, in
Südeuropa vertreten durch den schön gefärbten Bienenfresser (Merops apiaster). Die Familie Coraciidae,
die sich im Oberen Eozän und im Unteren Oligozän
entwickelt hat, umfaßt derzeit elf Spezies, deren
bekannteste Art zweifellos die Blauracke (Coracias
garrulus) ist. Die Brachypteraciidae oder Erdracken
werden heute durch fünf Arten, die sich auf Madagaskar entwickelten und noch heute auf diese Insel
beschränkt sind, vertreten. Gleichen Ursprungs sind
die Leptosomatidae, die Kurols, die heute durch eine
einzige Art in Madagaskar vertreten sind. Zu den
Upupidae, Familie Hopfe, die vielleicht aus dem Mittleren Pleistozän stammt, gehört eine einzige lebende
Spezies, der Wiedehopf (Upupa epops). Die Phoeni-
culidae oder Baumhopfe umfassen sechs Arten, die
von Formen aus dem unteren Miozän abstammen
und heute auf dem afrikanischen Kontinent verbreitet
sind. Zu den Bucerotidae, den Nashornvögeln, aus
dem Mittleren Eozän gehören 44 Arten, die in Südasien, Malaysia, in Zentral- und Südafrika leben.

Dacelo gigas (Alcedinidae)
Familie Eisvögel

Kookaburra

Der Kookaburra wird 42 cm groß und lebt im Osten und Süden
Australiens in lichten Wäldern. Dem Menschen gegenüber zeigt
er eine sympathische, zutrauliche Art, die ihn nicht davor zu-
rückscheuen läßt, Parkanlagen und Gärten bewohnter Zentren
und manchmal sogar, von einem schmackhaften Leckerbissen
angelockt, menschliche Wohnungen aufzusuchen. Seine Nahrung besteht aus Reptilien und Vogeljungen, die er direkt aus
dem Nest holt, sowie aus Insekten und Spinnentieren. Im
Herbst legt er in einer natürlichen Baumhöhle oder in einem
verlassenen Unterschlupf zwei bis vier weiße Eier ab, die beide
Elternteile 25 Tage lang bebrüten.

Colius macrourus (Coliidae)
Familie Mausvögel

Blaunackenmausvogel

Der Blaunackenmausvogel wird 32 cm groß und lebt in Zentral-
afrika, vorzugsweise in bewaldeten Zonen, wo er auf Nahrungssuche nach Blüten, Früchten, Beeren und Insekten geht. Er ist
sehr gesellig und unermüdlich in kleinen Gruppen von etwa 30
Vögeln auf Nahrungssuche. Das Nest wird nur wenige Meter
über dem Boden in dichtem Dorngestrüpp angelegt, häufig in
der Nachbarschaft einer aggressiven Wespenart. Offensichtlich
bieten ihnen diese Wespen einen gewissen Schutz vor Nesträu-
bern. Die zwei bis vier, im allgemeinen weißen Eier werden von
beiden Elternteilen zwei Wochen lang bebrütet. Nur wenige
Tage alt, verlassen die Jungen bereits das Nest.

Alcedo atthis (Alcedinidae)
Familie Eisvögel

Eisvogel

Der prächtig blau gefärbte Eisvogel erreicht eine Körperlänge
von 18 cm und kommt in ganz Mittel- und Südeuropa vor. Er
lebt mit Vorliebe an Bächen, Flüssen und Teichen, auch bei
Sümpfen, an Lagunen und Meeresküsten. Gerne lauert er im
Ansitz auf einem Ast über der Wasserfläche auf kleine Fische,
die er blitzschnell herabstoßend mit seinem langen Schnabel
erbeutet. Er fliegt pfeilschnell mit raschen Flügelschlägen. Von
April bis Juni gräbt er an einem sandigen Steilufer einen langen,
fast waagrechten Gang, an dessen Ende er fünf bis acht weiße
Eier ablegt, die von beiden Geschlechtern zwei Wochen lang
bebrütet werden.

Halcyon smyrnensis (Alcedinidae)
Familie Eisvögel

Braunliest

Der Braunliest wird 27 cm groß und ist von Kleinasien bis nach
Formosa verbreitet. Er bevorzugt hochgelegene Gegenden. Seine
Nahrung besteht, im Unterschied zu den am Wasser lebenden
Eisvögeln, vorwiegend aus Insekten und kleinen Wirbeltieren. Er
sitzt gerne bewegungslos auf einem Zweig, um plötzlich auf vorbeifliegende Insekten oder auf dem Boden laufende kleine Wirbeltiere
hinabzustoßen. Große Beute zerkleinert er, bevor er sie verschlingt.
Wie der Eisvogel (Alcedo atthis) benutzt er in Sandböschungen
gegrabene Höhlen zum Brüten. Es scheint, daß sich beide Elternteile abwechselnd um die Bebrütung der Eier und später um die
Aufzucht der Jungen kümmern.

Todus todus (Todidae)
Familie Todis

Jamaikatodi

Der Jamaikatodi wird 11 cm groß und ist auf Jamaika heimisch. Wie die anderen verwandten Arten hat er einen abgeflachten und an den vorderen Rändern dicht bezahnten Schnabel. Lange Zeit verbringt er auf Zweigen in Bodennähe sitzend und wartet auf vorbeifliegende Beute, die er nach Art der Fliegenschnäpper erbeutet. Diese Vögel sind so wenig scheu, daß man sie leicht mit dem Schmetterlingsnetz fangen kann. Als typische Insektenfresser leben sie im allgemeinen paarweise und verteidigen ihr Jagdgebiet vehement. Zum Nisten graben sie eine Brutröhre ins Erdreich, die sich am Ende zu einer Brutkammer erweitert, hier legt das Weibchen drei bis vier weiße Eier ab.

Eumomota superciliosa (Momotidae)
Familie Sägeracken

Türkisbrauensägeracke

Die Türkisbrauensägeracke erreicht eine Körperlänge von 32 cm und ist von Mexiko bis nach Costa Rica verbreitet, wo sie vorzugsweise bewaldete Gebiete bewohnt. Sie sitzt häufig auf Beute lauernd auf einem Zweig und bewegt dabei nur den Schwanz seitlich hin und her. Die Beute, Insekten, fängt sie im Flug, Schnecken oder Eidechsen am Boden. Zum Brüten gräbt sie einen Tunnel in Sandwälle, der bis zu eineinhalb Meter tief sein kann und an dessen erweitertem Ende sie drei bis vier weiße Eier ablegt. Beide Elternteile kümmern sich sowohl um die Bebrütung der Eier, die 21 Tage lang dauert, als auch um die anschließende fünf Wochen dauernde Aufzucht der Jungen.

Merops apiaster (Meropidae)
Familie Bienenfresser

Bienenfresser

Der Bienenfresser wird 28 cm groß und kommt als Brutvogel Spanien, Italien und auf der Balkanhalbinsel vor. Er bevorzu offenes, mit Bäumen durchsetztes Land in Wassernähe. Er le immer in kleinen Kolonien. Sein Flug ist schnell und leic ähnlich jenem der Seeschwalben. Der Bienenfresser ernäh sich von Hautflüglern, also Bienen, Ameisen, Wespen, Hu meln, und anderen Insekten. Zum Brüten gräbt er an sandig Flußufern oder in die Steilwände von Sandgruben einen lang Gang, an dessen Ende er fünf bis sechs weiße Eier ablegt.

Merops nubicus (Meropidae)
Familie Bienenfresser

Scharlachspint

Der Scharlachspint wird 32 cm groß und ist in Zentralafrik verbreitet, wo er besonders gerne, oft in sehr großen und laute Schwärmen, Akazienwälder bewohnt. Seine Nahrung beste im allgemeinen aus Insekten, besonders aus Heuschrecker Zur Fortpflanzungszeit gräbt er tiefe Löcher in die Uferböschur gen der Wasserläufe. Die Eier werden tief im Inneren abgeleg Auffällig ist, daß die Jungen wenig länger als einen Monat nac dem Schlüpfen bereits annähernd gleich schwer sind wie ih Eltern. Nach etwa einem Monat verlassen sie ihr Nest und sin nach weiteren drei Wochen völlig selbständig.

◄ Bienenfresser

Coracias garrulus (Coracidae)
Familie Racken

Blauracke

Die Blauracke erreicht eine Körperlänge von 30 cm und hat ein schönes Federkleid vorwiegend in Blautönen. Ihr Verbreitungsgebiet ist hauptsächlich Süd- und Osteuropa, wo sie besonders offenes, von Einzelbäumen durchsetztes Land und Moorgebiete mit viel Schilf bevorzugt. Oft sitzt dieser Vogel auf Telegrafendrähten. Seine Nahrung besteht hauptsächlich aus Insekten, aber zusätzlich auch aus Amphibien, Reptilien und reifen Früchten. Ihr Nest legt die Blauracke in natürlichen Baumhöhlen oder in verlassenen Spechthöhlen an. Auf Rindenstückchen legt sie im Mai vier bis fünf weiße Eier, die 20 Tage lang gebrütet werden. In Mitteleuropa ist dieser Vogel selten anzutreffen.

Upupa epops (Upupidae)
Familie Hopfe

Wiedehopf

Der Wiedehopf wird 28 cm groß und kommt in ganz Mittel- und Südeuropa im Sommer als Brutvogel und besonders zu den Zugzeiten vor. Er bewohnt gerne Wälder in der Nähe von Ackerland oder Ödland, auch Parks und Obstgärten. Seine Nahrung, die er mit seinem langen gebogenen Schnabel vom Boden aufnimmt, besteht aus Ameisen und verschiedenen anderen Insekten, wie Maulwurfsgrillen, sowie aus Larven und Würmern. Sein Nest errichtet er aus Halmen und Wurzelwerk und verklebt es mit einem Haufen von Exkrementen. Er brütet in hohlen Bäumen oder in altem Mauerwerk. Im Mai legt er vier bis sieben Eier von schmutziggelber Farbe ab, die 15 Tage lang bebrütet werden.

Buceros bicornis (Bucerotidae)
Familie Nashornvögel

Doppelhornvogel

Der Doppelhornvogel erreicht eine Körperlänge von eineinhalb Metern und ist von Indien bis nach Indochina und Sumatra verbreitet. Diese Vögel verfügen über einen riesigen Schnabel, der beim Männchen bis zu 30 cm lang wird, und sind vor allem durch ihre eigenartigen Brutgewohnheiten bekannt. Das Nest wird in einer natürlichen Baumhöhle angelegt. Wenn das Weibchen zur Eiablage bereit ist, baut das Männchen eine Lehmwand, die den Eingang bis auf einen schmalen Spalt total verschließt. Durch diesen kann das Weibchen Nahrung aufnehmen, die ihm vom Männchen während der Brutzeit gereicht wird.

↳ *Wiedehopf*

Piciformes
Ordnung Spechtvögel

Zur Ordnung der Piciformes gehören sechs verschiedene Familien, die derzeit in nahezu allen tropischen, subtropischen und gemäßigten Zonen der Erde, mit Ausnahme Australiens, Neuseelands, Madagaskars und einiger ozeanischer Inseln, vertreten sind. Zur Familie Galbulidae, den Glanzvögeln, gehören derzeit 15 Arten, die von Mexiko bis nach Südbrasilien verbreitet sind.

Die Familie Bucconidae, die Faulvögel, sind momentan mit 30 Spezies vertreten, die ausschließlich in der Neuen Welt leben.

Die Capitonidae, Familie Bartvögel, umfassen 72 lebende Spezies, und in den Tropen Afrikas, Indiens, den Philippinen bis nach Sumatra und Borneo und von Costa Rica und Paraguay bis nach Brasilien verbreitet leben.

Die Indicatoridae, Familie Honiganzeiger, vereint 14 heute lebende eher kleine Vogelarten. Sie bewohnen hauptsächlich Afrika, und weniger häufig sind sie an der Himalajakette, in Malaysia, Sumatra und Borneo vertreten. Die 37 Spezies, die zur Familie der Ramphastidae gehören, leben beschränkt auf Südamerika und sind unter dem Namen Tukane bekannt.

Zur letzten Familie, der der Picidae, deren ältester fossiler Vorfahr aus dem Unteren Miozän stammt, gehören 109 heute lebende Familien, die als Wendehälse und Spechte bekannt sind. Zur letzteren Unterfamilie gehören teils große, sehr beeindruckende Arten, die einst im Süden der Vereinigten Staaten und Südamerika häufig vertreten waren, heute aber immer seltener werden und vielleicht, wie beispielsweise der Elfenbeinspecht *(Campephilus principalis)*, der im Südosten der USA lebte, gänzlich aussterben werden. Alle Spechtvögel weisen Füße mit zwei nach vorne und zwei nach hinten weisende Zehen auf, bei wenigen Formen ist die äußerste Zehe zurückgebildet.

Lybius torquatus (Capitonidae)
Familie Bartvögel

Halsbandbartvogel

Diese Bartvogelart wird 18 cm lang und ist in Afrika südlich der Sahara, von der Meeresküste bis zu einer Höhe von 2000 m verbreitet. Sie bevorzugt mit üppiger Vegetation bedeckte Lebensräume und ist die einzige Art der Gruppe, die sich in die Nähe bewohnter Zentren wagt und die man häufig in Parkanlagen und Gärten antrifft. Zur Brutzeit gräbt er eine kleine, ca. 20 cm lange Höhle, die in einer geräumigen Kammer mündet, wo er seine Eier ablegt, die eine Bebrütungsdauer von 19 Tagen benötigen. Die Jungen werden länger als einen Monat von den Eltern betreut. Seine Nahrung besteht vorwiegend aus Früchten, aber auch aus Insekten und anderen Wirbeltieren.

Indicator indicator (Indicatoridae)
Familie Honiganzeiger

Schwarzkehlhoniganzeiger

Diese Art erreicht eine Körperlänge von 18 cm und ist in Zentral- und Südafrika verbreitet, wo sie die Auwälder am Rande von Wasserflächen bewohnt. Bekannt ist die unglaubliche Fähigkeit dieser Spezies, aufgrund des Wachsgeruchs, Bienenstöcke ausfindig zu machen und entweder zufällig vorüberkommende Menschen oder den Honigdachs an das Bienenvolk heranzuführen. Die Nahrung dieser Vögel besteht hauptsächlich aus Insekten, Honig und Wachs, das nach der Plünderung des Bienennestes durch die »Helfer« als Abfall liegenbleibt. Spezielle Darmbakterien können das Bienenwachs im Vogeldarm in einfache Fettsäuren zerlegen und somit dem Vogel als Nährstoff zuführen.

Semnornis ramphastinus (Capitonidae)
Familie Bartvögel

Tukanbartvogel

Der Tukanbartvogel wird 21 cm groß und bewohnt waldbedeckte Gebirgszonen Südamerikas in einer Höhe von 1000 bis 2000 m. Er hält sich vornehmlich im Unterholz in Bodennähe auf und hat einen wenig scheuen Charakter. Oft vereinigt er sich zu lärmenden Schwärmen. Diese Vögel ernähren sich vorwiegend von Blüten und Früchten, die Nacht verbringen sie in Baumhöhlen. Im März, zu Beginn der Fortpflanzungszeit, »beißen« sie mit ihrem kräftigen Schnabel eine Bruthöhle ins Holz eines Baumes, wo sie vier bis fünf Eier ablegen, die die Weibchen und Männchen abwechselnd bebrüten. Nach 13 Tagen schlüpfen die Jungen, die zuerst mit Insekten und dann mit Früchten ernährt werden.

Bucco capensis (Bucconidae)
Familie Faulvögel

Halsbandfaulvogel

Diese Spezies wird 17 cm groß und ist von Kolumbien bis nach Peru und Brasilien verbreitet, wo sie vor allem Waldgebiete bewohnt. Der Name Faulvogel ist irreführend und kam wohl dadurch zustande, daß diese Vögel oft lange Zeit von erhöhter Warte auf vorbeifliegende Insekten, besonders Käfer, lauern, um sie dann gewandt zu fangen. Sie lassen Menschen nahe an sich herankommen. Zum Nisten graben die Faulvögel schräge Brutröhren mit einer gepolsterten Höhlung ins Erdreich, um darin ihre Nester anzulegen. Manche Arten verbergen die Eingänge mit Zweigen und Blättern. Normalerweise werden zwei bis drei Eier abgelegt, deren Bebrütung beide Elternteile besorgen.

Jacamerops aurea (Galbulidae)
Familie Glanzvögel

Breitmaulglanzvogel

Der Breitmaulglanzvogel wird 28 cm groß und ist von Costa Rica bis nach Guayana und Ecuador verbreitet. Er ernährt sich vorzugsweise von Schmetterlingen, die er nach Art der Fliegenschnäpper erbeutet. Zum Brüten baut er schräge Gänge, die sich an ihrem Ende zu einer Brutkammer erweitern, in steil abfallende Uferböschungen von Flüssen. Oft sind Männchen und Weibchen gemeinsam mit dem Nestbau, einer langwierigen und arbeitsaufwendigen Tätigkeit, beschäftigt. Auch die zwei bis vier weißen Eier werden von beiden Elternteilen etwas länger als 20 Tage gemeinsam bebrütet. Nach weiteren 25 Tagen verlassen die Jungen die Brutröhre.

Ramphastus toco (Ramphastidae)
Familie Tukane

Riesentukan

Der Riesentukan erreicht eine Körperlänge von 60 cm und ist damit die größte Form der Tukane, er lebt in Guayana und Brasilien. Diese Art bewohnt wie ihre Verwandten vor allem die ebenen, dichten Regenwaldgebiete. Während des Tages fliegen Tukane in kleinen Gruppen auf Nahrungssuche. Sie ernähren sich vorwiegend von Früchten und Beeren, plündern aber auch fremde Nester. Als Nest verwenden Tukane natürliche Baumhöhlen oder von Spechten verlassene Nester; hier legen sie zwei bis vier weiße Eier ab, die von beiden Elternteilen bebrütet werden. Ihr riesiger Schnabel, der jedoch nicht so massig ist, wie er aussieht, hat Signalfunktion und wird auch als Waffe verwendet.

Andigena laminirostris (Ramphastidae)
Familie Tukane

Blattschnabelblautukan

Diese Spezies wird 43 cm groß und ist von Kolumbien bis Ecuador verbreitet. Der Blattschnabelblautukan hält sich in subtropischen und gemäßigten Bergwäldern auf. Ständig auf der Suche nach seinen Lieblingsfrüchten wechselt er dabei häufig die Höhenlagen. Wie die anderen Tukane neckt sich auch diese Art mit ihren großen Schnäbeln, stoßen einander vom Ast oder füttern sich gegenseitig, indem sie sich Beeren zuwerfen und mit ihren Schnäbeln auffangen. Sie pflegen auch gegenseitig ihr Kopfgefieder. Ihr Flug ist wenig ausdauernd und »wellenförmig«.

◀ *Riesentukane*

Dendrocopos minor (Picidae)
Familie Spechte

Kleinspecht

Der Kleinspecht wird 15 cm groß und ist nahezu in ganz Europa vertreten. Er bewohnt vorzugsweise ausgedehnte Waldgebiete mit altem Baumbestand und Alleen, die am Rande von Ackerland angelegt werden, sowie Parkanlagen und Gärten. Im allgemeinen bevorzugt er Nadelholz und ist ununterbrochen auf der Suche nach Insekten, die er unter der Baumrinde aufstöbert, auch Beeren und Früchte sowie Samen verschmäht er nicht. Im Mai meißelt er eine Höhle in einen Baumstamm und legt auf deren Boden vier bis sieben gelblichweiße Eier ab, die er 14 Tage lang brütet. Im Unterschied zum Grünspecht *(Picus viridis)* begibt sich diese Spezies nicht auf den Erdboden, um dort nach Ameisen zu suchen.

Dendrocopos major (Picidae)
Familie Spechte

Buntspecht

Diese Art erreicht eine Körperlänge von 23 cm und ist sicher der am weitesten verbreitete und bekannteste Specht in Europa. Er bewohnt mit Vorliebe Laub- und Nadelwälder sowie Parkanlagen, vorausgesetzt er findet hier alten Baumbestand. Der Buntspecht ist relativ scheu und hält sich fast ausschließlich auf Bäumen auf. Das Trommeln mit dem Schnabel auf dürre Äste dient dem Specht zur Lokalisation von Insektenlarven im Holz. Er nistet in selbstgemeißelten Baumhöhlen, wo er vier bis sieben weiße Eier mit glatter Oberfläche ablegt, die beide Geschlechter 14 Tage lang abwechselnd bebrüten.

➤ *Buntspechte* ➤

Dendrocopos medius (Picidae)
Familie Spechte

Mittelspecht

Der Mittelspecht wird 20 cm groß und bewohnt als stationäre Brutvogel Mittel-, Ost- und Südosteuropa. Er hält sich vorzugsweise in alten Wäldern, vor allem Eichenwäldern, auf. Der Mittelspecht zimmert seine Nisthöhle in Laubbäumen und bewohnt mit Vorliebe die Wipfelregion der Bäume in Höhen bis zu 1500 m. Die Ernährungsweise und Fortpflanzungsgewohnheiten entsprechen denen der verwandten Arten. Im April legt er in einer Baumhöhle fünf weiße Eier mit glatter Oberfläche ab, die beide Geschlechter 15 Tage lang bebrüten. Die Höhenlage der Bruthöhle, die vom Tier selbst ausgehöhlt wird, schwankt zwischen 3 und 6 m.

Dryocopus martius (Picidae)
Familie Spechte

Schwarzspecht

Der Schwarzspecht wird 45 cm groß und ist zugleich der größte Vertreter, der die Paläarktische Region bewohnenden Spechtarten. Er bewohnt alte Nadelwälder bis zu einer Seehöhe von 2000 m. Im Herbst begibt er sich in niedriger gelegene Gebiete. Er hat einen typischen wellenförmigen und ziemlich schnellen Flug, ernährt sich von Insekten und Larven, die er unter der Baumrinde erbeutet, indem er sie mit dem Schnabel herausmeißelt. Häufig frißt er auch Ameisen, Beeren und Samen von Nadelbäumen. Im April oder Mai legt er in einer vorzugsweise in einem Nadelbaum angelégten Bruthöhle mit ovalem Eingang vier bis fünf weiße Eier ab, die er 18 Tage lang bebrütet.

Picus viridis (Picidae)
Familie Spechte

Grünspecht

Der Grünspecht wird 30 cm groß und kommt in ganz Europa, ausgenommen im hohen Norden, vor. Sein bevorzugter Aufenthaltsort sind überalterte Wälder, speziell wenn sie von Lichtungen durchsetzt sind. Er ernährt sich von Insekten und Larven, die er unter der Baumrinde herausholt, indem er diese von unten nach oben »rutschend« untersucht. Der Grünspecht hält sich aber auch auf dem Erdboden auf, wo er auf Ameisen Jagd macht. Im April oder Mai legt er eine Bruthöhle in einem Baumstamm an und legt auf deren Grund sechs oder sieben weiße Eier ab, die er 18 Tage lang bebrütet. Im Herbst ernährt er sich auch von Eicheln, Beeren und Samen verschiedener Art.

Campephilus principalis (Picidae)
Familie Spechte

Elfenbeinspecht

Der Elfenbeinspecht wurde 50 cm groß und bewohnte in Paaren die bewaldeten Ebenen Lousianas, Floridas und South Carolinas. Er ernährte sich vorwiegend von Insekten, die er unter der Rinde alter Bäume hervorholte. Die Beseitigung der uralten, faulenden Baumriesen in der Heimat dieses Vogels scheint die Hauptursache dafür zu sein, daß diese Spezies im Laufe des letzten Jahrhunderts immer seltener wurde. Leider wurden Maßnahmen, um ihr Überleben zu schützen, erst um 1950 getroffen, zu spät, wie es scheint, denn man fand seit damals nur ein einziges Überlebenszeichen, nämlich 1967 in Texas. Inzwischen scheint diese Art endgültig ausgestorben zu sein.

Picus canus (Picidae)
Familie Spechte

Grauspecht

Der Grauspecht wird 25 cm groß und kommt als Brutvogel in Zentral- und Osteuropa vor. Er bewohnt mit Vorliebe Laubwälder mit altem Baumbestand, auch Mischwald, sowie Gebirgswälder bis zur Waldgrenze. Nur selten, in sehr kalten Wintern verläßt er die Alpen. Der Grauspecht hat ähnliche Lebensgewohnheiten wie der Grünspecht, aber sein Ruf, ein schallendes Lachen, ist nicht so laut wie das seines Verwandten. Ende Mai oder Anfang Juni legt er im Inneren einer in einen Baumstamm gemeißelten Bruthöhle sechs bis acht weiße, glänzende Eier ab. Vom Grünspecht läßt er sich leicht durch den kleineren roten Stirnfleck unterscheiden.

Jynx torquilla (Picidae)
Familie Spechte

Wendehals

Der Wendehals erreicht eine Körperlänge von 18 cm und kommt in ganz Mittel- und Osteuropa sowie in Teilen Südeuropas und Nordeuropas als Brutvogel vor. Er bewohnt mit Vorliebe Gärten, Obstwiesen und Parks. Diese Art ist zwar mit den Spechten verwandt, unterscheidet sich jedoch in Haltung und Aussehen deutlich von ihnen. Er vermag keine Höhlen in Bäume zu meißeln und ernährt sich von Insekten, besonders von Ameisen, die er mit seiner langen, vorstreckbaren Zunge aufsammelt. Im Inneren einer Bruthöhle, einem Nistkasten oder Mauerloch legt er im Mai sieben bis neun weiße glänzende Eier ab, die beide Elternteile 14 Tage lang bebrüten.

Colaptes auratus (Picidae)
Familie Spechte

Goldspecht

Der Goldspecht wird 32 cm groß und bewohnt die gemäßigten Zonen Nordamerikas bis Kuba. Er ist ein Bodenbewohner und bewegt sich dort hüpfend fort. Seine Nahrung besteht aus Insekten und verschiedener Pflanzennahrung. Er stellt besonders gerne Ameisen nach, die er erbeutet, indem er seine lange, vorstreckbare und klebrige Zunge ins Innere eines Ameisenhaufens vorstreckt. Zur Brutzeit meißelt er eine Höhle in abgestorbene Baumstämme oder in Telefonmasten und legt dort sechs bis acht Eier ab, die 14 Tage lang bebrütet werden. Beide Elternteile kümmern sich um die Aufzucht der Jungen, die das Nest nach einem Monat verlassen.

Passeriformes
Ordnung Sperlingsvögel

Zur Ordnung der Passeriformes gehören etwa 5000 Arten heute lebender Vögel. Mit dieser großen Artenzahl stellen die Sperlingsvögel mehr als die Hälfte aller bekannten Vogelarten. Die Passeriformes haben im Verlauf ihrer Evolution nahezu alle Kontinente mit Ausnahme der Antarktis erobert. Der Prozeß der evolutiven Auffächerung in so viele Arten begann bereits im Alttertiär und scheint bis heute noch nicht abgeschlossen zu sein, denn man findet neben einigen urtümlichen Formen auch solche, die sehr neuartige Anpassungserscheinungen zeigen. Gravierend auf die Entfaltung dieser Ordnung hat sich sicher das Auftauchen des Menschen und besonders sein Eingreifen in alle Ökosysteme ausgewirkt und wird sich mit weiterer Zerstörung der Lebensräume noch gravierender auswirken.

Mit wenigen Ausnahmen sind die Vertreter dieser Ordnung eher klein, sie haben vier in einer Ebene eingelenkte Zehen, von denen drei nach vorne, die kräftigste Zehe nach hinten weist, die Halswirbelsäule besteht aus 14 Wirbeln, ausgenommen die Eurylaimidae oder Breitrachen mit 15 Wirbeln.

Charakteristisch ist der Bau des Schädels, mit stark verkürztem, verbreitertem und mit dem Rostrum des Basisphenoides verwachsenem Vomer. Die Kieferknochen stehen an der Basis weit auseinander und bilden miteinander einen eher stumpfen Winkel.

Alle Passeriformes sind Nesthocker und zeigen die für die Verhaltenslehre (Ethologie) interessante Erscheinung des »Sperrens«, das heißt, daß die Nestlinge beim Erscheinen der Elterntiere ihre innen auffällig gefärbten Schnäbel aufreißen und nach oben zur Futterquelle recken.

Die genannte Ordnung präsentiert sich in ihren Merkmalen sehr homogen, die systematische Gliederung und Zuordnung stößt daher auf ziemliche Schwierigkeiten und ist derzeit uneinheitlich. Zuordnungskriterien sind: Bau des Sehnensystems der Beine, Anzahl und Ansatz der Syrinxmuskulatur (Syrinx = Singapparat), Anordnung der Hornschilde am Lauf und letztlich die Zahl der primären Schwungfedern. Die hier vorgestellte Systematik enthält nur die Familien der abgebildeten Vögel und ist daher unvollständig, sie entspricht auch in ihrer Reihenfolge nicht exakt verwandtschaftlichen Verhältnissen, sondern ordnet sich der Reihenfolge der Abbildungen unter.

Ordnung Passeriformes (Sperlingsvögel)

1. Unterordnung Desmodactyli (Zehenkoppler)
Familie Eurylaimidae (Breitrachen)

2. Unterordnung Tyranni (Schreivögel)
Familie Dendrocolaptidae (Baumsteiger)
Familie Furnariidae (Töpfer)
Familie Formicariidae (Ameisenvögel)
Familie Rhinocryptidae (Bürzelstelzer)
Familie Cotingidae (Cotingas)
Familie Pipridae (Pipras)
Familie Tyrannidae (Tyrannen)
Familie Oxyruncidae (Flammenköpfe)
Familie Xenicidae (Neuseelandschlüpfer)
Familie Phytotomidae (Pflanzenmäher)
Familie Pittidae (Pittas)
Familie Philepittidae (Lappenpittas)

3. Unterordnung Menurae
Familie Menuridae (Leierschwänze)
Familie Atrichornithidae (Dickichtschlüpfer)

4. Unterordnung Oscines (Singvögel)
Familie Alaudidae (Lerchen)
Familie Hirundinidae (Schwalben)
Familie Campephagidae (Stachelbürzler)
Familie Oriolidae (Pirole)
Familie Dicruridae (Drongos)
Familie Corvidae (Rabenvögel)
Familie Grallinidae (Schlammnestkrähen)
Familie Paradisaeidae (Paradiesvögel)
Familie Callaeidae (Lappenkrähen)
Familie Cracticidae (Flötenwürger)
Familie Paridae (Meisen)
Familie Aegithalidae (Schwanzmeisen)
Familie Certhiidae (Baumläufer)
Familie Remizidae (Beutelmeisen)
Familie Sittidae (Spechtmeisen)
Familie Pycnonotidae (Haarvögel oder Bülbüls)
Familie Irenidae (Blattvögel oder Irenen)
Familie Cinclidae (Wasseramseln)
Familie Troglodytidae (Zaunkönige)
Familie Mimidae (Spottdrosseln)
Familie Muscicapidae (Fliegenschnäpper)
Familie Sylviidae (Grasmücken)
Familie Prunellidae (Braunellen)
Familie Motacillidae (Stelzen)
Familie Bombycillidae (Seidenschwänze)
Familie Artamidae (Schwalbenstare)
Familie Vangidae (Blauwürger)
Familie Laniidae (Würger)
Familie Sturnidae (Stare)
Familie Meliphagidae (Honigfresser)
Familie Nectariniidae (Nektarvögel)
Familie Dicaeidae (Mistelfresser)
Familie Zosteropidae (Brillenvögel)
Familie Drepanidae (Kleidervögel)
Familie Icteridae (Stärlinge)
Familie Vireonidae (Vireos)
Familie Parulidae (Waldsänger)
Familie Emberizidae (Ammern)
Familie Fringillidae (Finken)
Familie Ploceidae (Webervögel)
Familie Estrildidae (Prachtfinken)

Zum System dieser Ordnung wäre hinzuzufügen, daß es unter den Ornithologen keine Übereinstimmung bezüglich der Systematik gibt.
Auch in bezug auf die Entwicklungshöhe gibt es unterschiedliche Auffassungen, wobei es Vogelkundler gibt, die den Fringillidae (Finken) den Vor-

Calyptomena viridis (Eurylaimidae)
Familie Breitrachen

Smaragddracke

Die Smaragddracke wird 15 cm groß (Körperlänge) und ist in den tropischen Gebieten Malaysias, Sumatras und Borneos verbreitet, wo sie feuchte Urwaldzonen besiedelt. Sie ist sehr scheu und unauffällig und führt ein Einzelleben. Sie ernährt sich von Früchten und Beeren. Zur Fortpflanzungszeit baut sie ein beutelförmiges Nest, das an einem Zweig befestigt wird. Der Eingang des Nestes befindet sich seitlich. Hier legt sie zwei bis acht weiße oder nußfarbene Eier, die an einem Pol gefleckt sind, ab. Sowohl bei dieser als auch bei den anderen Arten dieser Gruppe weiß man bezüglich Brut und Aufzucht der Jungen wenig.

Campylorhamphus trochilirostris
Familie Baumsteiger (Dendrocolaptidae)

Sichelbaumhacker

Der Sichelbaumhacker wird 22 cm groß und lebt von Panama bis Argentinien. Dieser scheue Waldbewohner schützt sich durch ein Tarnkleid und eine unauffällige Lebensweise vor seinen Feinden. Zur Nistzeit legt er sein Nest in hohlen Bäumen oder in verlassenen Spechthöhlen an. Hier legt er zwei bis drei weiße Eier, die von beiden Elternteilen zwei Wochen lang bebrütet werden. Weitere drei Wochen sind nötig, ehe die Jungen das Nest verlassen können. Zur Nahrungssuche, sie ernähren sich von Insekten, Spinnen und anderen wirbellosen Tieren, klettern sie auf Baumstämmen von unten nach oben, wobei sie sich mit den Schwanzfedern ähnlich wie Spechte abstützen.

Furnarius rufus (Furnariidae)
Familie Töpfer

Töpfervogel

Der Töpfervogel wird 20 cm groß und ist vom Süden Brasiliens bis nach Argentinien verbreitet. Er ist hauptsächlich ein Insektenfresser und hält sich sehr häufig in der Nähe von bewohnten Gebieten und Straßen auf. Während der Regenzeit baut er aus Lehm, der zu dieser Zeit überall im Überfluß vorhanden ist, sein Nest, das einem Backofen ähnelt, fast kugelförmig ist und einen seitlichen Eingang hat. Die Eingangsröhre zu der eigentlichen Brutkammer verläuft spiralig. Der Töpfervogel legt drei bis fünf weißliche Eier ab, die für mindestens zwei Wochen bebrütet werden.

g einräumen, andere aber die Corvidae (die Rabenvögel) aufgrund ihrer Gehirnentwicklung und In-
ligenz zu den höchstentwickelten Singvögeln
hlen.

rallaria perspicillata (Formicariidae)
amilie Ameisenvögel

meisenstelzer

iese Art erreicht eine Körperlänge von 13 cm und lebt von
icaragua bis Ecuador. Seine Nahrung besteht aus Grillen,
anzen, Heuschrecken, Schnecken, Tausenfüßlern und Spin-
en. Er nistet in Baumhöhlen und legt zwei oder drei blaugrün
efärbte Eier ab, die von beiden Elternteilen bebrütet werden,
ch für die Aufzucht der Jungen sorgen beide Geschlechter.
meisenstelzer sind sehr aktive Vögel, sind eher unauffällig
efärbt und haben als Merkmal sehr lange Läufe.

Töpfervogel ➡

Conopophaga melanops (Formicariidae)
Familie Ameisenvögel

Mückenfresser

Diese Art wird 10 cm lang und ist in Ostbrasilien verbreitet, wo
sie das undurchdringlichste Urwalddickicht bewohnt. Die Mük-
kenfresser sehen Ameisenstelzern ähnlich und leben dauernd in
Bodennähe, wo sie sich mit größter Geschicklichkeit fortbewegen. Ihr Flugvermögen hingegen ist nicht sehr gut. Sie sind
ziemlich scheu und nicht gesellig. Der Mückenfresser baut ein
becherförmiges Nest aus Moos und geflochtenen Zweigen in
Bodennähe; hier legt er zwei braungefärbte, dunkelbraun gefleckte Eier ab. Über die Lebensgewohnheiten dieser Spezies
weiß man sehr wenig, fast gar nichts weiß man über Fortpflanzung, Bebrütung der Eier und Aufzucht der Jungen.

Acropternis orthonyx (Rhinocryptidae)
Familie Bürzelstelzer

Krallenschlüpfer

Der Krallenschlüpfer wird 20 cm lang und ist in den Anden, von
Venezuela bis nach Ecuador verbreitet. Er bevorzugt Waldun-
gen und das Unterholz von Gebirgswäldern, wo der Jagd auf
Insekten macht und Samen und Pflanzenkeimlinge frißt. Er lebt
sehr zurückgezogen und scheu und ist durch die auffälligen
Flecken auf seinem Federkleid sowie durch die unglaublich
entwickelte Kralle an der Hinterzehe leicht zu erkennen. Für die
Aufzucht der Jungen, die in der ersten Zeit über ein sehr
auffälliges, mit rostbraunen Streifen versehenes Daunenkleid
verfügen, sorgen beide Elternteile.

Procnias tricarunculata (Cotingidae)
Familie Cotingas

Hämmerling

Der Hämmerling wird 28 cm groß und ist von Nicaragua bis Panama verbreitet. Wie auch bei den anderen verwandten Arten verfügt das Männchen über ein auffälliges Federkleid. Wahrscheinlich haben sie auch außergewöhnliche Balzrituale, doch darüber wissen wir wenig bis gar nichts, denn die Cotingas führen ihre Balzspiele gut verborgen im Laub der Baumkronen auf. Im Unterschied zum Großteil der Vögel sind hier die violetten Farbtöne des Federkleids auf ein spezielles, in der Feder enthaltenes Pigment, das Cotingin, zurückzuführen. Ihr bescheidener und wenig melodischer Gesang wird von schrillen metallischen Tönen begleitet.

Cephalopterus ornatus (Cotingidae)
Familie Cotingas

Schirmvogel

Der Schirmvogel wird 40 cm groß und lebt von Costa Rica bis Brasilien, wo er die höchsten Baumwipfel des unberührten Urwalds bewohnt. Er hat ein ungewöhnliches Aussehen, verfügt über einen metallisch schimmernden Federbusch am Kopf und einen bis zu 40 cm langen »Brustlatz«. Ein schürzenartiges, von Federn bedecktes Hautgebilde, das in aufgeblasenem Zustand einem Tannenzapfen mit gespreizten Schuppen ähnelt, der bei der Balz hin und her geschwungen wird, während leise Töne erklingen. Neben diesen Tönen können Schirmvögel auch schaurig klingende, brüllende Töne hervorbringen, die kilometerweit zu hören sind.

Pipra iris (Pipridae)
Familie Pipras

Opalpipra

Die Opalpipra wird 8 cm lang und ist im Norden Brasilie[n]s beheimatet, wo sie wie auch die anderen Vertreter dies[er] Familie die Urwaldzonen bewohnt. Oft lebt sie in kleinen Gru[p]pen sehr gesellig. Ihre Nahrung besteht aus Insekten un[d] verschiedenen kleinen Beerenarten, selten erjagt sie die Beu[te] am Erdboden, meist durchstöbert sie Blattwerk und Gezwe[ig] Pipras sind unglaublich lebhaft und haben einen recht zutrau[li]chen Charakter. Auffallend ist ihr Sexualdimorphismus und ih[re] eigentümliche Art, mit ihrer rudimentären Syrinx und auf mech[a]nische Weise mit ihren umgebildeten Schwungfedern, die ve[r]schiedenartigsten Laute zu erzeugen.

Cotinga amabilis (Cotingidae)
Familie Cotingas

Liebliche Cotinga

Diese Spezies erreicht eine Körperlänge von 18 cm und ist von Mexiko bis Costa Rica verbreitet. Wie auch bei den anderen verwandten Arten verfügt das Männchen über ein auffälliges Federkleid. Wahrscheinlich haben sie auch außergewöhnliche Balzrituale, doch darüber wissen wir wenig bis gar nichts, denn die Cotingas führen ihre Balzspiele gut verborgen im Laub der Baumkronen auf. Im Unterschied zum Großteil der Vögel sind hier die violetten Farbtöne des Federkleids auf ein spezielles, in der Feder enthaltenes Pigment, das Cotingin, zurückzuführen. Ihr bescheidener und wenig melodischer Gesang wird von schrillen metallischen Tönen begleitet.

Rupicola rupicola (Cotingidae)
Familie Cotingas

Guayanafelsenhahn

Der Guayanafelsenhahn wird 30 cm groß und lebt in Guayana und Nordbrasilien. Er bewohnt vorwiegend regenfeuchte, urwaldbedeckte Gebirgszonen, in denen er sich gern im Unterholz aufhält. Das Männchen besitzt ein leuchtendes Federkleid mit Federbusch am Kopf, das Weibchen ist weitaus unauffälliger. Zur Balzzeit vereinigen sich die Felsenhähne in kleinen Gruppen häufig auf Felsen, die vom reißenden Wasser der Urwaldströme umspült sind. Die Männchen führen eine Reihe ritualisierter Balzspiele vor, sie senken die Flügel, so daß die Schwungfedern den Erdboden berühren und spreizen die Schwanzfedern zu einem Fächer. Die Weibchen legen zwei gefleckte Eier in einer Felsspalte ab.

Onychorhynchus mexicanus (Tyrannidae)
Familie Tyrannen

Mexikanischer Königstyrann

Der Königstyrann wird 16 cm groß und lebt in den Regenw[äl]dern von Mexiko bis Venezuela. Er besitzt eine sehr auffallen[de] aufrichtbare Federhaube und ernährt sich wie die ander[en] Vertreter der Familie Tyrannen von Insekten, die er in kurz[en] Jagdflügen erbeutet. Nach erfolgreicher Jagd kehrt er mit sein[er] Beute zu seinem Ansitz zurück und zerteilt sie sorgfältig in klei[ne] Stücke, während er sie mit einem Fuß festhält. Trotz d[er] prächtigen Federkrone paßt sich dieser Vogel in seiner Färbu[ng] gut an seine Umgebung an und wird nur schwer entdeck[t,] zumal er die Federkrone bei Gefahr zusammenfalten ka[nn] Tyrannen haben eine relativ einfach gebaute Syrinx.

Tyrannus tyrannus (Tyrannidae)
Familie Tyrannen

Königsatrap

Der Königsatrap erreicht eine Gesamtlänge von 22 cm und ist in den zentralen und östlichen Zonen Nordamerikas verbreitet. Wie auch die anderen Vertreter der Tyrannen sitzt er häufig auf Masten oder kahlen Ästen und stößt in kurzem Fangflug auf vorbeifliegende Insekten, von denen er sich ernährt. Seine enorme Gefräßigkeit hat ihn bei den Bienenzüchtern recht unbeliebt gemacht, denn bei diesen Hautflüglern richtet er oft beträchtlichen Schaden an. Der orangefarbene Fleck auf dem Kopf, der meist von grauen Federn verdeckt wird, zeigt sich besonders zur Balzzeit. Wie der Großteil der insektenfressenden Vögel zieht auch er in der kalten Jahreszeit in den Süden.

Oxyruncus cristatus (Oxyruncidae)
Familie Flammenköpfe

Flammenkopf

Der Flammenkopf wird 18 cm lang und lebt in den Regenwäldern von Costa Rica bis Paraguay, bis in Höhen von 1000 m Seehöhe. Dieser Vogel gibt den Ornithologen einige Rätsel bezüglich seiner systematischen Einordnung auf. Einerseits zeigt er Ähnlichkeiten mit den Tyrannen, andererseits weist er aber Merkmale auf, die sich von diesen gänzlich unterscheiden. Auch über Ernährungsweise und Fortpflanzungsverhalten ist wenig bekannt, da es nur spärliche Berichte von Beobachtungen dieser Spezies gibt. Es existieren nur wenige Museumsexemplare.

Xenicus longipes (Xenicidae)
Familie Neuseelandschlüpfer

Neuseelandschlüpfer

Diese Spezies erreicht eine Gesamtlänge von 8 cm und lebt in den Wäldern Neuseelands. Leider hat auch diese Vogelart durch die Einschleppung von faunenfremden Säugern wie Katzen usw. durch den Menschen sehr gelitten und ist daher sehr selten geworden. Der Neuseelandschlüpfer ist ausschließlich Insektenfresser. Alle vier Xenicus-Arten bewegen sich sehr gewandt im Gebüsch oder sogar auf nacktem Fels fort. Fliegen jedoch bereitet ihnen Schwierigkeiten. Sie verfügen über eine wenig entwickelte Syrinx und stoßen daher nur einige einfache Laute aus. Diese Vögel nisten in Felsspalten oder in Erdhöhlen und bauen geschlossene Nester mit seitlichem Eingang.

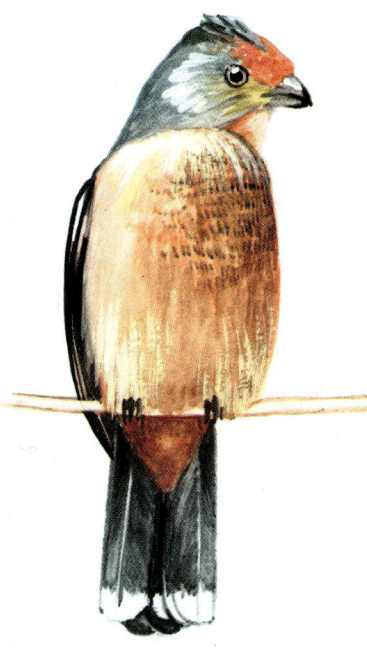

Phytotoma rutila (Phytotomidae)
Familie Pflanzenmäher

Ostpflanzenmäher

Diese Art wird 18 cm lang und ist in Argentinien, Uruguay, Bolivien und Paraguay verbreitet, sie bewohnt weite, von Wäldern, Ackerland und Sekundärwald bedeckte Ebenen. Der Pflanzenmäher ernährt sich bevorzugt von kleineren Insekten aller Art. Zur Brutzeit baut er ein becherförmiges, offenes Nest aus geflochtenen Zweigen und Pflanzenfasern, das in Bodennähe in einem Dornbusch angelegt wird. Hier legt er zwei bis vier blaugraue, braun gefleckte Eier ab, deren Bebrütung ausschließlich Sache des Weibchens ist.

Pitta Reichenowi (Pittidae)
Familie Pittas

Reichenowpitta

Diese Pittaart erreicht eine Länge von 17 cm und ist in den Urwäldern Südkameruns bis in den Kongo und nach Uganda verbreitet. Sie lebt ausschließlich im Urwald und baut ihr Nest aus dünnen Zweigen und Wurzeln auf Ästen in Bodennähe. Hier legt der Pitta zwei cremeweiße, mit kleinen braunen Flecken versehene und grau gesprenkelte Eier ab. Wie die anderen Vertreter der Pittas lebt auch diese Art scheu und zurückgezogen im Unterholz des Waldes und entzieht sich einer Gefahr durch schnelles Laufen. Seine Nahrung besteht aus Insekten und kleinen Weichtieren.

Philepitta castanea (Philepittidae)
Familie Lappenpittas

Schwarzlappenpitta

Diese Spezies wird 16 cm lang und lebt in den Wäldern im Osten Madagaskars. Er ist fast ausschließlich Baumbewohner und lebt in den feuchten Urwäldern der östlichen Gebirgsabhänge bis zu einer Höhe von 1500 m über dem Meeresspiegel. Zur Brutzeit baut der Schwarzlappenpitta ein luftiges Nest, geflochten aus Moos und Strohhalmen, das außen mit einer Schicht von Blättern bedeckt ist. Typisch ist sein seitlicher Eingang, der über eine Art Schutzbarriere verfügt. Hier legt er wahrscheinlich bis zu drei weiße Eier ab. Pittas sind nicht scheu oder mißtrauisch und lassen Menschen nahe an sich herankommen. Ihr Gesang erinnert ein wenig an den Gesang der Drossel.

Menura novaehollandiae (Menuridae)
Familie Leierschwänze

Prachtleierschwanz

Der Prachtleierschwanz bewohnt die Eukalyptus- und Busch-
wälder im Nordosten Australiens, das Männchen erreicht eine
Länge von 100 cm. Leierschwänze leben sehr zurückgezogen
entweder allein oder paarweise und ernähren sich von Insekten
und kleineren Wirbeltieren. Die charakteristischen lyraartigen
Schwanzfedern besitzt nur das Männchen, und zwar nur während der Fortpflanzungszeit. Er baut sein großes Nest, das über
einen seitlichen Eingang verfügt, in einer Bodenmulde, Felsspalte oder in einer Astgabel. Hier legt das Weibchen ein
einziges Ei ab, das es sechs Wochen lang bebrütet, weitere
sechs Wochen widmet es der Aufzucht seines Kükens.

Prachtleierschwanz ♦

Atrichornis rufescens (Atrichornithidae)
Familie Dickichtschlüpfer

Kleiner Dickichtschlüpfer

Diese Spezies wird 18 cm lang und ist leider vom Aussterben
bedroht, nur wenige Exemplare leben noch in der tropischen
Vegetation Ostaustraliens. Diese Art fliegt sehr schnell und
flüchtet bei Gefahr im schnellen Lauf oder schlüpft geschickt
durch das Dickicht des Waldes. Zur Brutzeit baut der Dickichtschlüpfer am Erdboden oder in Bodennähe ein kuppelförmiges
Nest aus trockenen Pflanzenfasern und verwelkten Blättern, wo
er zwei rosafarbene, braun gefleckte Eier ablegt. Diese Vögel
sind aufgrund der ähnlich gebauten Syrinx eng mit dem Leier-
schwanz verwandt und wie diese sind sie sehr geschickte
Spötter, das heißt, sie ahmen Klänge, Geräusche oder Töne
täuschend ähnlich nach.

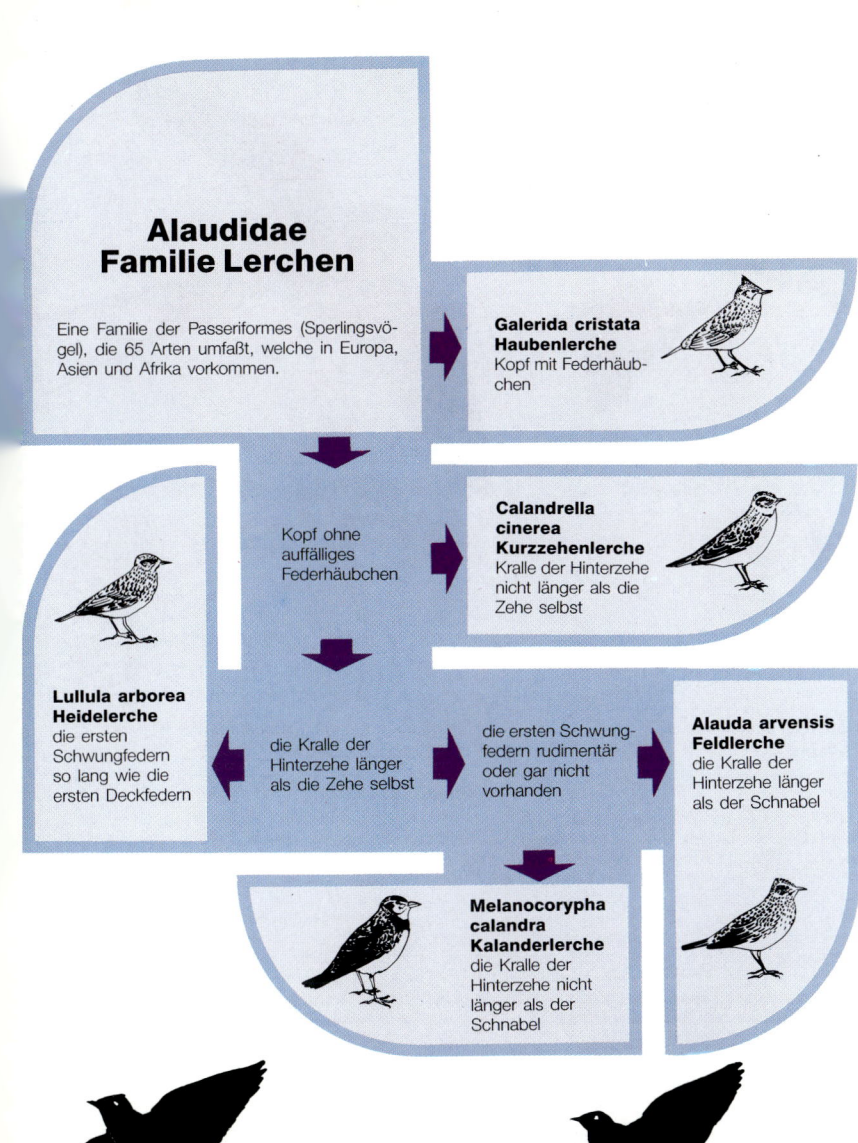

Alaudidae
Familie Lerchen

Eine Familie der Passeriformes (Sperlingsvögel), die 65 Arten umfaßt, welche in Europa, Asien und Afrika vorkommen.

Galerida cristata Haubenlerche
Kopf mit Federhäubchen

Kopf ohne auffälliges Federhäubchen

Calandrella cinerea Kurzzehenlerche
Kralle der Hinterzehe nicht länger als die Zehe selbst

Lullula arborea Heidelerche
die ersten Schwungfedern so lang wie die ersten Deckfedern

die Kralle der Hinterzehe länger als die Zehe selbst

die ersten Schwungfedern rudimentär oder gar nicht vorhanden

Alauda arvensis Feldlerche
die Kralle der Hinterzehe länger als der Schnabel

Melanocorypha calandra Kalanderlerche
die Kralle der Hinterzehe nicht länger als der Schnabel

Galerida cristata (Alaudidae) Familie Lerchen

Haubenlerche

Die Haubenlerche wird 16 cm lang, kommt in ganz Europa mit Ausnahme Englands und Skandinaviens häufig vor. Sie bevorzugt große Ebenen und hügeliges Wiesenland, kurz offenes Gelände mit niedriger Vegetation. Sie ist ein Standvogel und ernährt sich von allerlei Samen und Saatgut und im Sommer von Insekten und deren Larven. Zwei bis dreimal jährlich, von April bis Juli, legt sie vier oder fünf grauweiße, braun gefleckte Eier ab. Das Nest besteht aus trockenen Grashalmen und kleinem Wurzelwerk, ist manchmal mit Roßhaar ausgelegt und meist in einer Bodenmulde verborgen. Wie die Feldlerche bewegt sie sich mit großer Geschicklichkeit sehr schnell auf dem Boden fort.

Alauda arvensis (Alaudidae) Familie Lerchen

Feldlerche

Die Feldlerche wird 18 cm lang und kommt in ganz Europa, ausgenommen Nordskandinavien, häufig vor. Sie bevorzugt Wiesen, offenes Gelände, Ackerland, sandige und auch trockene Gebiete. Zur Fortpflanzungszeit lebt sie meist paarweise, die übrige Zeit in Schwärmen vereint. Sie läuft mit großer Behendigkeit, hat aber auch einen schnellen Flug. Sie steigt trillernd und flügelrüttelnd hoch in die Luft, um nach Beendigung des Gesanges wieder auf den Boden zurückzukehren. Sie ernährt sich von Samen, Pflanzenkeimen und Insekten. Von April bis Juli legt sie mehrmals in einer mit trockenem Gras und Roßhaar ausgelegten Bodenmulde drei bis fünf grau bis olivgrüne, braun gefleckte Eier ab.

Lullula arborea (Alaudidae) Familie Lerchen

Heidelerche

Die Heidelerche wird 15 cm lang und kommt in ganz Europa mit Ausnahme Skandinaviens und Nordenglands als stationärer Brutvogel vor. Sie bevorzugt trockene Gebiete und Heideland, baumlose Hänge und Waldränder. Sie lebt vorzugsweise auf dem Erdboden und läuft sehr schnell, ähnlich wie die Feldlerche. Ihre Nahrung besteht aus Insekten, Samen und Pflanzenkeimlingen. Zweimal im Jahr, in der Zeit von März bis Juni, legt sie in einem in einer Bodenmulde versteckten Nest aus Strohhalmen und Moos, das sie mit Wolle auskleidet, vier bis fünf Eier ab; diese sind weiß bis leicht rötlich gefärbt oder grün mit braunen Flecken.

Melanocorypha calandra (Alaudidae) Familie Lerchen

Kalanderlerche

Die Kalenderlerche wird 20 cm lang und kommt ausschließlich in Südeuropa und in Spanien vor. Sie bevorzugt steiniges Hügelland und wüstenhafte Ebenen sowie offenes und trockenes Land. Außer zur Fortpflanzungszeit lebt sie gesellig in Schwärmen. Ihre Nahrung besteht aus verschiedenen Körnern und Insekten. Zweimal im Jahr, in der Zeit von April bis Mai, baut sie am Boden im Gras versteckt, ein Nest aus trockenen Halmen und kleinen Wurzeln, das sie mit zarteren Pflanzenteilen auslegt. Hier legt sie vier bis fünf rötliche bis graue, aschfarben oder braun gesprenkelte Eier ab. Bekannt ist ihr kräftiger melodiöser Gesang und ihre Fähigkeit, andere Vogelstimmen zu imitieren.

Calandrella cinerea (Alaudidae)
Familie Lerchen

Kurzzehenlerche

Die Kurzzehenlerche erreicht eine Länge von 14 cm und kommt in allen südeuropäischen Ländern häufig vor. Sie bevorzugt flaches und offenes kahles Land mit trockenem steinigem Boden, aber auch Felder. Beim ersten Kälteeinbruch vereinigt sie sich gerne zu großen Schwärmen und geht auf die Suche nach Samen und Insekten. Im Lauf von zwei Brutperioden pro Jahr legt sie in einem in einer Bodenmulde angelegten Nest, das sie mit Federn und Haaren auslegt, vier bis fünf gelblich-weiße, braun gesprenkelte Eier ab. Typisch ist ihr Gesang während des steil auf- und abführenden Fluges.

Kurzzehenlerche ➡

Delichon urbica (Hirundinidae)
Familie Schwalben

Mehlschwalbe

Die Mehlschwalbe wird 12 cm lang und brütet in ganz Europa. Sie bevorzugt offenes Gelände, kommt aber auch in bewohntem Gebiet in Dörfern und Städten häufig vor. Bei uns sieht man sie während der Sommermonate in großer Zahl, aber auch zur Zeit des Vogelzuges. Sie fliegt mit großer Geschicklichkeit und Eleganz, und ernährt sich von Insekten, die sie im Flug fängt. Mehlschwalben bauen ihre geschlossenen, halbrunden Nester aus Schlamm gerne unter Mauervorsprüngen, Gesimsen und Dachkanten, aber auch im inneren von Gebäuden. Zweimal während der Brutperiode legt sie vier bis fünf längliche weiße Eier ab, die von beiden Elternteilen zwei Wochen lang bebrütet werden.

Hirundo rustica (Hirundinidae)
Familie Schwalben

Rauchschwalbe

Die Rauchschwalbe wird 19 cm lang und besiedelt ebenso wie die Mehlschwalbe fast ganz Europa. Sie ist bei uns in den Sommermonaten und zu den Zugzeiten sehr häufig anzutreffen und bewohnt sowohl offenes Land als auch bewohnte Zentren. Sie fliegt sehr elegant und schnell und ernährt sich hauptsächlich von Fluginsekten. Für gewöhnlich baut sie ihr halbschalenförmiges Nest an Gewölbepfeilern von Ställen und sogar in Rauchfängen; dazu verwendet sie mit Stroh und Haaren vermischten Schlamm und legt es mit Federn und Halmen aus. Zweimal während der Brutperiode legt sie vier bis sechs weiße, rotbraun gefleckte Eier ab, die sie zwei Wochen lang bebrütet.

Riparia riparia (Hirundinidae)
Familie Schwalben

Uferschwalbe

Die Uferschwalbe erreicht eine Gesamtlänge von 12 cm und kommt in ganz Europa während der Sommermonate und zu den Zugzeiten vor; sie bewohnt bevorzugt Gelände mit Teichen, Flüssen und Seen, als Nistplatz sandige Flußufer und Kiesgruben. Wie alle Schwalben hat sie einen geschickten und schnellen Flug und ernährt sich von Fluginsekten. Zur Nistzeit gräbt diese Art tiefe horizontale, zwischen einem halben und einem Meter lange Gänge in hohe, sandige Uferböschungen. Am Ende der Röhre wird das Nest mit kleinen Pflanzenfasern ausgelegt. Zweimal im Jahr, in der Zeit von April bis Juni, legt sie hier fünf bis sechs weiße längliche Eier ab.

Coracina lineata (Campephagidae)
Familie Stachelbürzler

Streifenraupenfänger

Diese Art wird 24 cm lang und ist in den dichten Urwäldern Australiens und Neuguineas verbreitet, im Osten dringt sie bis zu den Salomoneninseln vor. Diese ausschließlich Insektenfresser sind, obwohl sie äußerlich an einen Kuckuck erinnern, nicht mit den Kuckucken verwandt. In gewisser Art erinnern sie in ihrem Aussehen auch an den Neuntöter *(Lanius collurio),* wie dieser besitzen sie nämlich eine schwarze Augenmaske. Sie haben einen recht unregelmäßigen Flug, auf schnelle Flügelschläge folgt ein Sinkflug mit angelegten Flügeln. Sie singen nicht, sondern stoßen nur pfeifende, rauhe Laute aus.

Oriolus oriolus (Oriolidae)
Familie Pirole

Pirol

Der Pirol wird 24 cm lang und kommt in ganz Europa mit Ausnahme Englands und Skandinaviens als Brutvogel vor. Er bewohnt Laubwälder, Obsthaine und Parkanlagen, meidet aber dichte Nadelwälder. Seine Nahrung besteht aus Larven, Raupen und Insekten sowie aus Beeren und verschiedenen Früchten. Der Pirol lebt recht scheu und zurückgezogen in den Baumkronen und baut ein kunstvolles Nest in einer waagrechten Astgabel in beträchtlicher Höhe über dem Boden; häufig polstert er es mit Papierborkenstückchen und Gras aus. Einmal jährlich, im Juni legt er vier bis fünf weiße, pupurrot gefleckte Eier ab.

Ptyonoprogne rupestris (Hirundinidae)
Familie Schwalben

Felsenschwalbe

Die Felsenschwalbe wird 25 cm lang und kommt als Brutvogel in Spanien, Italien und auf der Balkanhalbinsel vor. Sie bewohnt vorzugsweise Felsreliefs mit geringer Höhe und steil abfallende Küstenfelsen. Hier lebt sie das ganze Jahr über in kleinen Gruppen. Ihre Gestalt ist etwas plumper und ihr Flug unregelmäßiger – ähnlich dem der Fledermäuse. Sie ist, wie alle Schwalben, ein Insektenjäger. Ihr halbkugeliges Nest baut sie an abschüssigen Felsen und manchmal auch in Grotten. Es besteht aus Schlamm und wird mit Pflanzenfasern, Wolle und Federn ausgekleidet – hier legt sie zweimal im Jahr, in der Zeit von April bis Juli, fünf bis sechs weiße, graubraun gefleckte Eier ab.

Dicrurus macrocercus (Dicruridae)
Familie Drongos

Asiatischer Trauerdrongo

Der Trauerdrongo wird 33 cm lang und lebt von Indien bis nach Formosa, Indochina und Java. Wie alle Drongos ist er Waldbewohner und ernährt sich von Insekten, er ist ungesellig. Gerne sitzt er auf blattlosen Ästen und schaut nach Kerbtieren aus. Wenn es darum geht, sein Nest zu verteidigen, kann er sehr aggressiv werden, er greift dann auch Tiere an, die ihm wegen ihrer Größe gefährlich werden könnten. Zur Brutzeit baut der Trauerdrongo in einer Astgabel ein einfaches, flaches Nest aus Zweigen. Um die Bebrütung kümmert sich allein das Weibchen, während das Männchen auch bei der Aufzucht der Jungen mithilft.

Pica pica (Corvidae)
Familie Rabenvögel

Elster

Die Elster erreicht eine Gesamtlänge von 46 cm, 23 cm davon nimmt allein der Schwanz ein. Sie kommt in ganz Europa häufig als stationäre Art vor und bewohnt vorzugsweise offene Landschaft mit wenigen Bäumen, Parkanlagen, Eichenwäldchen und Kulturland. Sie ist äußerst schlau, wie die meisten Rabenvögel. Sie ernährt sich von Insekten und Samen, von Eicheln sowie von Eiern und der Brut anderer Vögel. Sie baut aus Ästchen, Pflanzenstengeln und Zweigen ein großes kuppelförmig überdachtes Nest, das sie mit trockenem Gras und feinen Wurzeln auslegt. Nur einmal im Jahr, im April, legt sie fünf bis neun blauweiße oder grünliche, braun gefleckte Eier ab.

Pyrrhocorax graculus (Corvidae)
Familie Rabenvögel

Alpendohle

Die Alpendohle wird 38 cm lang und kommt in den Alpen, Pyrenäen, Karpaten und auf der Balkanhalbinsel stationär vor. Sie ist häufiger als die Alpenkrähe und hält sich nahe der Schneegrenze auf. Nur während der Wintermonate zieht sie in die Täler. Die Alpendohle führt ein geselliges Leben und nistet kolonienweise in Höhlen und Felsschluchten. In Fremdenverkehrsgebieten sind diese Vögel oft recht zutraulich, bisweilen lästig und frech. Einmal jährlich legen sie vier bis fünf weiße, braun gesprenkelte Eier ab, die 20 Tage lang von beiden Elternteilen bebrütet werden.

Alpenkrähe ➡

Pyrrhocorax pyrrhocorax (Corvidae)
Familie Rabenvögel

Alpenkrähe

Die Alpenkrähe wird 38 cm lang und bewohnt als Standvogel unzugängliche Hochgebirgszonen und Küstenfelsen in Spanien und lokal in Italien und auf der Balkanhalbinsel. In den Sommermonaten führt sie ein geselliges Leben. Sie ernährt sich von Insekten, Würmern, Samen und vielleicht auch von Aas. Alpenkrähen sind ausgesprochene Kunstflieger. Im April oder Mai nisten sie in Felsspalten oder in den verfallenden Mauern eines verlassenen Gebäudes. Einmal im Jahr legt sie vier bis fünf weiße oder grünliche, braun gesprenkelte Eier ab.

Gegenüber: Alpendohle ➡

Nucifraga caryocatactes (Corvidae)
Familie Rabenvögel

Tannenhäher

Der Tannenhäher wird 33 cm groß und lebt als Standvogel in kleinen Gruppen in hochgelegenen Gebirgsnadelwäldern, in Winter auch in Laubwäldern der Alpen, Karpaten, der Dinaride sowie in Südskandinavien. Der Tannenhäher ist vorsichtig un mißtrauisch, bei Störung sehr laut. Er ernährt sich von Hase nüssen, Eicheln, Beeren, Früchten und insbesondere von Sa men der Nadelbäume wie z. B. der Arven (Zirbelkiefern) sowi von Insekten, aber auch Eiern und Jungen aus fremden Ne stern. Im März oder April, nur einmal im Jahr, legt er drei bis für bläulichweiße oder grünliche, braun gesprenkelte Eier ab, die e 18 Tage lang bebrütet.

Garrulus glandarius (Corvidae)
Familie Rabenvögel

Eichelhäher

Der Eichelhäher wird 35 cm groß und ist in ganz Europa mit Ausnahme Nordskandinaviens eine sehr häufige Spezies. Er kommt überall in bewaldeten Gegenden als Standvogel vor. Der Eichelhäher ist sehr scheu, seine Nahrung besteht aus Eicheln, Nüssen, Insekten und Früchten sowie von Eiern und Küken, die er aus fremden Nestern holt. Im April oder Mai legt er fünf bis sechs graue oder grünliche, braun gesprenkelte Eier ab. Sein Nest baut er aus Zweigen, Halmen und Wurzeln und legt es mit feinen Pflanzenteilen aus. Er errichtet es auf bis zu 20 m hohen Bäumen. Bei Beunruhigung läßt er sein lautes »Räätsch« ertönen und warnt damit auch die anderen Tiere des Waldes vor Feinden.

Corvus frugilegus (Corvidae)
Familie Rabenvögel

Saatkrähe

Die Saatkrähe wird bis zu 46 cm groß und kommt in Mittel- und Südeuropa nur in der kalten Jahreszeit zum Überwintern vor, also etwa von Oktober bis April. Ihre Brutgebiete liegen zwischen Skandinavien und den Alpen und vor allem in Osteuropa; sie bewohnt vorzugsweise Ackerland, Parkanlagen und Gärten, wo sie nach Insekten und Würmern sucht. Sie ist vor allem im Winter sehr gesellig und bildet meist sehr große Schwärme. Ihre Nahrung wird noch durch Früchte, Weichtiere und sogar Aas ergänzt. Die Saatkrähe ist Kolonienbrüter, Anfang April legt sie in einem flachen, auf einem hohen Baum errichteten Nest vier bis sechs hellblaue, olivbraun gesprenkelte Eier ab. Die Brutzeit dauert 14 Tage.

Corvus corax (Corvidae)
Familie Rabenvögel

Kolkrabe

Der Kolkrabe erreicht eine Gesamtlänge von 63 cm und ist damit der größte europäische Rabenvogel. Er lebt in entlegenen Gebirgszonen des südlichen, nördlichen und östlichen Europas. Gerne bewohnen die Kolkraben paarweise Felswände. Im März legt das Weibchen in einem auf hohen Bäumen oder in Felsnischen errichteten groben Nest vier bis acht grünlichblaue, dunkelbraun gesprenkelte Eier ab, die sie 20 Tage lang bebrütet. Selten begibt sich der Kolkrabe auf die frisch gepflügten Felder der Ebenen, um dort nach Mäusen, Würmern und Insekten zu suchen. Ihre Größe und ihr gewaltiger Schnabel erlaubt es ihnen, größere Beutetiere zu erlegen oder großes Aas zu beseitigen.

Corvus monedula (Corvidae)
Familie Rabenvögel

Dohle

Die Dohle wird 33 cm lang und ist in ganz Europa, mit Ausnahme des nördlichen Skandinavien, häufig anzutreffen. Dohlen bewohnen kolonienweise kleine Gehölze, Parks mit alten Bäumen, Felsen oder Ruinen, wo sie auch nisten. In den frühen Morgenstunden verlassen die Dohlenschwärme ihre Schlafplätze und begeben sich auf die Felder, wo sie nach Insekten, Larven, Saatgut und Weichtieren suchen. Dohlen sind sehr gelehrig und intelligent und leben in Einehe. Im Mai baut sie in Höhlen und Nischen alter Gemäuer und auch in Baumhöhlen oder auf Felsen ein Nest aus dürren Zweigen und Tierhaaren. Hier legt sie vier bis sieben grünlichweiße, purpurrot gefleckte Eier ab.

**Corvus corone (Corvidae)
Familie Rabenvögel**

Aaskrähe

Diese 46 cm große Rabenvogelart ist in zwei Rassen gegliedert. Die Rabenkrähe *(Corvus corone corone)*, die in Westeuropa vorkommt, und die Nebelkrähe *(Corvus corone cornix)* mit nebelgrauem Brustgefieder, die Osteuropa bewohnt. Beide Rassen sind sehr gesellig und vereinigen sich in großen Flügen (Schwärmen), besonders abends, um gemeinsam die sogenannten »Schlafplätze« aufzusuchen. Sie sind Allesfresser und ernähren sich von Weichtieren, aber auch von Aas, Brut, Eiern sowie Beeren und Früchten. Ende April oder Anfang Mai legen sie in einem primitiven Nest vier bis fünf bläulichgrüne, olivbraun gesprenkelte Eier ab, die sie 20 Tage lang bebrüten.

**Cyanolyca turcosa (Corvidae)
Familie Rabenvögel**

Türkishäher

Diese Art wird 32 cm groß und ist in den Anden, von Kolumbien bis Peru, beheimatet, wo sie vor allem waldreiche Gegenden bewohnt. Dieser Vogel gehört zu einer Gruppe von Rabenvögeln, die über aufrichtbare Federn am Kopf verfügen. Sie sind unserem Eichelhäher *(Garrulus glandarius)* in Lebensweise und Gehabe ähnlich. Über 30 verschiedene Arten von Blauhähern, die fast alle über ein prächtiges Federkleid mit vorherrschenden Blautönen verfügen, sind in den Gebirgszonen der pazifischen Seite des amerikanischen Kontinents beheimatet.

 *Aaskrähennest mit Jungen*

**Cyanocitta cristata (Corvidae)
Familie Rabenvögel**

Blauhäher

Der Blauhäher hat 29 cm Gesamtlänge und ist im östlichen Teil Nordamerikas verbreitet. Dieser Vogel ist sehr lebhaft und gilt mit seinem bunten Federkleid und seinen stimmlichen Fähigkeiten als Clown unter den Vögeln. Durch Nesträuberei verscherzt er sich allerdings bisweilen das Wohlwollen, das ihm üblicherweise entgegengebracht wird. Seine Lebensgewohnheiten sind denen unserer Eichelhäher sehr ähnlich, er hat sich im Unterschied zu ihm aber gut in städtischen Lebensräumen eingelebt. Er ist intelligent und sehr mißtrauisch, durch seine Gewohnheit, Eicheln als Vorrat in die Erde zu stecken, trägt er viel zur Verbreitung dieser Bäume bei.

Nucifraga columbiana (Corvidae)
Familie Rabenvögel

Kiefernhäher

Der nordamerikanische Kiefernhäher wird 30 cm lang und bewohnt felsige Gebirgsgegenden mit immergrünen Wäldern. 1805 wurde dieser Vogel während einer Expedition von Lewis und Clark entdeckt. Er ernährt sich wie sein europäischer Verwandter von Samen der Kiefern und von Haselnüssen, verschmäht aber auch Larven von Insekten sowie Eier und Junge anderer Vogelarten nicht. Kiefernhäher legen für den Winter oft große Vorratslager aus Haselnüssen und Kiefernsamen an und finden diese erstaunlicherweise auch unter dicken Schneedecken wieder.

Grallina cyanoleuca (Grallinidae)
Familie Australische Schlammnestkrähen

Drosselstelze

Die Drosselstelze wird 28 cm lang und bewohnt die Seeufer und Sümpfe Australiens. Sie ist sehr gesellig, und während der kalten Jahreszeit versammelt sie sich in großen Schwärmen mit bis zu 1000 Individuen. Zur Brutzeit bilden sie Paare und bauen ein recht unstabiles Nest aus Schlamm, das bei starken Regenfällen oft zerfällt und dann wiedergebaut werden muß. Mehrmals pro Brutperiode legt die Drosselstelze hier vier weißfarbene fleckige Eier ab, ihre Nahrung besteht aus Insekten, Weichtieren, wirbellosen Wassertieren sowie aus Würmern und auch aus Schafparasiten, wodurch diese Vögel bei australischen Schafzüchtern recht gern gesehen sind.

Ptilonorhynchus violaceus (Paradisaeidae)
Familie Paradiesvögel

Seidenlaubenvogel

Der Seidenlaubenvogel wird 32 cm lang und lebt im Osten Australiens. Wie bei den anderen Laubenvögeln errichtet auch das Männchen dieser Spezies wunderschöne Bauwerke, die nur dazu geschaffen werden, ein Weibchen zu erobern. Diese »Lauben« dienen ausschließlich der Paarung und werden niemals als Nest benützt. Der Seidenlaubenvogel baut eine sogenannte Laubenallee, die er mit allerlei bunten Gegenständen wie Beeren, Steinchen, Krebspanzern, Schneckenschalen, Metallteilen und Glas schmückt. Er bemalt sogar die Wände seiner Laube mit grünblauer Farbe, die er aus Früchten gewinnt und mit einem Stückchen Rinde im Schnabel auf die Unterlage »aufpinselt«.

Callaeas cinerea (Callaeidae)
Familie Neuseeländische Lappenvögel

Lappenkrähe

Die Lappenkrähe wird 38 cm lang und bewohnt die bewaldeten Zonen Neuseelands. Vor etwa einem Jahrhundert war dieser Vogel noch weit verbreitet. Heute jedoch ist die Lappenkrähe durch das Abholzen der Bergwälder und damit Zerstörung ihres Lebensraumes selten geworden. Ihr Flugvermögen ist mangelhaft, und sie bewegt sich daher lieber am Boden mit weiten Sprüngen im Unterholz fort. Ihre Nahrung besteht hauptsächlich aus Früchten und Beeren. Zur Brutzeit baut die Lappenkrähe aus Zweigen, Rindenfasern und Moos ein offenes, kunstloses Nest in einer Astgabel bis 10 m über dem Boden, wo sie zwei bis drei grau gefleckte Eier ablegt.

Cracticus torquatus (Cracticidae)
Familie Flötenwürger

Würgatzel

Diese Spezies wird bis zu 28 cm lang und ist in den gemäßigten Zonen Australiens und Neuseelands beheimatet. Sie ernährt sich von Insekten, Eidechsen, kleinen Vögeln und Kleinsäugern, die sie, wie der Neuntöter, an Stacheln der Dornbüsche aufspießt und erst dann verzehrt, wenn sie sie in kleinere Stücke zerlegt hat. Zur Brutzeit ziehen sich die einzelnen Paare in ein eigenes Brutterritorium zurück, das sie auch verteidigen. Aus Zweigen und Pflanzenfasern bauen sie ein primitives Nest, das sie auf einer Astgabel anbringen. Hier werden drei bis fünf braun gefleckte Eier abgelegt. Die Brutdauer beträgt mehr als drei Wochen, weitere 25 Tage werden die Jungen betreut.

Amblyornis subalaris (Paradisaeidae)
Familie Paradiesvögel

Rothaubengärtner

Der Rothaubengärtner wird 23 cm lang und ist im Südosten Neuguineas verbreitet. Diese Laubenvogelart baut ihre Laube auf sehr interessante Weise: Er häuft braune Fasern von Baumfarnstämmen rund um ein junges Baumstämmchen zu einem säulenartigen Träger für ein dachförmiges Gebilde aus Zweigen auf, das auf diesem Träger ruht. Diese »Hütte« ist außen von einem ringförmigen Wall umgeben und innen mit einem Moosteppich, Orchideen und anderen Blüten, sowie auffällig gefärbten Beeren und Muschelschalen ausgeschmückt. Während der Balz sorgt das Männchen dafür, daß die Blumen ständig erneuert werden. Diese Laube ist sicher das kunstvollste Bauwerk, das Vögel je hervorgebracht haben.

Paradisaea apoda (Paradisaeidae)
Familie Paradiesvögel

Großer Paradiesvogel

Diese Spezies wird 45 cm lang und ist in Neuguinea verbreitet. Die ersten Balgpräparate des Großen Paradiesvogels gelangten im Jahre 1552 nach Europa, und zwar als Geschenk des Herrschers von Batjan an den spanischen König. Der Name *Paradisaea apoda*, mit dem dieser Vogel benannt wurde, was wörtlich übersetzt etwa »die Beinlose aus dem Paradies« heißt, stammt daher, daß diesen Federbälgen die Füße fehlten und die überwältigende Pracht der Federn die Europäer glauben ließ, diese Vögel stammten direkt aus dem Paradies. Kurz nach ihrer Entdeckung wurden die Bestände von Paradiesvogeljägern für die Damenmode Europas an den Rand der Ausrottung getrieben.

Lophorina superba (Paradisaeidae)
Familie Paradiesvögel

Kragenhopf

Der Kragenhopf wird 24 cm lang und lebt in den Gebirgswäldern Neuguineas zwischen 1000 und 2000 m Seehöhe. Wie die anderen Vertreter dieser Familie vollführt auch diese Spezies zur Paarungszeit unglaublich schöne Balzrituale. Die Paradiesvögel sind mit den Laubenvögeln verwandt und stammen wahrscheinlich von einer Corvidengruppe ab, die schon am Beginn des Tertiärs in Neuguinea isoliert wurde und sich dort eigenständig weiterentwickelt hat. Die Tendenz der Männchen zur Polygamie und die Möglichkeit der dominierenden Männchen, ihre Gene auf viele Weibchen zu übertragen, verstärkte eine rasche Auffächerung in verschiedenen Rassen und Arten.

Pteridorphora alberti (Paradisaeidae)
Familie Paradiesvögel

Albert-Paradiesvogel

Der Albert-Paradiesvogel wird 20 cm lang und ist im gebirgigen Hochland Zentralneuguineas verbreitet. Charakteristisch für diese Art sind zwei besonders lange Federn mit etwa 45 cm Länge, die den Kopf der Männchen zieren und während der Balz auffällig bewegt werden. Die Erstbeschreibung dieser Spezies geht auf das Jahr 1894 zurück, als ein Balgexemplar auf den „Federmarkt" von Paris gelangte, wo alle in der Modeindustrie verwendeten Federbälge und alle Federn, die für die Hutfabrikation von Bedeutung waren, gehandelt wurden. Dieser Balg war dermaßen außergewöhnlich, daß selbst Ornithologen lange Zeit an eine Fälschung glaubten.

Cicynnurus regius (Paradisaeidae)
Familie Paradiesvögel

Königsparadiesvogel

Der Königsparadiesvogel bewohnt ebenfalls Neuguinea, erreicht eine Gesamtlänge von nur 16 cm und ist damit die kleinste Art der Familie, kleiner als etwa ein Star. Sein Gefieder zählt jedoch zum Prächtigsten, was die Natur je hervorgebracht hat. Diese Art zeigt, wie auch andere Paradiesvögel, häufig die Tendenz zu einer Bastardierung mit anderen Arten, im speziellen Fall mit dem zu einer anderen Gattung zählenden Prachtparadiesvogel *(Diphyllodes magnificus)*. Da bei Paradiesvögeln keinerlei Partnerbindungen bestehen, können Ähnlichkeiten im Balzverhalten verschiedener Gattungen offensichtlich auch artfremde Weibchen zur Paarung veranlassen.

Seleucidis ignotus (Paradisaeidae)
Familie Paradiesvögel

Fadenhopf

Der Fadenhopf wird 33 cm lang und ist in Neuguinea und auf der Insel Salawati verbreitet. Diese Spezies ist, wie auch ihre Verwandten, relativ widerstandsfähig gegenüber Veränderungen ihrer Umwelt. 1919 kam ein wahrscheinlich drei Jahre altes Exemplar in den zoologischen Garten von Bronx und verbrachte dort ein langes Leben in bester Verfassung. Ein Wissenschaftler der Universität Yale betreute einige Monate lang ein Paar dieser Spezies und konnte interessanterweise eine tiefe Gefühlsbeziehung des Männchens dem Weibchen gegenüber feststellen. Beide ernährten sich von kleinen Früchten, die sie in die Luft warfen und dann mit dem Schnabel wieder auffingen.

Drepanornis Bruijni (Paradisaeidae)
Familie Paradiesvögel

Weißsichelschnabel

Der Weißsichelschnabel wird 32 cm lang und ist im Hochland Neuguineas verbreitet. Zwischen 1860 und 1890 wurden Zigtausende Bälge dieser Vogelart auf den Pariser »Federnmarkt« gebracht und erst im Jahr 1920, also 30 Jahre später, ergriff die Regierung Neuguineas strenge Maßnahmen, um den Handel mit diesen Tieren zu stoppen, leider für viele Arten zu spät, sie waren bereits erloschen. Die Bestände anderer Arten konnten sich aber wieder erholen. Trotzdem ist die Gefahr ihres Aussterbens weiterhin gegeben, da die Rodung ihrer Urwaldlebensräume sich verheerend auf diese prächtigen Tiere auswirkt.

Diphyllodes respublica (Paradiesaeidea)
Familie Paradiesvögel

Blauköpfiger Paradiesvogel

Diese überaus prächtig gefärbte Paradiesvogelart ist 16 cm groß und fällt durch blau gefärbte, federlose, durch Reihen einer schwarzer Federn in Felder unterteilte nackte Hautstellen am Kopf auf, zwei Schwanzfedern sind ornamentartig eingerollt. Die Männchen führen ihre Balztänze auf jungen Bäumchen auf, die sie zuvor in den oberen Teilen sorgfältig entlauben, um ihr prächtig schimmerndes Gefieder im vollen Sonnenglanz erstrahlen zu lassen. Auch die Umgebung des Bäumchens wird von Pflanzen, Zweigen und Blättern gesäubert. Die Ureinwohner Neuguineas, die Papuas, verwendeten die Federn zur Herstellung prächtiger Ornamente als Teil ihres Zeremonialschmuckes.

Parus major (Paridae)
Familie Meisen

Kohlmeise

Die Kohlmeise ist 14 cm lang und kommt in ganz Europa mit Ausnahme Nordskandinaviens sehr häufig vor. In allen Waldgebieten, Parkanlagen und Gärten kann man sie im Sommer paarweise, in der kalten Jahreszeit in kleinen Gruppen auf Zweigen turnend bei ihrer Nahrungssuche beobachten. Ihre Nahrung besteht aus jeder Art von Larven und Insekten, Samen und Keimlingen. Am Futterhäuschen ist sie regelmäßiger Gast und verschmäht hier auch Fett nicht. Zwei- oder dreimal im Jahr, in der Zeit von März bis Juli, legt sie in einem sehr kunstfertigen und voluminösen Nest, das in einem Nistkasten oder in Höhlungen aller Art angelegt wird, rötlich gefleckte Eier, die sie zwei Wochen lang bebrütet.

Parus caeruleus (Paridae)
Familie Meisen

Blaumeise

Die Blaumeise ist 11 cm lang und kommt ebenfalls in fast ganz Europa das ganze Jahr hindurch häufig vor; sie bevorzugt Laub- und Nadelwälder, buschiges Gelände, sowie Parkanlagen und Gärten. Sie ist sehr lebhaft und vereinigt sich im Herbst zu kleinen Gruppen und ernährt sich hauptsächlich von Insekten. Zur Fortpflanzungszeit baut sie ein recht einfaches Nest, das sie in natürlichen Baumhöhlen oder Mauerlöchern errichtet. Zwei- oder dreimal im Jahr, von April bis Juli, legt sie fünf bis acht weiße, rötlich gefleckte Eier ab, die sie zwei Wochen lang bebrütet.

◀ *Junge Blaumeisen*

Parus ater (Paridae)
Familie Meisen

Tannenmeise

Die Tannenmeise ist 11 cm lang und kommt mit Ausnahme weniger Teile Italiens, Frankreichs und Nordskandinaviens sehr häufig vor. Sie bevorzugt Misch- und Nadelwälder der Gebirgszonen und kommt im Herbst und Winter auch ins Flachland. Sie ernährt sich von Insekten und Larven, Würmern, verschiedenen Samen und Nüßchen, In einem mit Baumflechten in natürlichen Baumhöhlen und Mauerlöchern gebauten Nest legt sie in der Zeit von April bis Mai sechs bis neun weiße, rötlich gefleckte Eier ab, die sie zwei Wochen lang bebrütet. Sie ist sehr gesellig und in den Wintermonaten sieht man sie mit anderen verwandten Spezies in kleinen Gruppen auf Futtersuche.

Parus montanus (Paridae)
Familie Meisen

Weidenmeise

Die Weidenmeise ist der Sumpfmeise sehr ähnlich, ist 11 cm groß und kommt in Mittel-, Ost- und Nordeuropa als Brutvogel besonders im alpinen Hochland vor. Sie bevorzugt sumpfige Dickungen in der Nähe von Wasserläufen und meißelt in faulendes Holz ihre Nesthöhle. Man kann sie bis in 2500 m Seehöhe antreffen. Ihr Nest besteht aus Holzspänen, die mit Federn und Roßhaar verflochten werden. Die Eier sind weiß mit dunkelroten Flecken.

Schwanzmeise ➡

Parus cristatus (Paridae)
Familie Meisen

Haubenmeise

Die Haubenmeise ist 11 cm groß und kommt in ganz Europa mit Ausnahme Italiens und Teilen Spaniens, der Balkanhalbinsel und Skandinaviens vor. Mit Einbruch des Winters nimmt sie erratische Gewohnheiten an und wird gesellig. Sie ernährt sich von Larven und Insekten, verschiedenen Körnern, Früchten und Wacholderbeeren. Sie baut ein kugelförmiges Nest mit seitlichem Eingang, das sie in einer natürlichen Baumhöhle anbringt. Zweimal im Jahr legt sie hier fünf bis acht weiße, verschiedenartig rötlich gesprenkelte Eier. Das Nest besteht aus Moos, Pferdehaar, Tierhaaren und Wolle. In seltenen Fällen bezieht sie verlassene Zaunkönig- oder Schwanzmeisennester.

Panurus biarmicus (Muscicapidae)
Familie Fliegenschnäpper

Bartmeise

Die Bartmeise wird 15 cm lang und kommt in ganz Europa allerdings nur punktuell und kleinräumig vor. Sie bewohnt vorzugsweise die Schilfdickichte großer Sumpfgebiete und scheint wegen deren Trockenlegung vom Aussterben bedroht. In der kalten Jahreszeit schließt sie sich zu Schwärmen zusammen. Sie ernährt sich von Insekten, Weichtieren sowie von verschiedenen Samenkörnern. Sie baut ein annähernd kugelförmiges Nest aus trockenen Pflanzenteilen, Schilffasern und Binsen, das sie knapp über dem Boden oder dem Wasserspiegel an Schilfrohr anbringt. Zweimal im Jahr, in der Zeit von April bis Juli, legt sie hier vier bis sieben weiße, rötlich gesprenkelte Eier.

Aegithalos caudatus (Aegithalidae)
Familie Schwanzmeisen

Schwanzmeise

Die Schwanzmeise ist 14 cm groß und besiedelt in verschiedenen Rassen ganz Europa mit Ausnahme Nordskandinaviens. Die britische Rasse hat gemeinsam mit südeuropäischen Rassen einen weißen Kopf mit braunem Überaugenstreif. Die Schwanzmeise bewohnt Wälder mit viel Unterholz und kleinere Wäldchen, Gärten und Parkanlagen. Das eiförmige Kugelnest besteht aus Flechten, Moos, Spinnweben und Wollfäden von Pappel- und Weidensamen und ist mit Roßhaar und Federn ausgelegt. Dieses Nest ist in Büschen oder im Brombeergestrüpp meist in geringer Entfernung vom Boden versteckt angebracht. Ein- oder zweimal im Jahr, im Mai, legt sie sieben bis acht weiße, rötlich gesprenkelte Eier.

Tichodroma muraria (Paridae)
Familie Meisen

Mauerläufer

Der Mauerläufer wird 16 cm groß und bewohnt die Gebirgsketten Mittel- und Südeuropas von den Pyrenäen bis zu den Alpen, Karpaten und Dinariden. Auffällig ist seine Fortbewegung, wenn er schmetterlingsartig rüttelnd oder mit seinen breiten Schwingen flatternd senkrechte Felswände, Klippen oder Mauerwerk auf ständiger Suche nach Larven, Insekten und Spinnen, seiner Hauptnahrung, hochklettert. Ende Mai brütet er in einem aus Moos, Gras, Wolle, Roßhaar und Federn geflochtenen Nest, das in einer Felsspalte in einem Mauerloch oder einem anderen unzugänglichen Ort errichtet wird. Hier legt er ein- oder zweimal jährlich drei bis vier weiße, rötlich gefleckte Eier.

Certhia familiaris (Certhiidae)
Familie Baumläufer

Waldbaumläufer

Der Waldbaumläufer wird 13 cm lang und ist in den Pyrenäen, den Alpen und am Apennin sowie in ganz Ost- und Nordeuropa sowie in England verbreitet. Der Waldbaumläufer bewohnt vorzugsweise alte, hiebreife Wälder mit großen Bäumen und bewegt sich ruhelos auf der Rinde der Bäume fort, indem er in Spiralen von unten nach oben dem Stamm entlang rutscht und sich dabei wie die Spechte mit seinen Stoßfedern abstützt. Er unterscheidet sich von dem Gartenbaumläufer durch das Vorhandensein einer deutlich erkennbaren Braue und außerdem durch das Fehlen der nußbraunen Färbung am Seitengefieder. Seine Nahrung besteht vor allem aus Larven und Insekten, manchmal auch aus Pflanzensamen.

Remiz pendulinus (Remizidae)
Familie Beutelmeisen

Beutelmeise

Die Beutelmeise ist 11 cm groß und bewohnt Südostspanien, Italien, Griechenland und Osteuropa. Sie lebt immer lokal in Sumpfgebieten, an Deichen oder hohen Bäumen nahe an Wasserläufen, manchmal auch in trockenen Standorten. Ihre Nahrung besteht aus Insekten und Sämereien, ihr kunstvolles Nest ist beutelförmig mit einer Einflugröhre am Oberteil und besteht aus intensiv verwobenen Pflanzenfasern und Tierhaaren. Diese Nester werden immer am äußersten Ende eines dünnen Zweiges in unterschiedlicher Höhe angebracht. Zweimal im Jahr, von April bis Juli, legt die Beutelmeise hier vier bis fünf längliche weiße Eier.

Waldbaumläufer ▶

Certhia brachydactyla (Certhiidae)
Familie Baumläufer

Gartenbaumläufer

Der Gartenbaumläufer ist 13 cm lang und kommt in ganz Europa, ausgenommen in England und Skandinavien, häufig vor. Er bewohnt bevorzugt alte Wälder, besonders Eichen- und Buchenwälder. Seine Lebensgewohnheiten sind denen des Waldbaumläufers *(Certhia familiaris)* sehr ähnlich. Zweimal im Jahr, ab April, legt er fünf bis neun weißliche, rötlichbraun gesprenkelte Eier. Das Nest besteht aus geflochtenen kleinen Wurzeln, Grashalmen und Roßhaar und ist in natürlichen Rindentaschen oder unter Hausdächern verborgen oder es wird manchmal sogar in verlassenen Krähennestern angelegt.

Kleiber

Sitta europaea (Sittidae)
Familie Spechtmeisen

Kleiber

Der Kleiber ist 14 cm groß und ist in ganz Europa mit Ausnahme Nordskandinaviens und Nordenglands häufig anzutreffen. Man findet ihn vor allem in alten, hiebreifen Mischwäldern, sowohl im Gebirge als auch in der Ebene, sowie in Gärten und Parkanlagen. Seine Nahrung, vor allem Insekten, Nüsse, Haselnüsse und Pflanzensamen, sucht er, indem er oft kopfüber ruckweise die Baumstämme hinabrutscht und dabei ständig die Rinde absucht. Im April oder Mai legt er sechs bis neun weiße, rötlich gefleckte Eier, die zwei Wochen lang bebrütet werden. Er brütet in verlassenen Spechthöhlen und Nistkästen und verkleinert deren Eingang mit Lehmmörtel, was ihm auch seinen Namen eintrug.

Sitta Whiteheadi (Sittidae)
Familie Spechtmeisen oder Kleiber

Korsenkleiber

Der Korsenkleiber ist 11 cm lang und bewohnt vor allem die Gebirgswälder und Haine Korsikas, geht aber manchmal auch in Parkanlagen und Gärten. Seine Lebensgewohnheiten sind denen des Kleibers *(Sitta europaea)* sehr ähnlich, aber im Unterschied zu diesem zimmert er seine Nisthöhle in verrotteten Bäumen, im allgemeinen ziemlich hoch über dem Boden immer selbst. Im Mai legt er hier fünf bis sechs weiße, dicht rot gefleckte Eier ab. Vom Kleiber unterscheidet man ihn leicht durch seinen schwarz gefärbten Scheitel und die deutlich weißen Brauen.

Gartenbaumläufer ◆

Pycnonotus jocosus (Pycnonotidae)
Familie Bülbüls

Rotohrbülbül

Der Rotohrbülbül ist 20 cm lang und kommt von Indien bis China, Indochina, Java und Sumatra häufig vor. Rotohrbülbüls sind sehr unruhige, laute Vögel und ununterbrochen in Bewegung. Sie sind ausgesprochene Kulturfolger und leben in Obsthainen und Gärten, wo sie sich auf die Suche nach Früchten und Insekten machen. Aufgrund ihrer Gefräßigkeit, sie verzehren vor allem Früchte und Beeren, werden Bülbüls von den Dorfbewohnern nicht gern gesehen. Bülbüls sind sehr gesellig und bilden oft große und laute Schwärme. Der Rotohrbülbül hat einen trillernden, anmutigen Ruf, der an den der Schwalben erinnert. Zehn Gattungen der Familie Bülbüls sind in Afrika und auf Madagaskar verbreitet.

Irena puella (Irenidae)
Familie Blattvögel oder Irenen

Irene

Die Irene wird 25 cm lang und ist in den dichten immergrünen Niederungswäldern Südasiens von Indien bis nach Indochina und Ostindien verbreitet. Irenen sind hauptsächlich Früchtefresser und bevorzugen besonders wilde Feigen, sie trinken auch Nektar, den sie aus Blüten saugen. Irenen sind keine Zugvögel, aber sie haben eine erratische Lebensweise, da sie fast das ganze Jahr über auf der Suche nach reifenden Früchten sind. Zur Brutzeit bauen sie kelchförmige Nester aus geflochtenen kleinen Zweigen und Moos, die sie im Wipfel kleinerer Bäume oder gut getarnt in Büschen errichten, dort legen sie zwei grünlichweiße, braun gefleckte Eier und bebrüten sie.

Picathartes gymnocephalus
Familie Fliegenschnäpper (Muscicapidae)

Gelbkopffelshüpfer

Der Gelbkopffelshüpfer erreicht eine Gesamtlänge von 35 cm und bewohnt die gebirgigen, feuchten Zonen der afrikanischen Tropen. Man weiß ziemlich wenig über die Lebensgewohnheiten dieser Art, bekannt ist aber, daß sie sehr gesellig ist und die Tiere sich vorwiegend auf dem Boden aufhalten, wo sie nach Insekten, Schnecken, kleinen Amphibien und Reptilien suchen. Im Frankfurter Zoo wurden Gelbkopffelshüpfer erfolgreich gezüchtet, dort zeigten sie sich auffallend neugierig. In der freien Natur bauen sie ihre Nester in äußerst schwer zugänglichen Felswänden, sie legen sie mit Flaumfedern und Pflanzenfasern aus, und die Paare bebrüten die Eier gemeinsam.

Chloropsis Aurifrons (Irenidae)
Familie Blattvögel oder Irenen

Goldstirnblattvogel

Der Goldstirnblattvogel wird 20 cm lang und ist in Regenwäldern von Indien bis nach Sumatra verbreitet. Er ist sehr gesellig und bewohnt das immergrüne Blätterdach des Urwalds, wo sich diese vorwiegend grün gefärbten Vögel hauptsächlich von Blütennektar und Früchten ernähren. Alle Vertreter dieser Gattung sind gute Sänger und Spötter, daher hält man sie auch gerne in Käfigen, oft gemeinsam mit anderen Vogelarten, weil sie zudem sehr verträglich sind. Zur Brutzeit bauen sie versteckte, kleine, schalenförmige Nester aus geflochtenen Grashalmen und Wurzeln. Wenn sich ein Eindringling nähert, reagiert der Goldstirnblattvogel sehr wütend und verrät solcherart sein Nestversteck.

Cinclus cinclus (Cinclidae)
Familie Wasseramseln

Wasseramsel

Die Wasseramsel ist 18 cm groß und bewohnt als Brutvogel nahezu ganz Europa, allerdings in mehreren Rassen. Sie lebt bevorzugt an Gebirgsbächen und bleibt immer in Wassernähe, taucht und läuft am Grunde der Gewässer, schwimmt auch auf und unter Wasser sehr gewandt, um nach Insektenlarven, Krebschen oder Fischeiern zu suchen. Ihr kugelförmiges Nest hat einen unteren seitlichen Eingang, besteht aus Pflanzenfasern und Gras und wird gut getarnt in einer Felsspalte oder »hinter« einem Wasserfall angelegt. Im März legt sie hier vier bis fünf weiße Eier, die sie einige Wochen lang bebrütet.

Wasseramsel ➤

Troglodytes troglodytes (Troglodytidae)
Familie Zaunkönige

Zaunkönig

Der Zaunkönig ist 9 cm groß und bewohnt nahezu ganz Europa, ausgenommen Nordskandinavien. Als Teilzieher wandern die nördlichen Tiere zur kalten Jahreszeit weiter nach Süden. Der Zaunkönig bevorzugt das Dickicht, ungepflegte Gärten, Bachufer und huscht hier geschickt und ähnlich wie eine Maus in Bodennähe durchs Gezweig. Sein Flug ist schnurrend und geradlinig. Seine Nahrung besteht aus Larven und Insekten und während der kalten Jahreszeit aus Beeren. Der Zaunkönig baut ein voluminöses, kugelförmiges Nest aus Blättern, Moos und Flechten, mit einer seitlichen Eingangsöffnung. Zweimal im Jahr, in der Zeit von April bis Juni, legt er hier sechs bis acht weiße, rötlich gefleckte Eier.

Campylorhynchus brunneicapillus (Troglodytidae) Familie Zaunkönige

Kaktuszaunkönig

Der Kaktuszaunkönig wird 20 cm lang und ist im Westen der USA und in Mexiko verbreitet. Diese Zaunkönigart, die bevorzugt die trockenen und kahlen kakteenbestandenen Abhänge der Bergmassive bewohnt, baut zur Brutzeit ein recht kunstvolles Nest, das nicht nur dazu dient, die Eier aufzunehmen, sondern auch die Funktion einer Höhle hat, in der diese Tiere das ganze Jahr über sowohl nachts als auch tagsüber, wenn das Wetter kalt oder regnerisch ist, einen Unterschlupf finden. Dieses Nest wird ständig gepflegt und ausgebessert. Auch der Kaktuszaunkönig ist ein ausgesprochener Bewegungskünstler.

Dumetella carolinensis (Mimidae) Familie Spottdrosseln

Katzendrossel

Die Katzendrossel ist 23 cm groß und lebt meist in der Nähe menschlicher Siedlungen, vom Süden Kanadas bis in den Süden der USA und nach Mittelamerika. Sie ist ziemlich zutraulich und läßt sich auch leicht zähmen. Ihren deutschen Namen verdankt sie ihrem Ruf, der dem Miauen einer Hauskatze ähnelt. Die Katzendrosseln sind hauptsächlich Insektenfresser, ernähren sich aber zusätzlich auch von Beeren, Früchten und auch von Weintrauben. Zur Brutzeit bauen sie aus Zweigen geflochtene Nester gut versteckt im Dickicht der Büsche. Dort legen sie vier bis sechs grünlichblaue Eier, die sie fast zwei Wochen lang bebrüten. Die Katzendrossel kann Töne und Geräusche ausgezeichnet imitieren.

Turdus merula (Muscicapidae) Familie Fliegenschnäpper

Amsel

Die Amsel ist 25 cm lang und kommt als Brutvogel in ganz Europa mit Ausnahme Nordskandinaviens sehr häufig vor. Sie brütet zwei- oder dreimal jährlich, vorzugsweise in Hecken, Waldrändern und Gärten unserer Städte und Dörfer. Im Sommer hört man ihren sehr melodischen Gesang schon in den frühen Morgenstunden und auch tagsüber. Sie ernährt sich von Insekten, Regenwürmern, vor allem aber von Schnecken, sowie Früchten und Beeren. In einem aus Pflanzenmaterial errichteten Nest legt sie vier bis sechs grünlichblaue, rötlichbraun gesprenkelte Eier, die sie zwei Wochen lang bebrütet.

➥ *Amsel*

Mimus polyglottus (Mimidae) Familie Spottdrosseln

Spottdrossel

Die Spottdrossel hat eine Gesamtlänge von 26 cm und ist vom Süden der USA bis nach Mexiko verbreitet, wo sie wegen des Wohlklangs ihres Gesangs, ihr unruhiges Wesen und für die Aggressivität, mit der sie ihr Revier verteidigt, sehr bekannt ist. Geschickt ahmt sie andere Vogelstimmen und die verschiedensten Laute und Melodien nach und bereichert auf diese Weise täglich ihr Gesangsrepertoir. Zur Brutzeit baut sie ein kleines aus Zweigen geflochtenes Nest, das sie mit Gras und feinen Wurzeln auskleidet. Hier legt sie drei bis sechs grünliche, rotbraun gefleckte Eier. Die Brutdauer beträgt ein paar Wochen, beide Elternteile kümmern sich um die Aufzucht ihrer Jungen.

Muscicapidae
Familie
Fliegenschnäpper

Familie der Ordnung Passeriformes mit 53 über die ganze Erde (mit Ausnahme von Polynesien) verbreiteten Arten.

Monticola saxatilis Steinrötel
Unterschwanzdecke rostrot

Monticola solitarius Blaumerle
Unterschwanzdecke schwarz oder schwärzlich

äußere Fahne der 5. primären Schwungfeder graduell bis zur Spitze der Feder sich allmählich verschmälernd

Lauf länger als der Schnabel, aber nicht doppelt so lang

Lauf doppelt so lang wie der Schnabel

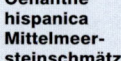

Unterschwanzdecke weiß

Kehle schwarz

Oenanthe hispanica Mittelmeersteinschmätzer
Rücken nicht schwarz oder schwärzlich

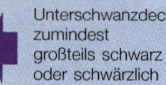

Turdus merula Amsel
Unterschwanzdecke ganz schwarz oder rötlichgelb gerändert

Unterschwanzdecke zumindest großteils schwarz oder schwärzlich

äußere Fahne der 5. primären Schwungfeder (scheinbar der 4.) erst an der Spitze schmäler werdend

Oenanthe oenanthe Steinschmätzer
Kehle nicht schwarz

Oenanthe leucura Trauersteinschmätzer
Rücken schwarz oder schwärzlich

Turdus torquatus Ringdrossel
Unterschwanzdecke nicht ganz schwarz und nicht weiß gerändert

Unterschwanzdecke großteils weiß oder gelblich

Turdus iliacus Rotdrossel
Brauenstreifen weiß oder rötlichgelb, deutlich sichtbar

Brauenstreifen nicht vorhanden oder nicht auffällig

untere Deckfedern der Flügel weiß

Turdus pilaris Wacholderdrossel
schwarzer Fleck der Brust- und Seitenbefiederung geht bis zur Spitze und ist von einer Randzone von weißen Ästchen umgeben

Turdus phylomelos Singdrossel
untere Deckfedern der Flügel rötlichgelb

Turdus viscivorus Misteldrossel
schwarzer Fleck der Brust- und Seitenbefiederung befindet sich an der Spitze jeder Feder

Turdus torquatus (Muscicapidae)
Familie Fliegenschnäpper

Ringdrossel

Die Ringdrossel wird 24 cm lang und kommt als Brutvogel in den Alpen, Pyrenäen, Karpaten und Dinariden sowie in Nordskandinavien vor. Sie bewohnt die Gebirgswälder und felsiges, von Büschen durchsetztes Gelände. Im Herbst begibt sie sich auch in die Ebene. Sie ernährt sich von Insekten, Würmern, Beeren und Früchten. Ein- oder zweimal im Jahr, in der Zeit von April bis Juli, baut sie ein Nest, das dem der Amsel ähnelt und welches sie in niedriger Höhe im Gesträuch oder in Felsspalten errichtet: hier legt sie vier bis fünf grünlichblaue, mit rötlichen Flecken gesprenkelte Eier.

Saxicola rubetra
Braunkehlchen
Stoß an der Basis
weiß

Unterschwanzdecke
nicht weiß

 Steuerfedern in
der apikalen
Hälfte schwarz

Saxicola torquata
Schwarzkehlchen
Stoß einfarbig
schwärzlich

Steuerfedern
einfarbig

Oberschwanzdecke
leuchtend rostrot,
Stoß rötlich

die zwei mittleren
Steuerfedern
schwärzlich

Phoenicurus
phoenicurus
Gartenrot-
schwanz
Achseln hell
rötlichgelb

Erithacus rubecula
Rotkehlchen
Oberschwanzdecke
nicht leuchtend
rostrot,
Stoß nicht rötlich

Luscinia
megarhynchos
Nachtigall
die zwei mittleren
Steuerfedern
nicht schwärzlich

Phoenicurus
ochruros
Hausrotschwanz
Achseln aschgrau

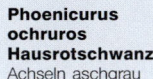

Turdus pilaris (Muscicapidae)
Familie Fliegenschnäpper

Wacholderdrossel

Die Wacholderdrossel erreicht eine Gesamtlänge von 25 cm, kommt als Brutvogel in Nord- und Nordosteuropa vor und zieht als Teilzieher im Winter bis nach Spanien und Italien. Sie ist sehr gesellig und bewohnt gerne Waldlichtungen oder Ränder von Nadelwäldern und nistet kolonienweise in Pappeln und Birken. Ihre Nahrung besteht aus Insekten und Beeren, vor allem aus Wacholderbeeren. Zur Brutzeit baut sie in einer großen Astgabel ein Nest aus Halmen und Wurzeln, das sie mit Schlamm zementiert und innen mit Moos auslegt. Hier legt sie vier bis sechs grünlichblaue, rötlich gefleckte Eier ab. Diese Vogelart ist momentan in Ausbreitung begriffen und brütet mittlerweile auch in Österreich.

Turdus viscivorus (Muscicapidae)
Familie Fliegenschnäpper

Misteldrossel

Die Misteldrossel ist 28 cm lang und kommt als Brutvogel in ganz Europa, ausgenommen Nordskandinavien, nicht sehr häufig vor. Sie bewohnt vorzugsweise Laub- und Nadelwälder, besonders in Gebirgszonen. Sie ist sehr scheu und hat einen flötenden Gesang. Ihre Nahrung besteht aus Insekten, Würmern und Mistelbeeren. Zwei- bis dreimal im Jahr, in der Zeit von Februar bis Juni, legt sie vier bis fünf rötliche oder oliv-braune, purpurrot gefleckte Eier in einem aus Schlamm, Wurzeln und Moos errichteten Nest; dieses ist meist an einer kahlen Astgabel in großer Höhe angebracht.

◀ *Wacholderdrossel*

Turdus philomelos (Muscicapidae)
Familie Fliegenschnäpper

Singdrossel

Die Singdrossel ist 23 cm groß und kommt in ganz Europa, ausgenommen die Mittelmeerländer, sehr häufig vor. Den Winter verbringt sie in Mittel- und Süditalien und in Spanien. Sie frißt Beeren aller Art, besonders gerne Wacholderbeeren, Würmer, kleine Eidechsen und im Herbst Weintrauben. Sie hat einen sehr eindrucksvollen melodischen Gesang. Zweimal im Jahr, in der Zeit von April bis Juli, legt sie vier bis sechs blaugrüne, rotbraun gesprenkelte Eier, die sie 15 Tage lang bebrütet.

Singdrossel ▶

Turdus iliacus (Muscicapidae)
Familie Fliegenschnäpper

Rotdrossel

Die Rotdrossel wird 20 cm lang und ist ein Bewohner Nordeuropas, den Winter verbringt dieser Teilzieher in den Mittelmeerländern. Die Rotdrossel ist sehr gesellig und bewohnt vorzugsweise Birkenwälder und Moorgebiete, manchmal gemeinsam mit Wacholderdrosseln, selten kommt sie auch in die Städte. Ihre Nahrung ist ähnlich wie die aller anderen Drosseln. Aus Schlamm, Moos, Flechten und Pflanzenfasern baut sie ihr Nest, das sie im allgemeinen in geringer Entfernung vom Boden errichtet. Zweimal im Jahr legt sie hier vier bis sechs grünlich-blaue, manchmal rötlich gefleckte Eier.

Rotdrossel ▶

Oenanthe oenanthe (Muscicapidae)
Familie Fliegenschnäpper

Steinschmätzer

Der Steinschmätzer ist 15 cm lang, bewohnt im Sommer ganz Europa und bevorzugt offenes, kahles Hügel- und Bergland, mit wenig Vegetation, Moore, Dünen und felsige Gebiete. Typisch ist sein Verhalten, wenn er auf Felsen oder Steinen in aufrechter Haltung, manchmal knicksend und mit gefächerten Schwanzfedern wippend, auf vorbeifliegende Insekten wartet. Er ernährt sich auch von Würmern und Larven. Zweimal im Jahr legt er vier bis sieben grünlichblaue, mehr oder weniger rotbraun gesprenkelte Eier. Das Nest legt er im allgemeinen in Löchern alter Mauern, in Felsspalten oder direkt am Boden zwischen den Felsen an.

Oenanthe leucura (Muscicapidae)
Familie Fliegenschnäpper

Trauersteinschmätzer

Der Trauersteinschmätzer ist 18 cm lang und bewohnt den Süden der Iberischen Halbinsel. Er bevorzugt trockene, felsige Gebirgsgegenden und felsige Meeresküstenabschnitte. Er ist sehr scheu und vorsichtig und ernährt sich von Insekten und verschiedenen Beeren. Sein Gesang ähnelt dem der Blaumerle (Monticola solitarius). Von März bis Mai legt er vier bis fünf hellblaue oder weißliche, an einem Ende rot gefleckte Eier in sein Nest, das in Mauerlöchern von Ruinen oder in Felsspalten verborgen durch einen kleinen Wall aus Steinchen angelegt wird.

Phoenicurus ochruros (Muscicapidae)
Familie Fliegenschnäpper

Hausrotschwanz

Der Hausrotschwanz ist 14 cm lang und bewohnt ganz Mittel- und Südeuropa. Mit Einbruch der winterlichen Kälte ziehen Hausrotschwänze in den Süden, um dort zu überwintern. Die Lebensgewohnheiten dieser Art, die häufig in Gärten von Städten und Dörfern, aber auch an Klippen entlang der Felsküsten und in Weinbergen anzutreffen ist, entsprechen ungefähr denen des Gartenrotschwanzes (Phoenicurus phoenicurus). Er ernährt sich von Raupen und Insekten sowie von wilden Beeren. Zwei- oder dreimal im Jahr, von April bis Juli, legt er vier bis sechs leuchtendweiße Eier in sein Nest, welches aus trockenen Pflanzen und Moos besteht und gerne auf Dachbalken und ähnlichem errichtet wird.

Oenanthe hispanica (Muscicapidae)
Familie Fliegenschnäpper

Mittelmeersteinschmätzer

Der Mittelmeersteinschmätzer ist 15 cm lang und bewohnt zur Brutzeit alle südeuropäischen Mittelmeergebiete. Er bevorzugt offenes, baumloses felsiges oder sandiges Gelände. Aus Gras, Roßhaar und Wolle von Pflanzensamen wird sein Nest, das in engen Felsspalten oder in Höhlungen errichtet wird. Im Mai legt er vier bis fünf hellblaue, an einem Ende braun gefleckte Eier. Die Männchen dieser Spezies zeigen zwei deutlich unterschiedliche »Trachten«, einige, wie das oben dargestellte, besitzen einen cremefarbenen oder weißen Hals, andere sind dort schwarz gefärbt.

Phoenicurus phoenicurus (Muscicapidae)
Familie Fliegenschnäpper

Gartenrotschwanz

Der Gartenrotschwanz ist 14 cm lang und bewohnt als Brutvogel ganz Europa mit Ausnahme der Balkanhalbinsel und von Teilen Spaniens. Dieser zierliche Vogel bevorzugt als Lebensraum Wälder, Gärten, Parkanlagen und Heidelandschaft. Er bewegt häufig vibrierend seinen rostbraunen Schwanz und flattert in kurzen Zügen umher, immer auf der Jagd nach Insekten, die er im Flug oder auch am Boden fängt. Er nistet im Mai und im Juni, und baut aus kleinen Wurzeln, trockenen Pflanzenresten und Moos ein Nest, das er innen mit Federn und Roßhaar auskleidet. Er bringt es in Baumhöhlen oder Mauerlöchern an. Hier legt er fünf bis sechs hellblaue Eier mit wenigen rötlichen Flecken.

Saxicola torquata (Muscicapidae)
Familie Fliegenschnäpper

Schwarzkehlchen

Das Schwarzkehlchen wird 13 cm lang und bewohnt ganz West- und Südeuropa inklusive der Mittelmeerländer und Inseln. Es bevorzugt mit Sträuchern durchsetztes Heideland, Ödland, Sandgruben, Bahndämme und ähnliches Gelände und errichtet sein Nest aus trockenen Gräsern und Moos direkt am Boden im Gras oder nahe an einem Busch, innen wird es mit Federn, Wolle und zarten Halmen ausgekleidet. Von April bis August, zwei- oder dreimal jährlich, legt es hier vier bis sechs bläulichgrüne, rotbraun gefleckte Eier. Es hat einen lieblichen und angenehmen Gesang und ernährt sich von Fliegen, Schmetterlingen und anderen Insekten, die es im Flug fängt; außerdem frißt es auch Samenkörner.

Saxicola rubetra (Muscicapidae)
Familie Fliegenschnäpper

Braunkehlchen

Das Braunkehlchen wird 13 cm lang und bewohnt während des Sommers Nordeuropa und die Gebirgszonen Nordspaniens und den Apennin. Es bevorzugt offenes Heideland, Moorlandschaften und Böschungen, hat einen melodiösen Gesang und ernährt sich von Insekten, Raupen, Weichtieren und auch von Früchten und Beeren. Sein Nest errichtet es auf dem Boden, im Gras, nahe einer Hecke oder einem Busch, geflochten aus Moos und Gräsern und innen ausgekleidet mit Halmen und Tierhaaren. Zweimal im Jahr, von Mai bis August, legt es hier vier bis sieben blaugrüne, rotbraun gesprenkelte Eier.

Rotkehlchen ➡

Erithacus rubecula (Muscicapidae)
Familie Fliegenschnäpper

Rotkehlchen

Das Rotkehlchen ist 14 cm groß und bewohnt ganz Europa, mit Ausnahme der spanischen Mittelmeerküste und Nordskandinaviens. Seine Lebensräume sind bevorzugt Wälder mit reichlich Unterholz, Parkanlagen und Gärten. Knapp über dem Boden, in einer Baumhöhle, in einem Mauerloch oder im Efeu versteckt, errichtet es sein Nest aus trockenen Blättern und Moos, innen wird dieses mit Federn und Haaren ausgekleidet. Zwei- oder dreimal im Jahr, in der Zeit von März bis Juni, legt es hier fünf bis acht gelbe oder weiße, mehr oder weniger rot gesprenkelte Eier ab. Das Rotkehlchen ist sehr zutraulich.

Gegenüber: Braunkehlchen ➡

Luscinia megarhynchos (Muscicapidae)
Familie Fliegenschnäpper

Nachtigall

Die Nachtigall ist 16 cm lang und bewohnt ganz Europa bis zu Höhe Dänemarks, fehlt aber in Südbayern. Dieser unscheinba Vogel bevorzugt kleine, sumpfige Wälder der Ebenen, feuchte Unterholz und Parkanlagen. Die Nachtigall hat einen übera melodiösen, vielstrophigen Gesang, den man meist in de Abend- und Nachtstunden hören kann. Im Mai, nur einm jährlich, legt sie vier bis sechs olivgrüne, manchmal rötlic gefleckte Eier ab; das Nest besteht aus Blättern und andere Pflanzenteilen, ist innen mit Tierhaaren und Pflanzenfasern au gelegt und wird entweder direkt am Boden oder knapp darüb im Dickicht angelegt. Ihre Nahrung besteht aus Insekten, Früc ten und Beeren.

Monticola saxatilis (Muscicapidae)
Familie Fliegenschnäpper

Steinrötel

Der Steinrötel ist 19 cm lang und bewohnt ganz Südeuropa. E bevorzugt felsige Gebirgsgegenden und sonnige Steilhänge die in einer Höhe zwischen 900 und 2400 m liegen. Diese prächtige Vogel hat einen lieblichen flötenden Gesang un ernährt sich von Larven und Insekten, vor allem von Schaben im Herbst auch von Früchten und Beeren. Häufig vollführt er m seinem rostbraunen Schwanz ähnlich zitternde Bewegunge wie die beiden Rotschwanzarten. In der Zeit von Mai bis Ju baut er ein kunstloses Nest, versteckt in Löchern alter Ge mäuer, in Felswänden oder auch in einer Felsspalte, hier legt vier bis fünf bläulichweiße, mit rotbraunen Flecken versehen Eier. Er brütet zweimal jährlich.

Monticola solitarius (Muscicapidae)
Familie Fliegenschnäpper

Blaumerle

Die Blaumerle erreicht eine Gesamtlänge von 20 cm und bewohnt die Iberische Halbinsel, Italien und den Süden der Balkanhalbinsel. Sie bevorzugt sonnendurchglühte felsige Berghänge, Steinbrüche mit wenig Vegetation sowie steil zum Meer abfallende Hänge, aber auch Städte und Dörfer. Ihr flötender Gesang ist lieblich und melodiös, ähnlich dem der Amsel und hat sicher dazu beigetragen, daß diese Spezies schon sehr selten geworden ist. Sie errichtet ein grobes Nest, das sie in einer Felsspalte oder in altem Gemäuer versteckt anlegt; von April bis Juni, zweimal jährlich, legt sie hier vier bis fünf grünlichblaue, leicht rötlich gefleckte Eier. Sie verbirgt sich gerne zwischen Felsblöcken.

Sialia sialis (Muscicapidae)
Familie Fliegenschnäpper

Rotkehlhüttensänger

Der Rotkehlhüttensänger ist 18 cm lang und an der Ostseite Nordamerikas verbreitet. Wie alle Vertreter der Gattung Sialia (Hüttensänger) hat er einen trillernden und zarten Gesang, der in krassem Gegensatz zum sonst recht rauhen Ruf der anderen Gattungen dieser Gruppe steht. Er bewohnt vorzugsweise offene und lichte Wälder, in denen er auch brütet, als Nistplatz benützt dieser Vogel natürliche Baumhöhlen oder Nistkästen. Im allgemeinen brüten sie zwei- bis dreimal im Jahr, die Bebrütung der Eier besorgt allein das Weibchen, während das Männchen es mit Futter versorgt. Beide Elternteile kümmern sich anschließend um die Aufzucht ihrer Jungen.

Turdus migratorius (Muscicapidae)
Familie Fliegenschnäpper

Wanderdrossel

Die Wanderdrossel erreicht eine Gesamtlänge von 25 cm und ist in Nordamerika verbreitet, sehr selten sieht man sie während des Winters auch in Westeuropa. Über diese Art, übrigens einziger Vertreter der Gattung Turdus in Nordamerika, ist erstaunlich wenig bekannt. Die Wanderdrossel bewohnt lichte Wälder und offenes Buschland und hat sich neuerdings auch in den Vororten der Städte angesiedelt. Ihr Nest, das aus Pflanzenfasern und Schlamm gebaut wird, errichtet sie auf Bäumen oder Sträuchern; hier legt sie drei bis vier blaugraue Eier, die das Weibchen 14 Tage lang brütet. Ihre Nahrung besteht aus Insekten und vor allem aus Früchten und Beeren.

**Cisticola juncidis
Cistensänger**
alle Steuerfedern
mit einem weißen,
vor allem von
unten deutlich
sichtbaren Fleck
an der Spitze

Sylviidae
Familie Grasmücken

Familie der Ordnung Passeriformes mit 321 auf
der ganzen Erde, speziell aber in der Alten Welt
verbreiteten Arten.

**Cettia cetti
Seidensänger**
Stoß mit
10 Steuerfedern

**Phylloscopus
sibilatrix
Waldlaubsänger**
2. primäre
Schwungfeder
länger als die 5.

die zwei mittleren
Steuerfedern
kürzer als die
seitlichen;
Stoß zweilappig

alle Steuerfedern
ohne Fleck
an der Spitze

die zwei mittleren
Steuerfedern nicht
kürzer als die
seitlichen;
Stoß gerundet
oder fast rund

Stoß mit
12 Steuerfedern

**Sylvia atricapilla
Mönchs-
grasmücke**
1. Schwungfeder
länger als die
ersten Deckfedern

1. seitliche
Steuerfeder
ziemlich gleich
lang wie die
mittlere,
oder kaum kürzer;
Stoß fast stumpf

1. seitliche
Steuerfeder
zumindest teilweise
weiß an der
äußeren Fahne
und an der Spitze

**Sylvia nisoria
Sperber-
grasmücke**
Federn der
Unterschwanzdecke
weiß mit einem
braunen,
flammenförmigen
Fleck in der Mitte

**Phylloscopus
trochilus
Fitis**
2. primäre
Schwungfeder
länger als die 6.

2. primäre
Schwungfeder
nicht länger
als die 5.

**Sylvia borin
Garten-
grasmücke**
erste Schwungfeder
kürzer als die
ersten Deckfedern

Lauf doppelt so
lang wie der
Schnabel

erste seitliche
Steuerfeder
gänzlich weiß

**Hippolais icterina
Gelbspötter**
1. primäre
Schwungfeder
überragt die
ersten Deckfedern
nicht

Lauf nicht
doppelt so lang
wie der Schnabel

Unterschwanzfedern
nicht so gefleckt

**Sylvia hortensis
Orpheus-
grasmücke**
Schnabel
mindestens so lang
wie die Mittelzehe

2. primäre
Schwungfeder nicht
länger als die 6.

**Phylloscopus
bonelli
Berglaubsänger**
2. primäre
Schwungfeder nicht
kürzer als die 6.

**Hippolais
polyglotta
Orpheusspötter**
1. primäre
Schwungfeder
überragt die
ersten Deckfedern

**Phylloscopus
collybita
Zilpzalp**
2. primäre
Schwungfeder
kürzer als die 6.

Schnabel nicht
kürzer als die
Mittelzehe

Brust weißlich,
nicht rötlichgelb

**Sylvia curruca
Klapper-
grasmücke**
1. Schwungfeder
etwas größer,
überragt die
ersten Deckfedern

**Sylvia communis
Dorngrasmücke**
1. Schwungfeder
sehr klein,
überragt die
ersten Deckfedern
nicht

Sylvia sarda
Sardengrasmücke
2. primäre Schwungfeder nicht länger als die 7.

Sylvia melanocephala
Samtkopfgrasmücke
erste seitliche Steuerfeder weiß

Sylvia undata
Provencegrasmücke
2. primäre Schwungfeder länger als die 7.

mittlere Steuerfedern länger als der Flügel

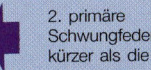
2. primäre Schwungfeder kürzer als die 4.

mittlere Steuerfedern nicht länger als der Flügel

Lusciniola melanopogon
Mariskensänger
erste seitliche Steuerfeder gänzlich weiß

seitliche Steuerfedern sichtlich kürzer als die mittleren; Stoß ganz rund oder abgestuft

2. primäre Schwungfeder mindestens so lang wie die 4.

Locustella luscinioides
Rohrschwirl
2. primäre Schwungfeder etwas länger als die 3.

Acrocephalus paludicola
Seggenrohrsänger
weißer Streifen den Kiel entlang

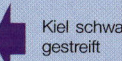
Kiel schwarz gestreift

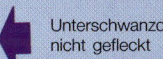
Unterschwanzdecke nicht gefleckt

zweite Schwungfeder nicht länger als die dritte

Locustella naevia
Feldschwirl
Unterschwanzdecke über die Mitte braun gefleckt

Acrocephalus schoenobaenus
Schilfrohrsänger
besagter Streifen fehlt

Kiel einfarbig

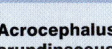

Acrocephalus arundinaceus
Drosselrohrsänger
Achseldeckfedern rötlichgelb

Acrocephalus palustris
Sumpfrohrsänger
2. primäre Schwungfeder etwas länger als die 4.

Achseldeckfedern weiß

Acrocephalus scirpaceus
Teichrohrsänger
2. primäre Schwungfeder nicht länger als die 4.

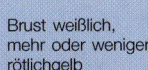
Brust weißlich, mehr oder weniger rötlichgelb

Sylvia conspicillata
Brillengrasmücke
Stoß rundlicher; 2. primäre Schwungfeder etwas kürzer als die 5.

Sylvia cantillans
Weißbartgrasmücke
Stoß fast stumpf; 2. primäre Schwungfeder länger als die 5.

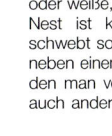

Acrocephalus scirpaceus (Sylviidae)
Familie Grasmücken

Teichrohrsänger

Der Teichrohrsänger ist 13 cm groß und bewohnt ganz Europa bis in die Höhe der Südspitze Schwedens. Er bevorzugt Sumpfzonen und mit Büschen durchsetzte Moore, Röhricht und dichtbewachsene Ufer von Seen und Flüssen. Hier geht er auf die Suche nach Wasserinsekten, Spinnen, Fliegen, Würmern und Schnecken. Zweimal im Jahr legt er vier bis fünf grünliche oder weiße, verschiedenartig graubraun gesprenkelte Eier. Sein Nest ist kunstvoll geflochten an Schilfrohr befestigt und schwebt so in geringer Höhe über dem Wasserspiegel. Er hat neben einem rauhen Alarmruf auch einen melodiösen Gesang, den man vom Morgen bis in die Nacht hören kann; er ahmt auch andere Vogelstimmen nach.

Acrocephalus palustris (Sylviidae)
Familie Grasmücken

Sumpfrohrsänger

Der Sumpfrohrsänger ist 13 cm groß und brütet in Mittel- und Osteuropa. Er ist trotz seines Namens weniger an Sumpfgebiete gebunden als seine Verwandten und bewohnt neben Ufergehölz auch Weizenfelder und Weidenpflanzungen, in denen er sich auf die Suche nach Insekten und Beeren macht. Aus trockenen Pflanzenelementen, Spinnweben und Brennesselfasern baut er ein unordentliches Nest, das knapp über dem trockenen Boden an Halmen und Stengeln hängt. Im Juni legt er hier vier bis sieben bläulichweiße, leicht braun gefleckte Eier ab, die er fast zwei Wochen lang bebrütet.

Gegenüber, links: Sumpfrohrsänger ▶

Cettia cetti (Sylviidae)
Familie Grasmücken

Seidensänger

Der Seidensänger ist 14 cm groß und bewohnt vorwiegend als Standvogel die Iberische Halbinsel, Teile Frankreichs, Italien und die Balkanhalbinsel. Er bewohnt die sehr dichte Vegetation am Rande von Wassergräben, Sumpfgebiete, aber auch verbuschte Landschaften nahe dem Wasser. Der Seidensänger ist sehr scheu und ernährt sich vorwiegend von Wasserinsekten. Ein paarmal im Jahr, im Mai und Juni, legt er vier bis fünf leuchtend ziegelrot gefärbte Eier; das Nest ist annähernd kugelförmig und besteht aus Strohhalmen, pflanzlichen Elementen, Wolle, Roßhaar und Federn und ist in einem Busch mindestens einen Meter über dem Boden versteckt. Diese Art ist momentan in Ausbreitung begriffen.

Acrocephalus schoenobaenus (Sylviidae)
Familie Grasmücken

Schilfrohrsänger

Der Schilfrohrsänger wird 13 cm groß und bewohnt Europa nördlich der Alpen mit Ausnahme Zentralskandinaviens und ist auch in Mittelitalien sowie in ganz Osteuropa verbreitet. Er bevorzugt dichtes Röhricht, Weidengestrüpp, die Wasservegetation im allgemeinen, seltener Weizenfelder sowie das Schilfdickicht an See- und Flußufern. Einmal im Jahr legt er bis sechs gelbliche, grün gefleckte Eier, die etwa zwei Wochen lang bebrütet werden. Das unordentliche Nest ist geschickt unter einem Busch oder in einer Bodenmulde im Gras versteckt. Es wird aus trockenen Blättern und kleinen Wurzeln grob geflochten, innen mit Wolle, Federn und Roßhaar ausgelegt.

Acrocephalus arundinaceus (Sylviidae)
Familie Grasmücken

Drosselrohrsänger

Der Drosselrohrsänger ist 19 cm groß und bewohnt als Brutvogel ganz Europa mit Ausnahme Englands und Skandinaviens. Er bevorzugt als Lebensraum Sümpfe, reichlich mit Röhricht bewachsene Flußufer, Teiche und Seen. Seine Nahrung besteht vorzugsweise aus Wasserinsekten und deren Larven, aber auch aus Beeren. Sein Hängenest errichtet er aus Pflanzen und kleinen Wurzeln, innen ist es mit Sumpfpflanzen ausgelegt, es wird so an den Halmen des Röhrichts verankert, daß es über dem Wasser schwebt. Einmal im Jahr, von Mai bis Juni, legt er hier vier bis fünf grünlichblau gefärbte, purpurrot gefleckte Eier.

Locustella luscinioides (Sylviidae)
Familie Grasmücken

Rohrschwirl

Der Rohrschwirl wird 14 cm groß und bewohnt die Südküste der Iberischen Halbinsel, Westfrankreich und die Beneluxstaaten sowie Norddeutschland und fast ganz Ost- und Südosteuropa. Seine Nahrung besteht vor allem aus Imagines und Larven der Wasserinsekten. Er ist recht zutraulich, versteckt sich aber bei Gefahr im Dickicht der Sumpfvegetation, nur im äußersten Notfall fliegt er davon. Im Mai legt der Rohrschwirl vier bis fünf weiße, dicht graublau oder braun gesprenkelte Eier, die beide Elternteile bebrüten. Das Nest ist recht grob aus Blättern und Fasern von verschiedenen Sumpfpflanzen geflochten und wird auf einem Binsenhaufen oder liegendem Schilfrohr angelegt.

Lusciniola melanopogon (Sylviidae)
Familie Grasmücken

Mariskensänger

Der Mariskensänger ist 13 cm groß und bewohnt Südostspanien, Italien und Südosteuropa, er ist ein Teilzieher. Dieser recht scheue und vorsichtige Vogel entzieht sich einer Gefahr, indem er sich rasch im Dickicht der Vegetation versteckt. Seine Nahrung besteht aus Insekten, die er meist von Blättern aufsammelt. Einmal jährlich, gegen Ende Mai, legt er vier bis fünf bläulichweiße, braun gefleckte Eier in einem aus Fasern von Sumpfpflanzen, Wurzeln und Gras geflochtenen Nest. Dieses wird auf einen Schilfrohrhaufen oder zwischen den Binsen direkt am Boden angelegt.

Gegenüber, rechts: Mariskensänger ▶

Locustella naevia (Sylviidae)
Familie Grasmücken

Feldschwirl

Der Feldschwirl hat 13 cm Gesamtlänge und bewohnt ganz Europa, ausgenommen die Mittelmeerländer und ganz Skandinavien. Er bevorzugt als Lebensraum Heideflächen, Sümpfe und mit Büschen bewachsenes Hügelland, aber auch trockene verbuschte Wiesenflächen, wo er sich gerne im Dickicht der Vegetation aufhält. Der Feldschwirl ist sehr scheu und ernährt sich ausschließlich von Insekten, vorzugsweise von Libellen. Einmal im Jahr, selten auch zweimal, legt er fünf bis sieben weiße bis lilafarbene, rotbraun gesprenkelte Eier. Das fast kugelförmige Nest besteht aus trockenen Pflanzenteilen und Moos und wird entweder direkt am Boden oder auf niedrigen Zweigen von Büschen errichtet.

Acrocephalus paludicola (Sylviidae)
Familie Grasmücken

Seggenrohrsänger

Der Seggenrohrsänger erreicht eine Gesamtlänge von 13 cm und bewohnt als Brutvogel Mittelosteuropa und kommt lokal auch in Mittel- und Südeuropa vor. Er bevorzugt dichtes Röhricht und Binsendickicht und auch die dichte Vegetation an den Ufern von Seen und Flüssen. Er ist sehr scheu und zieht sich sofort in undurchdringliches Dickicht zurück. Der Seggenrohrsänger legt vier bis fünf gelblichweiße, rötlichgelb oder grün gesprenkelte Eier. Sein hängendes Nest ist zwischen den Binsen oder auf niedrigen Zweigen von Weidenbüschen in geringer Höhe an Weidenzweigen angebracht, nie legt er es direkt am Wasser an. Zur Nahrungssuche begibt er sich häufig auf den Boden.

Cisticola juncidis (Sylviidae)
Familie Grasmücken

Cistensänger

Der Cistensänger ist 10 cm lang und im Süden der Iberischen Halbinsel, an der französischen Westküste, Südfrankreich, Italien und Griechenland als Standvogel verbreitet. Er bevorzugt Zonen mit dichter Vegetation, Kornfelder und Wiesenflächen in wasserreichen Gebieten, führt ein sehr unruhiges Dasein und ernährt sich vorwiegend von Insekten. Von April bis Oktober, mehrmals im Jahr, baut er ein beutelförmiges Nest mit einem oberen Eingang, das er knapp über dem Boden an Halmen oder in geringer Höhe an Weidenzweigen anbringt. Er legt vier bis fünf blaue Eier mit rötlichen Flecken.

Das Präparieren von Vögeln (»Ausstopfen«)

Die Vogelpräparation ist eigentlich Sache des »Tierpräparators«, der diese schwierige Kunst im Rahmen einer mehrjährigen Lehre von Grund auf erlernt hat. Trotzdem sollen für den interessierten Laien hier die Grundzüge dieser Technik und die einzelnen Arbeitsabschnitte in kurzen Worten erläutert werden.

1. Schritt (Vorbereitung zum Abhäuten): Die Kloakenöffnung wird mit einem Wattebausch verschlossen, um ein Austreten von Kot zu verhindern. Der Schnabel wird geöffnet und der Schlund des Tieres ebenfalls mit einem Wattepfropf verschlossen, damit der Kropfinhalt nicht ausfließen kann. Der Schnabel wird anschließend zusammengebunden (Abbildung 2).

2. Schritt: Der Vogel wird mit der Bauchseite nach oben auf die Unterlage gelegt. Nun sucht man die befiederten (pterilen) und unbefiederten (apterilen) Zonen der Bauchhaut (Abbildung 1). Mit einer sehr scharfen Klinge oder feinen Schere wird ein Schnitt von der Spitze des Brustbeins bis knapp vor die Kloakalöffnung durchgeführt (nur die relativ dünne Haut, nicht die Bauchdecke!) (Abbildung 3). Die reißempfindliche Haut wird beginnend von der Schnittstelle bis zum Rücken und zum Schwanz bzw. bis zu den Beinen vorsichtig vom Rumpf abgelöst.

3. Schritt: Abtrennen des Schwanzes knapp am Rumpf, Abtrennen der Beine an den Kniegelenken, dasselbe geschieht mit den Flügeln an den Schultergelenken. Nun läßt sich die gesamte Vogelhaut (Balg) mit abgeschnittenem Schwanz, Flügeln und Beinen leicht mit der feuchten Innenhaut nach außen (wie ein verkehrter Handschuh) bis zum Hinterkopf nach vorne ziehen (Abbildungen 4 und 5). Vorsichtig wird nun der Schädel frei präpariert: bei großköpfigen Arten mittels Hilfsschnitten (Abbildung 10), bei kleinköpfigen mittels vorsichtiger Dehnung. Bei Erreichen der Ohr- und Augenöffnungen müssen deren Ränder (insbesondere die Augenlider) zur Gänze *unversehrt* vom Schädel abgelöst werden, die Beschädigung der Augenlider würde eine bleibende Verunstaltung des »Vogelgesichtes« zur Folge haben. Der gesamte Balg wird bis zur Schnabelwurzel vom Vogelschädel gelöst, diese Verbindung aber nicht durchtrennt (Abbildung 6).

4. Schritt: Trennung des Vogelkörpers vom Balg am Hinterkopf, wobei das Hinterhauptsloch so vergrößert wird, daß das Vogelgehirn mit einem kleinen Löffel entnommen werden kann, die Augäpfel und alle Muskeln werden so sauber wie nur möglich entfernt. Die Knochen der Flügel und der Beine werden ebenfalls freigelegt und so weit es möglich ist von allen anhaftenden Muskeln befreit, dasselbe geschieht mit den Schwanzwirbeln, aber mit größter Vorsicht und ohne die Haut oder die nach innen stehenden Federkiele zu beschädigen.

5. Schritt: Der saubere trockengetupfte Schädel und die freigelegten Knochen sowie die gesamte Balginnenseite, die zuvor ebenfalls gesäubert und getrocknet wurde, wird mit Salicylspiritus eingepinselt, um sie zu gerben. Nachdem der Salicylspiritus eingetrocknet ist, erfolgt das »Arsenisieren« mit Arsenpomade, die ebenfalls auf alle vorher gegerbten Stellen mittels Pinsel aufgetragen wird (mit äußerster Vorsicht, wegen der Giftigkeit des Arsens).

6. Schritt: Der entnommene Vogelkörper (Torso) wird mittels mehreren Einzelteilen, welche aus fest gewickeltem Heu oder Stroh hergestellt werden und gut miteinander verbunden sind, so naturgetreu wie möglich nachgebildet (er soll den Balg des präparierten Vogels füllen; Abbildung 11). Die Flügelknochen werden verdrahtet (je nach gewünschter Stellung; Abbildung 14) und die abpräparierten Muskeln durch gewickelte Hanffasern naturgetreu nachgeahmt. Der Draht muß am Oberarm unbedingt vorstehen, damit er am Torso fest verankert werden kann (Abbildung 13). Dieselbe Verdrahtung wird mit dem Schwanz und beiden Beinen durchgeführt (Abbildung 13). Ein Draht, der den Hals tragen soll, wird vorne im Torso verankert und ebenfalls umwickelt (Abbildung 13), ein Vorderende muß weit überstehen, daß er später am Schädel fest verankert werden kann (Abbildung 12).

7. Schritt: Ausfüllen der Augenhöhlen und jener Stellen des Schädels, wo Muskeln entnommen wurden, mit Ton, auch die entfernten Arm-, Bein- und Schwanzmuskeln werden mit Ton nachmodelliert. Die Augen aus Glas werden am Schädel und im Ton in den Augenhöhlen fixiert.

8. Schritt: Der nachgebildete Torso wird mit de aus dem Halsteil ragenden Draht am Schädel fe verankert (Abbildung 12) und der Balg des Voge vorsichtig wieder über Schädel, Hals und Brust u schließlich über den gesamten Torso geschobe während an den jeweils passenden Stellen die a Flügeln, Beinen und Schwanz ragenden Drähte Torso fest verankert werden (Abbildung 13). N wird die bauchseitige Schnittstelle vorsichtig u sauber vernäht. Die aus den Fußflächen ragend Drähte werden in der vorbereiteten Holzunterla (Ast) fest verankert, so daß der Vogel in sein Stellung ordentlich festgehalten wird (Abbildung 13 und 16).

9. Schritt: Ausrichten aller Körperteile in der de Vogel gemäßen arttypischen Haltung (am best nach Foto), Ordnen des Gefieders, Anlegen vo Papiermanschetten oder von Kartonstreifen, um Federn in gewünschter Stellung festzuhalten, M dellieren des Vogelgesichts (besonders heikel). A schließend zwei Wochen eintrocknen lassen.

10. Schritt: Bemalen der Wachshaut (Cera), d Läufe oder der verschiedenen Fleischanhänge (A bildung 15) mit passenden Ölfarben. Diese fleisc gen Anhängsel müssen übrigens zuvor vom G webe befreit und mit Wachs ausgefüllt werde Damit ist das Präparat fertiggestellt und kann a jeden gewünschten Ort gebracht werden.

Formel für die Herstellung der Arsenpomad
(Achtung: äußerst giftig!)

Weiße Seife	1000
Arsensäure	500
Kaliumcarbonat	250
Kampfer	50
Kaolin (Ton)	1500

Die Pomade wird warm zubereitet und soll ein cremeartige Konsistenz erlangen. Der Kampfer wi ganz zuletzt beigegeben, nachdem er zuvor in Alk hol gelöst worden ist. Alle Chemikalien sind auß Reichweite von Kindern oder unmündigen Pers nen versperrt aufzubewahren und dürfen nur üb einen »Giftschein« (spezielle Erlaubnis zum Einka von Giften) erworben werden.

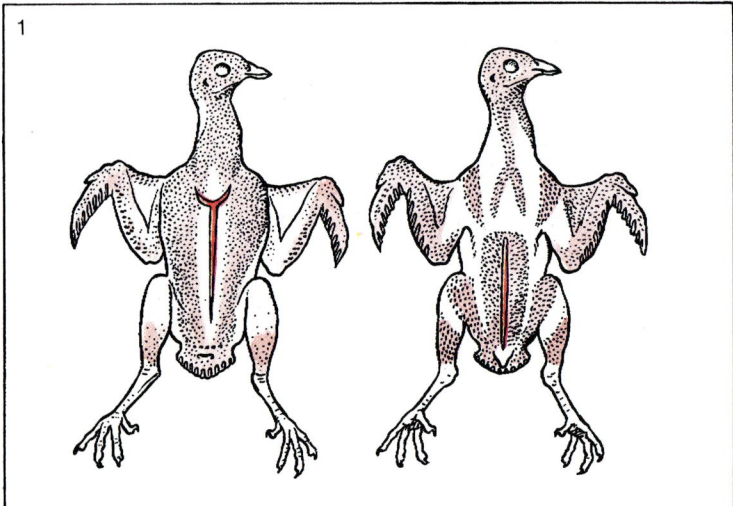

1

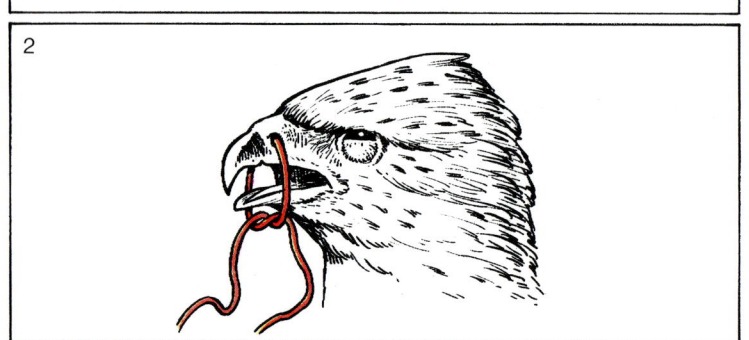

2

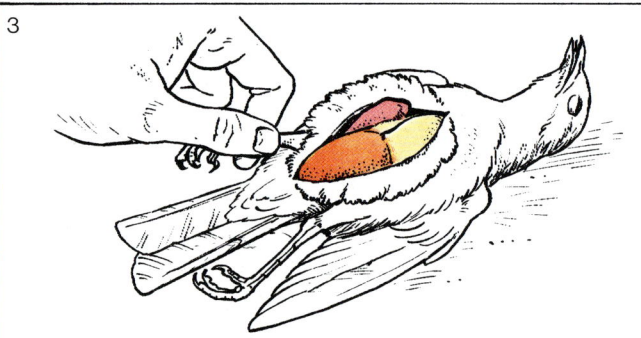

3

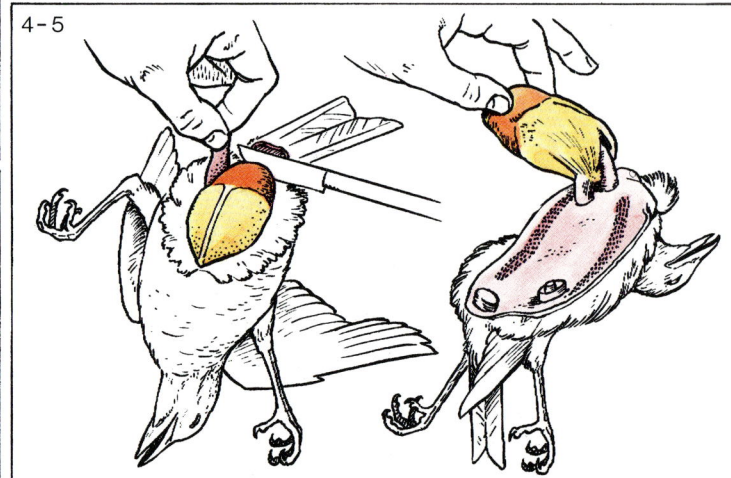

4-5

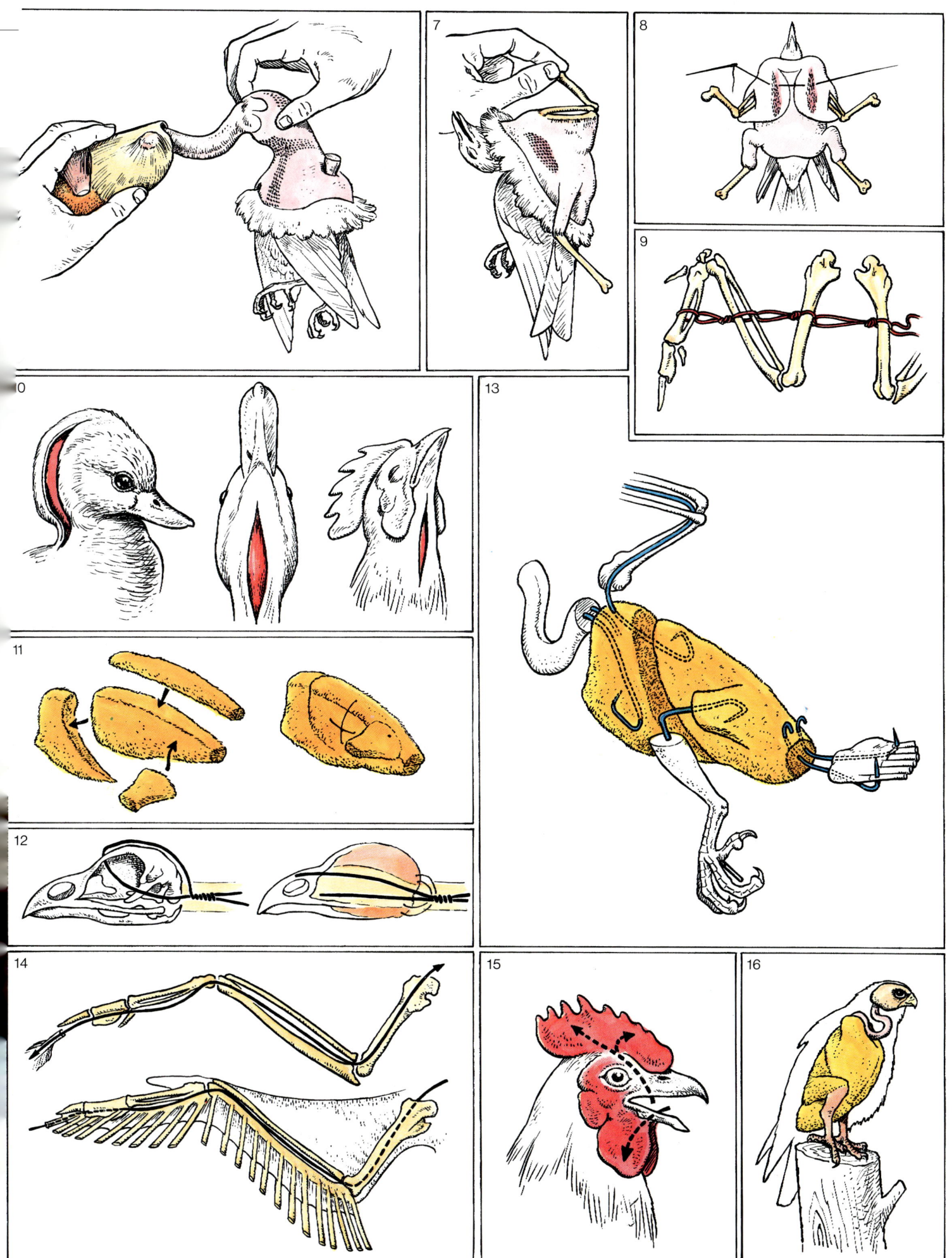

Sylvia atricapilla (Sylviidae)
Familie Grasmücken

Mönchsgrasmücke

Die Mönchsgrasmücke wird 14 cm groß und bewohnt als Teilzieher ganz Europa mit Ausnahme Nordskandinaviens. Man kann sie in Parkanlagen, Laubwäldern, Gemüsegärten, Hecken, Gärten und Obsthainen häufig antreffen. Ihre Nahrung besteht aus verschiedenen Früchten, wie Kirschen, Himbeeren und Holunderbeeren. Sie baut ein eher bescheidenes, aber dicht geflochtenes Nest, das sie knapp über dem Boden an einem Busch anbringt. Zweimal im Jahr, im April und im Mai, legt sie hier vier bis sechs farblich oft sehr unterschiedliche Eier ab. Um die Bebrütung, welche zwei Wochen dauert, kümmern sich beide Geschlechter. Während der Zugzeit ziehen die Männchen in eigenen Gruppen.

Sylvia melanocephala (Sylviidae)
Familie Grasmücken

Samtkopfgrasmücke

Die Samtkopfgrasmücke erreicht eine Gesamtlänge von 14 cm und ist vorwiegend als Standvogel eine recht häufige Spezies in den südlichen Teilen aller europäischen Mittelmeerländer. Sie bewohnt vorzugsweise offenes Gelände mit Gestrüpp, immergrüne Eichenwälder sowie Parkanlagen und die mediterrane Zwergbuschsteppe. Ihre Nahrung besteht aus Insekten, Weintrauben und Feigen. Sie baut ein sehr dicht geflochtenes Nest, das sie knapp über dem Boden an einem Strauch anbringt; es besteht aus trockenen Pflanzenteilen und ist mit Pflanzenwolle, kleinen Wurzeln und Roßhaar ausgelegt. Zweimal im Jahr, von April bis Juni, legt sie hier drei bis fünf Eier unterschiedlicher Färbung.

Sylvia conspicillata (Sylviidae)
Familie Grasmücken

Brillengrasmücke

Die Brillengrasmücke ist 13 cm groß und bewohnt als Sommervogel nur den Süden der Iberischen Halbinsel und Italien (m. Ausnahme des Nordens). Sie bevorzugt trockenes, offenes Gelände mit niedrigem Buschwerk, besonders die mit Quelle (Salicornia) bedeckten Salzböden der Küste. Sie ist scheu und sofort bereit, sich im Dickicht zu verstecken. Sie ernährt sich von Insekten, die sie im Flug fängt. Die Brillengrasmücke baut ein sehr schönes Nest aus verschiedenen Pflanzenelementen, das sie mit Moos und Roßhaar auskleidet und knapp über dem Boden in Büschen anlegt. Zweimal im Jahr, im April und im Mai, legt sie hier vier bis fünf grünlichgraue, dicht braun gefleckte Eier.

Sylvia hortensis (Sylviidae)
Familie Grasmücken

Orpheusgrasmücke

Die Orpheusgrasmücke ist 15 cm groß und ist als Sommervogel ebenfalls auf die mediterranen Länder Europas beschränkt, den Winter verbringt sie in Afrika, südlich der Sahara. Sie bevorzugt bewaldete Gebiete und Weidengebüsch an Flußufern, immergrüne Eichenwälder und Olivenhaine. Ihre Nahrung besteht aus Insekten, vor allem Raupen, Larven und Schaben und auch aus Beeren und Früchten. Aus verschiedenen Pflanzenteilen baut sie ein recht grobes Nest, das sie mit Baumwolle auslegt und auf Sträuchern oder an niedrigen Ästen von Bäumen anbringt. Zweimal im Jahr, in der Zeit von April bis Juni, legt sie hier vier bis fünf bläulichweiße, purpurn oder rötlichbraun gefleckte Eier.

Sylvia communis (Sylviidae)
Familie Grasmücken

Dorngrasmücke

Die Dorngrasmücke ist 14 cm lang und bewohnt im Sommer ganz Europa mit Ausnahme großer Teile des nördlichen und mittleren Skandinavien. Sie bevorzugt ziemlich offenes Gelände mit Büschen und Hecken, Waldränder sowie Gärten mit Hecken und Nesseln. Ihre Nahrung besteht vor allem aus Insekten und deren Larven, in der kalten Jahreszeit aus Beeren und Früchten. Ihr aus Pflanzenmaterial erbautes Nest, das innen mit zarten Wurzeln oder Roßhaar ausgelegt ist, bringt sie entweder im hohen Gras oder knapp über dem Boden in einer Hecke an. Zweimal jährlich, von April bis Juli, legt sie hier vier bis sechs grünliche, hellbraun gesprenkelte Eier, die fast zwei Wochen lang bebrütet werden.

Sylvia curruca (Sylviidae)
Familie Grasmücken

Klappergrasmücke

Die Klappergrasmücke ist 14 cm lang und kommt als Sommervogel in ganz Zentral- und Nordosteuropa vor. Sie bewohnt vorzugsweise lichte Wälder, Gebiete mit Sträuchern und Hecken, liebt dichtes Gebüsch und Gärten. Die Klappergrasmücke ist scheu, führt ein unruhiges Dasein und ernährt sich von Insekten und deren Larven sowie von verschiedenen Früchten, wie Johannisbeeren und Kirschen. Sie baut ein recht stabiles Nest aus trockenen Pflanzenteilen und Spinnweben, das sie mit kleinen Wurzeln und Roßhaaren auslegt. Von Mai bis Juni legt sie hier vier bis fünf gelblichweiße, purpurn oder braun gefleckte Eier, die sie fast zwei Wochen lang bebrütet.

Sylvia cantillans (Sylviidae)
Familie Grasmücken

Weißbartgrasmücke

Die Weißbartgrasmücke erreicht eine Gesamtlänge von 13 cm und kommt in allen mediterranen Ländern Europas vor. Als Lebensraum bevorzugt sie Waldblößen, Flußuferdickicht sowie mit Büschen und Bäumen durchsetztes freies Land. Sie ist ziemlich lebhaft und ernährt sich fast ausschließlich von Insekten. Ihr Nest besteht aus trockenen Pflanzen und Blättern von wilden Disteln, ausgelegt mit Pflanzenwolle und Tierhaaren. Sie versteckt es knapp über dem Boden in niedrigem Gebüsch. Zweimal im Jahr, im April und im Mai, legt sie hier vier bis fünf gelbliche, vor allem an einem Pol braun oder braunviolett gefleckte Eier.

Sylvia sarda (Sylviidae)
Familie Grasmücken

Sardengrasmücke

Die Sardengrasmücke ist 13 cm groß und kommt als Jahresvogel an der Ostküste Spaniens und auf den westlichen Inseln des Mittelmeeres vor. Sie bewohnt vorzugsweise unbebautes Flach- oder Hügelland, wo sie in Ginster- und Zistrosenbeständen zwischen Felsen lebt. Zur Nistzeit baut sie ein aus Pflanzenfasern und trockenem Gras geflochtenes Nest, das sie mit zarten Blättern und Haar auslegt. Von Ende April bis Juni, zweimal im Jahr, legt sie hier vier bis sechs gelblichweiße, hellbraun gesprenkelte Eier. Das Nest errichtet sie in Disteln und Myrten, wenige Zentimeter über dem Boden. Ihr Gesang ist lieblich und abwechslungsreich.

Sylvia nisoria (Sylviidae)
Familie Grasmücken

Sperbergrasmücke

Die Sperbergrasmücke hat eine Gesamtlänge von 15 cm und bewohnt als Sommervogel ganz Osteuropa mit Ausnahme der nördlichen und südlichen Bereiche sowie die Po-Ebene. Sie hält sich gerne in Dorndickichten, Feldgehölzen und Hecken auf, meidet aber dichte Wälder und Gärten. Sie ist sehr scheu und ziemlich vorsichtig, meist lebhaft auf der Suche nach Insekten, Früchten und wilden Beeren, ihrer Nahrung. Nur einmal im Jahr baut sie ein ziemlich grobes Nest, das sie mit Spinnweben und kleinen Wurzeln auslegt und knapp über dem Boden auf kurzstieligen Pflanzen anbringt. Im Mai legt sie hier fünf bis sechs gelbliche, purpurrot gesprenkelte Eier.

Sylvia undata (Sylviidae)
Familie Grasmücken

Provencegrasmücke

Die Provencegrasmücke ist 13 cm lang und kommt in Westeuropa sowie in Mittel- und Süditalien als Jahresvogel vor. Sie bevorzugt die trockene, mediterrane Macchia, aber auch Felder oder Gärten. Sie ist sehr lebhaft und jagt Insekten im Flug, ernährt sich aber auch von verschiedenen Wildfrüchten und Maulbeeren. Das eher niedrig angelegte Nest besteht aus dürren Pflanzenteilen, Wolle und Moos, ist mit Fasern und Roßhaar ausgelegt und meist in Ginsterbüschen versteckt. Zweimal im Jahr, von April bis Juli, legt sie hier vier bis sechs grünlichweiße, grün oder braun gefleckte Eier.

Samtkopfgrasmücke ◗

Phylloscopus trochilus (Sylviidae)
Familie Grasmücken

Fitis

Der Fitis wird 11 cm groß und bewohnt Mittel- und Nordeuropa als Brutvogel. Er bewohnt bevorzugt lichte Wälder, Waldränder, Birkenwäldchen, Parkanlagen und Gärten. Der Fitis ist ständig auf der Suche nach Blattläusen und anderen Insekten und ernährt sich auch von verschiedenen Früchten und Beeren. Sein Nest mit seitlichem Eingang errichtet er direkt auf dem Boden; hier legt er fünf bis acht weißliche, manchmal rötlich gesprenkelte Eier.

Gegenüber: Waldlaubsänger ♦

Phylloscopus bonelli (Sylviidae)
Familie Grasmücken

Berglaubsänger

Der Berglaubsänger ist 11 cm groß und bewohnt als Sommervogel Mitteleuropa und die europäischen Mittelmeerländer. Meist hält er sich im dichten Astwerk der Bäume, in Kiefern- oder Korkeichenwäldern auf, meidet aber auch Gebirgsgegenden bis zur Baumgrenze nicht. Seine Nahrung besteht aus Larven und Insekten, die er im allgemeinen im Gezweig der Bäume, seltener auf dem Boden, erbeutet. Sein Nest ähnelt dem anderer Laubsängerarten und ist entweder in einer Bodenmulde oder in üppiger Grasvegetation versteckt. Im Mai und im Juni, zweimal im Jahr, legt er vier bis sechs weiße, purpurn gesprenkelte Eier.

Hippolais polyglotta (Sylviidae)
Familie Grasmücken

Orpheusspötter

Der Orpheusspötter erreicht eine Gesamtlänge von 13 cm, bewohnt als Sommervogel die Iberische Halbinsel, Frankreich, Italien und die Küstenstriche Dalmatiens. Er bevorzugt große, reife Wälder mit dichtem Unterholz, Gärten und die Küstenvegetation. Seine Nahrung besteht aus Insekten, Larven und Würmern, im Herbst auch aus Früchten und Beeren. Im Mai oder im Juni, nur einmal jährlich, legt er vier bis fünf amethystfarbige, schwärzlich gefleckte Eier. Das fein geflochtene Nest ist fast kugelförmig und wird in der Astgabel eines Strauches errichtet. Die Wände des Nestes bestehen aus zarten Halmen, kleinen Wurzeln und trockenem Gras und sind mit Pferdehaar und Moos verflochten.

Phylloscopus collybita (Sylviidae)
Familie Grasmücken

Zilpzalp

Der Zilpzalp erreicht eine Gesamtlänge von knapp 11 cm und bewohnt als Teilzieher fast ganz Europa, ausgenommen Teile der Iberischen- und der Balkanhalbinsel sowie Teile Skandinaviens. Als Lebensraum bevorzugt der Zilpzalp Ufervegetation, Auwälder, Feldgehölze und Parkanlagen, er hält sich lieber in den Baumkronen auf, als der ihm sehr ähnliche Fitis. Während des Tages sind diese kleinen Vögel ununterbrochen auf der Suche nach Nahrung. Er baut ein halbkugelförmiges Nest mit einem oberen Eingang und bringt es gerne in Bodennähe im Farnkraut oder im Brombeergestrüpp an. Zweimal jährlich, im Mai und im Juni, legt er hier vier bis sechs weiße, braun gefleckte Eier.

Phylloscopus sibilatrix (Sylviidae)
Familie Grasmücken

Waldlaubsänger

Der Waldlaubsänger ist 13 cm groß und bewohnt als Sommervogel große Teile Europas mit Ausnahme der Iberischen und der Balkanhalbinsel sowie Irland und Nordskandinavien. Seine Nahrung besteht aus verschiedenen Insekten, im Herbst auch aus Beeren und Früchten. Sein Nest ist dem Nest anderer Laubsängerarten ähnlich und nicht direkt auf dem Boden, sondern etwas erhöht im Dickicht von Büschen und Gestrüpp angebracht. Zweimal im Jahr, von April bis Juni, legt er hier fünf bis sieben weiße, purpurrot gefleckte Eier. Das Weibchen dieser Art ist interessanterweise vorsichtiger als das Männchen.

Hippolais icterina (Sylviidae)
Familie Grasmücken

Gelbspötter

Der Gelbspötter ist 13 cm groß und kommt während des Sommers als Brutvogel in Mittel-, Nord- und Osteuropa vor. Er bewohnt reife Wälder, die reich an Unterholz sind, sowie Gärten und Parks und kommt auch häufig in Siedlungen vor. Er hat einen wohltönenden, lang anhaltenden Gesang und kann auch andere Vogelstimmen gut imitieren. Seine Nahrung besteht aus Insekten und Würmern, aber auch aus Beeren und Früchten. Ende Mai bis Juli, zweimal im Jahr, legt er fünf bis sechs intensiv amethystfarbige, purpurn oder braun gesprenkelte Eier. Sein Nest besteht aus dicht geflochtenen Pflanzenelementen sowie Haaren und wird in der Astgabel eines Strauches angebracht.

Sylvia borin (Sylviidae)
Familie Grasmücken

Gartengrasmücke

Die Gartengrasmücke hat eine Gesamtlänge von 14 cm und bewohnt als Sommervogel große Teile West-, Mittel-, Nord- und Osteuropas, fehlt aber in den Mediterranländern. Sie ist recht scheu und lebt zurückgezogen im Dickicht von Gärten und Feldgehölzen mit Brombeerflächen und in verwilderten Hecken. Sie hat einen melodiösen volltönenden Gesang und ernährt sich vorwiegend von Insekten, vor allem von kleinen Schmetterlingen, aber auch von allerlei Beeren und besonders gerne von Erdbeeren. Nur einmal jährlich, in der Zeit von Mai bis Juni, legt sie vier bis fünf weiße oder gelbliche Eier, die sie 14 Tage lang brütet. Das Nest ist fein geflochten und in Sträuchern oder Hecken versteckt.

Malurus lamberti (Sylvildae)
Familie Grasmücken

Vielfarbenstaffelschwanz

Der Vielfarbenstaffelschwanz ist 13 cm lang und im Südosten Australiens verbreitet. Trotz einer auffälligen Färbung sieht man ihn kaum, da er sehr scheu ist. Zur Brutzeit errichtet es sein Nest auf Zweigen knapp über dem Boden. In der Zeit von September bis Dezember legt er hier drei bis vier weiße oder rötlichgelbe, rot gefleckte Eier. Sowohl der Nestbau als auch die Bebrütung der Eier obliegt allein dem Weibchen. Charakteristisch ist seine Gewohnheit, den langen Schwanz vertikal aufzurichten, was ein wenig an den Zaunkönig *(Troglodytes troglodytes)* erinnert. Er ist recht gesellig und geht oft gruppenweise auf Insektensuche.

Regulus regulus (Sylviidae)
Familie Grasmücken

Wintergoldhähnchen

Das Wintergoldhähnchen wird 9 cm lang und ist einer der kleinsten europäischen Singvögel. Es bewohnt als Teilzieher nahezu ganz Europa und bevorzugt Misch- und Nadelwälder. Erst bei Einbruch der ersten Kälte kommt es in die Ebene und sucht mit Nadelhölzern bestandene Parkanlagen auf. Wintergoldhähnchen sind geschickte Zweigturner. Diese Vögel ernähren sich von Insekten, Beeren und Samen. Ihre kugelförmigen Nester sind meist an der Unterseite der Spitze eines Nadelbaumzweiges befestigt und kunstvoll aus Moos und Halmen geflochten sowie mit Flaum ausgelegt. Zweimal im Jahr, in der Zeit von März bis Juni, werden hier fünf bis zehn elfenbeinfarbene, braun gefleckte Eier gelegt.

Regulus ignicapillus (Sylviidae)
Familie Grasmücken

Sommergoldhähnchen

Das Sommergoldhähnchen ist nur 8 cm lang und ist damit der kleinste europäische Singvogel. Als Teilzieher bewohnt er Süd-, West- und Osteuropa und bevorzugt vor allem Misch- und Nadelwälder. Meist turnt es auf Zweigen hoher Bäume herum, immer auf der Suche nach kleinen Insekten, seiner Hauptnahrung. Im Mai legt es neun bis elf rötliche bis ockerfarbene, zart rotbraun gefleckte Eier. Diese Art ist in Federkleid und Größe dem Wintergoldhähnchen sehr ähnlich, unterscheidet sich aber durch deutlich sichtbare weiße Streifen über dem Auge und die etwas stärker ausgeprägten schwarzen Streifen, die die goldgelb-glänzenden Federn am Scheitel begrenzen.

Muscicapa striata (Muscicapidae)
Familie Fliegenschnäpper

Grauschnäpper

Der Grauschnäpper ist 14 cm lang und bewohnt als Sommer-vogel ganz Europa mit Ausnahme der nördlichen Teile Skandi-naviens. Hier hält er sich bevorzugt in Laub- und Mischwäldern auf und ernährt sich von Insekten, die er in typischer Fliegen-schnäppermanier fängt, indem er von seinem Ansitz aus in kurzen Fangflügen auf seine Beute zufliegt, um sofort wieder an seinen Platz zurückzukehren und erneut auf Beute zu warten. Einmal im Jahr, von Mai bis Juni, baut er aus Pflanzenhalmen, Moos und Flechten ein grob geflochtenes Nest, das er mit Wolle und Federn auslegt und in einer Astgabel oder in einem Mauerloch anbringt. Hier legt er vier bis fünf blaue oder grünli-che, braun oder purpurn gefleckte Eier.

Ficedula hypoleuca (Muscicapidae)
Familie Fliegenschnäpper

Trauerschnäpper

Der Trauerschnäpper ist 13 cm lang und bewohnt als Sommer-vogel die zentralen Teile der Iberischen Halbinsel sowie Nord- und Nordosteuropa und auch Schottland. Er bevorzugt offene Misch- und Laubwälder sowie Parkanlagen mit wenig Unterholz und ernährt sich von Insekten, die er im allgemeinen im Flug fängt, sowie von Beeren und Früchten. Aus kleinen Wurzeln, Moos und Grashalmen baut er in einer natürlichen Baumhöhle sein Nest, das mit Haar, Wolle und Federn ausgepolstert wird. Im Mai legt er hier vier bis sieben grünlichblaue Eier, die zwei Wochen lang bebrütet werden. Wie der Grauschnäpper sitzt auch er auf einer Astspitze, um vorbeifliegende Beute in kurzem Flug zu erhaschen.

Prunella modularis (Prunellidae)
Familie Braunellen

Heckenbraunelle

Die Heckenbraunelle ist 15 cm lang und bewohnt als Teilzieher Mittel- und Nordeuropa von Ost bis West, kommt aber auch kleinräumig in Spanien und Italien vor. Sie bevorzugt Hecken, Gärten mit dichtem Unterholz und offenes, mit Sträuchern bewachsenes Hügelland. Sie ist nicht scheu und ernährt sich von Spinnen, Insekten und deren Larven, in der kalten Jahres-zeit auch von Samen und Nahrungsresten vom Komposthau-fen. Sie baut ein mit kleinen Wurzeln, Moos und Gras geflochte-nes Nest, das sie mit Wolle und Haar auslegt und knapp über dem Boden an Büschen anbringt. Von März bis Juni, zwei- oder dreimal im Jahr, legt sie hier fünf oder sechs grünlichblaue Eier, die sie fast zwei Wochen lang bebrütet.

Ficedula albicollis (Muscicapidae)
Familie Fliegenschnäpper

Halsbandschnäpper

Der Halsbandschnäpper ist 13 cm groß und kommt als Som-mervogel in Mittel-, Ost- und Südosteuropa sowie kleinräumig in Italien und Südschweden vor. Er ernährt sich fast ausschließ-lich von Insekten und bewohnt vorzugsweise offene Wälder, Parkanlagen und auch Gärten. Zur Nistzeit legt er in seinem Nest, das in natürlichen Baumhöhlen angelegt wird, mehrere weiße Eier. Das Nest selbst ist aus Moos, kleinen Wurzeln und Pflanzenfasern geflochten und mit Haar, Wolle und Federn gepolstert.

Terpsiphone atrocaudata (Muscicapidae)
Familie Fliegenschnäpper

Japanischer Paradiesschnäpper

Diese Art erreicht wegen ihrer besonders langen Stoßfedern eine Gesamtlänge von 50 cm und ist in Japan und Taiwan verbreitet. Diese Stoßfedern verleihen dem Männchen im Fluge eine besondere Eleganz, speziell wenn es auf der Jagd nach Insekten im Fluge wendet, vollführen die Federn diese Wendun-gen schleppenartig mit und verstärken so den eleganten Ein-druck. Zur Brutzeit baut dieser Vogel ein kleines, sehr fein geflochtenes Nest aus Grashalmen, Moos und kleinen Rinden-stückchen, die von Spinnweben festgehalten werden. Hier legt er drei bis vier elfenbeinfarbene, verschiedenartig braun ge-sprenkelte Eier, die zwei Wochen lang bebrütet werden.

Prunella collaris (Prunellidae)
Familie Braunellen

Alpenbraunelle

Die Alpenbraunelle ist 18 cm lang und bewohnt als Teilzieher die Alpen, Pyrenäen, den Apennin, die Karpaten und Dinariden. Für gewöhnlich lebt sie in Höhen oberhalb 1000 m über der Baumgrenze bis zur Schneegrenze. Sie ist zutraulich und be-wegt sich unununterbrochen hüpfend am kargen Boden fort, ständig auf der Suche nach Insekten und Samen, ihrer Nah-rung. Ihr grob geflochtenes Nest aus kleinen Wurzeln, Grashal-men, Moos und Flechten legt sie direkt am Boden in einer Mulde, einer Felsspalte oder knapp über dem Boden auf Bü-schen an. Zweimal im Jahr, von Mai bis Juli, legt sie hier vier bis fünf günlichblaue Eier.

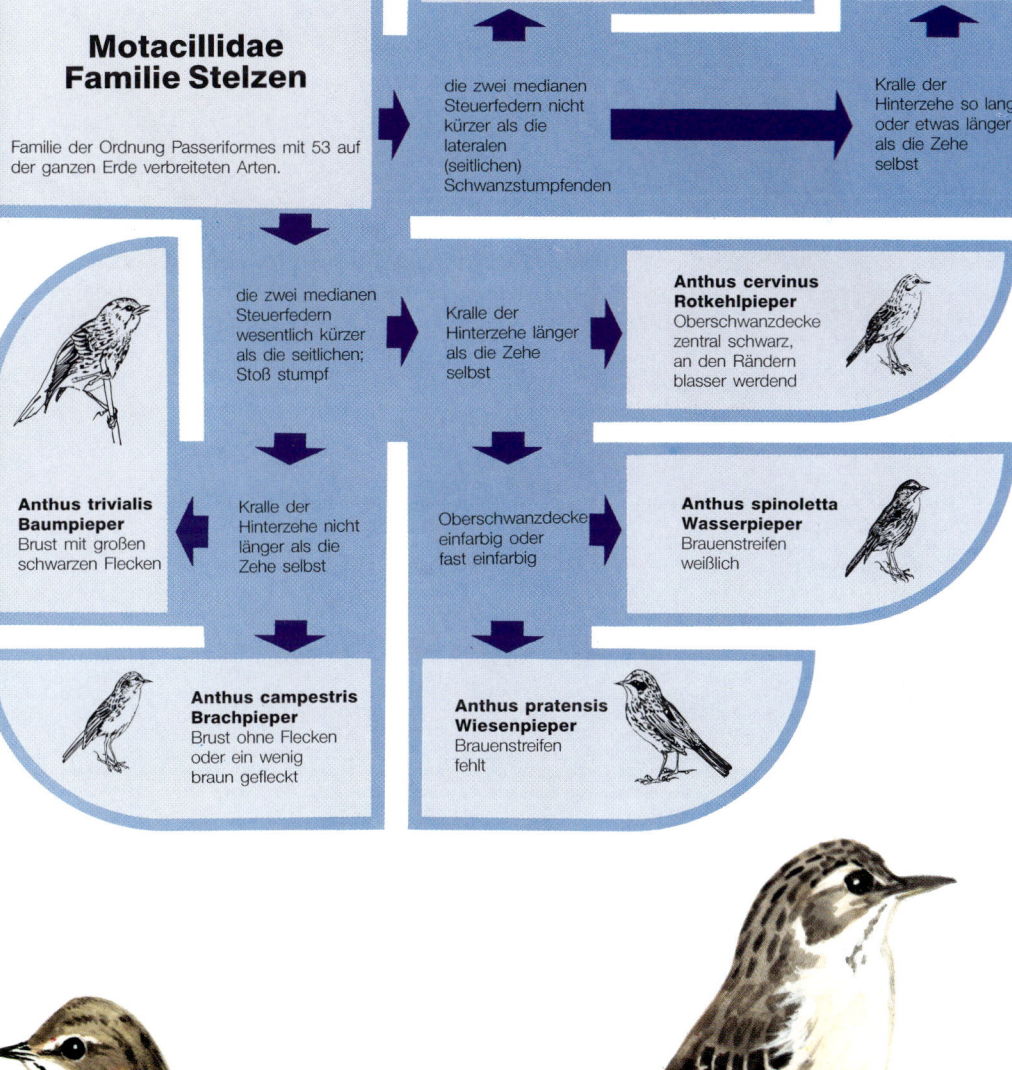

Motacillidae
Familie Stelzen

Familie der Ordnung Passeriformes mit 53 auf der ganzen Erde verbreiteten Arten.

Motacilla flava Schafstelze
Kralle der Hinterzehe viel länger als die Zehe selbst

Motacilla alba Bachstelze
die dritte seitliche Steuerfeder schwarz

die zwei medianen Steuerfedern nicht kürzer als die lateralen (seitlichen) Schwanzstumpfenden

Kralle der Hinterzehe so lang oder etwas länger als die Zehe selbst

Motacilla cinerea Gebirgsstelze
dritte seitliche Steuerfeder weiß

die zwei medianen Steuerfedern wesentlich kürzer als die seitlichen; Stoß stumpf

Kralle der Hinterzehe länger als die Zehe selbst

Anthus cervinus Rotkehlpieper
Oberschwanzdecke zentral schwarz, an den Rändern blasser werdend

Anthus trivialis Baumpieper
Brust mit großen schwarzen Flecken

Kralle der Hinterzehe nicht länger als die Zehe selbst

Oberschwanzdecke einfarbig oder fast einfarbig

Anthus spinoletta Wasserpieper
Brauenstreifen weißlich

Anthus campestris Brachpieper
Brust ohne Flecken oder ein wenig braun gefleckt

Anthus pratensis Wiesenpieper
Brauenstreifen fehlt

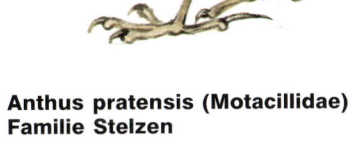

Anthus pratensis (Motacillidae)
Familie Stelzen

Wiesenpieper

Der Wiesenpieper ist 15 cm lang und bewohnt als Teilzieher Teile Mitteleuropas und ganz Nordeuropa sowie den Apennin. Er bewohnt vorzugsweise sumpfige Tundra, offenes Berg- und Hügelland sowie feuchte Ebenen, Sümpfe und Meeresküsten. Häufig hält sich dieser Vogel am Boden auf, um hier vor allem nach Insekten, Weichtieren und Würmern, seiner Nahrung, zu suchen. Ein- oder zweimal im Jahr baut er aus trockenem Gras und Moos direkt am Boden ein Nest, hier legt er vier bis sechs graue, braun gefleckte Eier, die er 14 Tage lang bebrütet.

Anthus campestris (Motacillidae)
Familie Stelzen

Brachpieper

Der Brachpieper ist 17 cm lang und bewohnt als Sommervogel fast ganz Mittel- und Südeuropa mit Ausnahme der Alpen und Karpaten. Er bevorzugt trockenes Ödland, steiniges oder sandiges Gelände in der Ebene sowie im Gebirge bis zu einer Höhe von 1500 m. Er lebt einzeln oder paarweise und läuft häufig sehr schnell. Seine Nahrung besteht aus Insekten und in geringem Maß auch aus Samen. Im Mai und im Juli baut er in einer Bodenmulde, gut unter einem Busch versteckt, ein Nest aus trockenem Gras und zarten Wurzeln. Hier legt er fünf bis sechs graublaue, rötlichbraun gestrichelte Eier.

Anthus spinoletta (Motacillidae)
Familie Stelzen

Wasserpieper

Der Wasserpieper ist 17 cm lang und kommt in den Pyrenäen, Alpen, Karparten, Dinariden und Apennin vor. Er bewohnt als Brutvogel bevorzugt Gebirgsregionen, als Teilzieher kommt er im Winter in die Niederungen. Zweimal im Jahr, im Mai und im Juli, legt er graue, olivgrün oder braun gesprenkelte Eier. Das Nest besteht aus trockenen Pflanzen und kleinen Wurzeln, ist innen mit Federn und Haaren ausgelegt und wird am Boden unter einem Busch oder im Gras und zwischen Steinen versteckt angelegt. Von dieser Vogelart gibt es zwei Unterarten, den Bergpieper *(Antus spinoletta spinoletta)* und den Strandpieper *(Anthus spinoletta petrosus)* als Küstenform.

Anthus trivialis (Motacillidae)
Familie Stelzen

Baumpieper

Der Baumpieper ist 15 cm groß und bewohnt ganz Europa als Sommervogel, ausgenommen große Teile der Iberischen Halbinsel, Italiens und der südlichen Balkanhalbinsel. Er bevorzugt lichte bewaldete Zonen, Lichtungen und offenes Land, das mit Büschen und Bäumen durchsetzt ist. Seine Nahrung besteht aus Insekten, Larven und Samen. Mehrmals im Jahr baut er direkt am Boden und gut versteckt im Farnkraut oder unter Büschen ein Nest, wo er von Mai bis Juni vier bis sechs unterschiedlich gefärbte Eier ablegt, die 13 Tage lang bebrütet werden.

Baumpieper ➡

Anthus cervina (Motacillidae)
Familie Stelzen

Rotkehlpieper

Der Rotkehlpieper ist 15 cm lang und bewohnt als Brutvogel im Sommer den äußersten Norden Skandinaviens. Er nistet in der Tundra im hohen Norden Europas und Asiens, mit Einbruch des Winters zieht er in den Süden, wo er bevorzugt feuchte und sumpfige Gebiete und Meeresküsten in Scharen besiedelt. Im Juni baut er auf dem Boden der Tundra in Moos und Flechten versteckt ein Nest aus trockenem Pflanzenmaterial; hier legt er vier bis sechs verschiedenartig grau bis grünlich oder braun gefärbte und mehr oder weniger dunkelbraun gesprenkelte Eier.

Motacilla flava (Motacillidae)
Familie Stelzen

Schafstelze

Die Schafstelze ist 17 cm lang und bewohnt als Sommervogel fast ganz Europa mit Ausnahme der Westalpen, von Teilen der Pyrenäen, Irlands und Schottlands. Sie bevorzugt weite Wiesenflächen, Sumpfgebiete und feuchtes Land, immer in der Nähe von Wasser. Außerhalb der Fortpflanzungszeit vereinigt sie sich zu kleinen Gruppen, um gemeinsam nach Larven, Raupen und Weichtieren zu suchen. Aus trockenen Pflanzen, Moos und zarten Wurzeln baut sie direkt am Boden ein Nest, das sie innen mit feineren Materialien wie Wolle, Haaren und Flaumfedern auspolstert. Mehrmals im Jahr legt sie hier vier bis sechs schmutzigweiße, rötlichgelb, braun und schwarz gesprenkelte Eier.

Motacilla alba (Motacillidae)
Familie Stelzen

Bachstelze

Die Bachstelze ist 18 cm lang und kommt als Teilzieher in ganz Europa mit Ausnahme Sardiniens und Korsikas häufig vor. Sie bevorzugt offenes Gelände aller Art, meist in der Nähe von Wasserläufen. Im Winter bevorzugt sie Flußufer, wo sie nach Insekten, kleinen Würmern und Weichtieren sucht. Zur Fortpflanzungszeit baut sie ihr Nest unter Hausdächern oder am Boden in der Nähe von Wasserläufen oder in Baumhöhlen. Mehrmals im Jahr, von April bis Juni, legt sie hier fünf bis sechs bläulichweiße, braun gesprenkelte Eier, die sie 14 Tage lang bebrütet. Sie hat einen typischen wellenförmigen Flug und wippt ständig mit dem langen Schwanz, wenn sie sich am Boden fortbewegt.

Bombycilla garrulus (Bombycillidae)
Familie Seidenschwänze

Seidenschwanz

Der Seidenschwanz ist 18 cm lang und brütet als Teilzieher in den Regionen um den Polarkreis, im Winter zieht er weiter nach Süden und erreicht bei diesen Wanderungen häufig Mitteleuropa. Er bewohnt die Nadel- und Birkenwälder des Nordens und ernährt sich hauptsächlich von großen Mengen Wacholder- und Ebereschenbeeren sowie von verschiedenen Früchten und Insekten. Er ist sehr zutraulich und schließt sich zum Nisten und auf dem Zug gerne zu großen Kolonien bzw. zu Schwärmen zusammen. Sein Nest besteht aus Flechten, trockenen Pflanzen, Moos und Federn und wird wenige Meter über dem Boden angebracht. Hier legt er fünf bis sieben hellblaue, schwärzlich oder violett gesprenkelte Eier.

Artamus superciliosus (Artamidae)
Familie Schwalbenstare

Weißbrauenschwalbenstar

Diese Spezies ist 22 cm lang und lebt innerhalb Australiens in lichten Wäldern. Gerne sitzen diese Vögel auf Zweigen in niedriger Höhe und fangen ihre Nahrung, allerlei Insekten, nach Art der Fliegenschnäpper. Schwalbenstare sind sehr gesellig und leben immer in kleinen Gruppen. Für die Landwirtschaft gelten sie als sehr nützlich, da sie in großer Zahl Heuschrecken und andere schädliche Insekten verzehren. Ihr Nest bauen sie am Ende von Ästen oder Zweigen, manchmal in Höhlen, wobei sowohl Nestbau als auch Aufzucht der Jungen von beiden Geschlechtern besorgt wird.

➥ *Gebirgsstelze mit Jungen*

Motacilla cinerea (Motacillidae)
Familie Stelzen

Gebirgsstelze

Die Gebirgsstelze ist 18 cm lang und lebt als Teilzieher in ganz Europa mit Ausnahme Skandinaviens und der Küstengebiete Italiens. Ihre bevorzugten Aufenthaltsorte sind schnell fließende, seichte Flüsse und Bäche, nicht selten auch Mühlwehre. Die Nahrung der Gebirgsstelze besteht aus Fluginsekten, Insektenlarven, Weichtieren und kleinen Würmern. Zweimal im Jahr, in der Zeit vom März bis Juni, brütet sie. Aus Wurzelfasern, Moos und Pflanzenteilen baut sie ihr Nest, das mit Haar und Grashalmen ausgekleidet wird und das sie zwischen Steinen in der Nähe von Bächen oder in kleinen Höhlen versteckt anlegt. Hier legt sie die grau gefärbten, gelblich gesprenkelten Eier.

**Leptopterus madagascarinus (Vangidae)
Familie Blauwürger**

Blauvanga

Der Blauvanga ist 15 cm lang und wie fast alle Vertreter dieser Gruppe auf der Insel Madagaskar verbreitet. Er bewohnt vorzugsweise die Wipfelregion der Bäume im primären oder sekundären Wald dieser Insel. Blauvangas ernähren sich von Schnecken und verschiedenen Insekten, die sie im Flug fangen. Die Familie der Blauwürger ist durch eine auffällige Vielgestaltigkeit an Größe und Schnabelformen gekennzeichnet, deren Ursache wohl darin zu suchen ist, daß die geographische Isolation Madagaskars in Verbindung mit einer gewissen Armut der auf Madagaskar lebenden Vogelgruppen zu einer raschen Evolution zu verschiedenen Ökotypen führte.

**Lanius excubitor (Laniidae)
Familie Würger**

Raubwürger

Der Raubwürger ist 24 cm lang und bewohnt als Teilzieher die Iberische Halbinsel, Mittel- und Osteuropa sowie Nordskandinavien. Er bevorzugt Waldränder, Hecken und ist ungesellig und recht aggressiv gegenüber anderen Vögeln, ja er wagt sich sogar an wesentlich größere Vögel wie Krähen heran. Seine Nahrung besteht vorwiegend aus Insekten, seltener auch aus kleinen Wirbeltieren, die er an Dornbüschen aufspießt. Aus einem Haufen kleiner Zweige und Wurzeln baut der Raubwürger ein grobes Nest, das er mit Wolle, Federn und Haar auslegt und in den Zweigen von Dornbüschen anbringt. Hier legt er vier bis sieben weiße, purpurn oder braun gefleckte Eier, die 15 Tage lang bebrütet werden.

**Lanius minor (Laniidae)
Familie Würger**

Schwarzstirnwürger

Der Schwarzstirnwürger ist 20 cm lang und bewohnt als Sommervogel das südliche Mitteleuropa und Südosteuropa. Er bevorzugt offenes Hügel- oder Flachland, meidet jedoch dichte Wälder. Seine Nahrung besteht aus Insekten, vor allem aus Grillen, Heuschrecken und Schaben, die er nach Würgerart gerne an Dornbüschen aufspießt. Im Mai baut der Schwarzstirnwürger meist in beträchtlicher Höhe über dem Boden ein grobes Nest aus trockenen Pflanzenteilen und kleinen Wurzeln, das er mit Haar, Wolle und Federn auskleidet. Hier legt er fünf bis sieben grünlichblaue, olivbraun gefleckte Eier, die von beiden Elternteilen 15 Tage lang bebrütet werden.

Lanius collurio (Laniidae)
Familie Würger

Neuntöter

Der Neuntöter ist 18 cm lang und kommt als Sommervogel in ganz Mitteleuropa, Italien, der Balkanhalbinsel und Südskandinavien recht häufig vor. Er bevorzugt als Lebensraum offenes, schütter bewaldetes Land mit Hecken und Büschen, und zwar sowohl in der Ebene als auch Hügel- und Bergland bis über 1000 m Seehöhe. Häufig sieht man ihn auf Mastspitzen sitzen, um nach Nahrung Ausschau zu halten. Er ernährt sich wie die anderen Würger, aber zusätzlich auch von Vogeljungen, die er in Nestern anderer Vögel erbeutet. Von Mai bis Juni baut er ein großes, grobes Nest in Dornbüschen; hier legt er vier bis sechs weißliche, violett und braun gefleckte Eier, die zwei Wochen lang bebrütet werden.

Laniarius erithrogaster (Laniidae)
Familie Würger

Rotbauchwürger

Diese Art ist 20 cm lang und lebt vom Tschad bis Eritrea und im Süden bis Tanganjika und dem Ostkongo. Er ist in seinem Verbreitungsgebiet eine ziemlich häufige Art und bewohnt vor allem die Buschsteppe, wo er sich vor allem von Insekten, aber auch von Fröschen, Eidechsen, kleinen Schlangen und Nagetieren ernährt. Wie die anderen Vertreter der Familie Würger holt auch er Küken und Eier aus den Nestern anderer Vogelarten. Gerne nistet er im dichtesten Busch und baut hier aus Pflanzenelementen und kleinen Wurzeln ein tassenförmiges Nest, in dem er zwei hellblaue oder grün gefärbte, verschiedenartig grau gesprenkelte Eier legt.

Sturnus vulgaris (Sturnidae)
Familie Stare

Star

Der Star ist 21 cm lang und kommt als Teilzieher in ganz Europa mit Ausnahme der Iberischen Halbinsel, der südlichen Apenninen- und der südlichen Balkanhalbinsel sehr häufig vor. Er ist so gut wie überall zu Hause. Besonders im Herbst schließen sich die Stare zu großen Schwärmen zusammen, die in Weingärten großen Schaden anrichten. Ihre sonstige Nahrung besteht aus Insekten, Würmern und Früchten wie Kirschen. Das Nest, ein grobes Geflecht aus trockenen Pflanzen und Wurzeln, das mit Federn und Haar ausgelegt wird, errichtet der Star versteckt in Mauerlöchern, unter Dächern oder in Baumhöhlen. Von April bis Juni legt er hier vier bis sieben grünlichblaue Eier und bebrütet sie.

Lanius senator (Laniidae)
Familie Würger

Rotkopfwürger

Der Rotkopfwürger ist 18 cm lang und bewohnt als Sommervogel hauptsächlich Südeuropa und das westliche Mitteleuropa. Er bevorzugt in etwa denselben Lebensraum wie der Neuntöter *(Lanius collurio),* aber im Unterschied zu diesem geht er nicht über 1000 m. Rotkopfwürger ernähren sich von Insekten, vor allem von Grillen sowie Nestjungen anderer Vogelarten und Eidechsen. Er baut aus Grashalmen und duftenden Pflanzenteilen ein fein geflochtenes Nest, das mit Blättern, duftenden Blüten und Pflanzenflaum ausgelegt wird. Hier legt er im Mai vier bis sechs Eier, die denen des Neuntöters ähnlich sind, sie werden etwa 15 Tage lang bebrütet.

Prionops plumata (Laniidae)
Familie Würger

Brillenwürger

Der Brillenwürger ist 22 cm lang und bewohnt das Buschland und kleine Wäldchen in den Steppengebieten südlich der Sahara. Brillenwürger sind sehr gesellig und suchen gerne in kleinen Gruppen nach Insekten. Sie brüten auch gesellig und schlafen immer gemeinsam. Ihr deutscher Name stammt daher, daß ihr Auge von hellen Hautlappen umgeben ist. Typisch sind auch ihre weithin hörbaren Laute, die sie durch Zusammenklappen von Ober- und Unterschnabel erzeugen.

◀ *Gegenüber: Neuntöter*

Sturnus unicolor (Sturnidae)
Familie Stare

Einfarbstar

Der Einfarbstar ist 21 cm lang und bewohnt als Jahresvogel Spanien, Portugal, Korsika, Sardinien, Sizilien und Nordafrika. Er bevorzugt als Lebensraum Stadtränder und Dörfer, nachts zieht er sich auf Hausdächer oder in Mauerlöcher zurück. Zur Fortpflanzungszeit errichtet er sein Nest auf Dächern, in verlassenen Ruinen oder in Felsen und natürlichen Baumhöhlen. Hier legt er seine grünlichblauen Eier, die fast zwei Wochen lang bebrütet werden. Einfarbstare sind sehr gesellige Vögel.

Cinnyricinclus leucogaster (Sturnidae)
Familie Stare

Amethystglanzstar

Der Amethystglanzstar ist 18 cm lang und in den Savannen Afrikas und Südarabiens verbreitet; er bewohnt vor allem die Gebiete von Senegal bis Eritrea und von Abessinien bis Uganda. Glanzstare sind sehr gesellige Tiere und haben einen kräftigen, schnellen und geradlinigen Flug. Sie halten sich gerne in Wäldern auf, die reich an Podocarpus-Früchten sind. Ihre zwei bis drei Eier sind hellblau oder grünlichblau gefärbt und verschiedenartig braun gefleckt. Der Sexualdimorphismus ist bei dieser Art sehr deutlich ausgeprägt, die Weibchen sind am Rücken bräunlich gefärbt und im unteren Teil dunkelstreifig, die Männchen bis auf den weißen Bauch amethystfarben.

Buphagus africanus (Sturnidae)
Familie Stare

Gelbschnabelmadenhacker

Der Gelbschnabelmadenhacker ist 21 cm lang und bewohnt ganz Afrika südlich der Sahara, wo er bevorzugt die Steppengebiete bevölkert. Diese Art ist vor allem dafür bekannt, daß sie sich am Rücken von Haustieren oder wildlebenden Weidetieren wie Zebras, Elefanten oder Nashörnern niederläßt, um hier Zecken und Fliegenmaden sowie andere Parasiten aus Hautfalten, Ohr- und Nasenlöchern zu holen. Da sie sich beim ersten Anzeichen einer Gefahr in die Luft erheben, werden Huftiere auch vor herannahenden Gefahren gewarnt. Sie nisten vorzugsweise in Baumhöhlen, wo sie drei bis fünf Eier ablegen, die etwa zwölf Tage lang bebrütet werden.

Moho nobilis (Meliphagidae)
Familie Honigfresser

Hawaiikrausschwanz

Diese Art war 33 cm lang und lebte einst auf Hawaii, wo sie die Bergwälder bewohnte. Die gelben Brustfedern dieses prächtigen Vogels wurden von den Ureinwohnern der Inseln benützt, um Kopfschmuck für die Mitglieder der königlichen Familie herzustellen. Die gnadenlose Jagd auf diese Tiere war zweifellos ein Grund dafür, daß diese Spezies im Lauf der Zeit immer seltener wurde, aber ihre endgültige Ausrottung ist sicher eine Folge der blindwütigen Zerstörung des Urwaldes, dem natürlichen Lebensraum dieser Spezies. Die Verantwortung dafür liegt ausschließlich bei den Europäern, die diese Wälder rodern ließen, um an deren Stelle ausgedehnte Pflanzungen anzulegen.

Gracula religiosa (Sturnidae)
Familie Stare

Beo

Der Beo ist 33 cm lang und bewohnt die Urwälder Indiens bis hin nach Indochina und Malaysia. Die Lautäußerungen dieser Art sind sehr unterschiedlich und klingen meist dumpf. Ihr Spektrum reicht aber von rauhen, tiefen Tönen bis hin zu ziemlich lauten, hohen oder schrillen Pfiffen. In Gefangenschaft lernt diese Spezies, wie auch ihr verwandte Arten, jede Art von Lauten täuschend ähnlich nachzuahmen, selbst die menschliche Stimme, und übertreffen dabei alle Papageienarten. In freier Natur besteht ihre Nahrung vorwiegend aus Früchten, in Gefangenschaft hingegen bevorzugt der Beo Insektenlarven oder Fleischnahrung, verschmäht aber auch Früchte nicht.

Prosthemadera novaezealandiae
Familie Honigfresser (Meliphagidae)

Tui

Der Tui wird 28 cm lang, ist in ganz Neuseeland eine recht häufig und weit verbreitete Art, und hat sich, so scheint es, der menschlichen Besiedlung Neuseelands, die relativ kurz zurückliegt und die natürliche Beschaffenheit der Insel grundlegend veränderte, recht gut angepaßt. Diese Art wird von der lokalen Bevölkerung wegen ihres schönen Gesanges sehr geschätzt. Die Tuis bewohnen Wälder und Unterholz, dort ernähren sie sich vorwiegend von Blütennektar und winzigen Insekten. Die Aufnahme des Nektars wird durch die besondere Beschaffenheit der Zunge, deren Ränder zur Medianebene hin aufgewölbt sind und so eine Art Rinne für die Aufnahme des Blütennektars bildet, erleichtert.

Aethopyga Gouldiae (Nectariniidae)
Familie Nektarvögel

Gould-Nektarvogel

Der Gould-Nektarvogel erreicht eine Gesamtlänge von 13 cm, 3,5 cm davon nehmen allein die zentralen Stoßfedern ein, die allerdings nur beim Männchen so stark entwickelt sind. Er lebt in den Waldzonen der Himalajaregion Südwestchinas, auf Höhen bis über 1500 m Seehöhe. Wie die anderen Arten dieser Familie weist auch diese Art einen deutlichen Sexualdimorphismus auf – das Männchen besitzt ein sehr buntes, das Weibchen ein grünlichgelbes Federkleid. Die Nektarvögel weisen eine auffällige Ähnlichkeit mit den Kolibris auf. Beide Formen sind wichtige Blütenbestäuber und ernähren sich von Blütennektar.

Cinnyris regius (Nectariniidae)
Familie Nektarvögel

Königsnektarvogel

Der Königsnektarvogel ist 13 cm lang und im Osten des Kongo und in Uganda verbreitet – vor allem aber auf den bewaldeten Hängen des Ruwenzori bis zu einer Höhe von fast 3000 m. Die Nahrung der Königsnektarvögel besteht wie bei seinen Verwandten aus der Familie Nektarvögel, die in der „Alten Welt" die Gruppe der neuweltlichen Kolibris vertreten, aus Nektar und winzigen Insekten. Aus Pflanzenfasern und Spinnweben baut er ein taschenförmiges Nest, das in den Zweigen von Bäumen oder Sträuchern errichtet wird. Ihre Eier, meist zwei bis drei, sind meist von weißer Farbe und lebhaft gefleckt oder manchmal einfarbig weiß. Die Bebrütung dauert fast zwei Wochen.

Nectarinia asiatica (Nectariniidae)
Familie Nektarvögel

Asiatischer Nektarvogel

Diese Spezies ist 10 cm lang und von Indien bis Indochina verbreitet, wo sie in Höhen bis zu 1700 m Seehöhe lebt. Sie bewohnt vorzugsweise bewaldete Zonen oder Parkanlagen und meidet auch Farmland nicht. Ihre Nahrung besteht aus Nektar und kleinen Insekten. Wie die anderen Vertreter dieser Familie verfügt auch diese Spezies über eine Zunge, die fast über ihre ganze Länge eine doppelte Röhrenstruktur bildet und sich an ihrem Ende teilt, ebenso ist der Sexualdimorphismus auffällig ausgeprägt. Das Nest, aus Pflanzenfasern und Spinnweben gebaut, hat die Form einer länglichen Tasche und wird an niedrigen Zweigen von Sträuchern und Bäumen hängend errichtet.

Dicaeum hirundinaceum (Dicaeidae)
Familie Mistelfresser

Schwalbenmistelfresser

Der Schwalbenmistelfresser ist 10 cm lang und ist in Australien eine weit verbreitete Art, die ihren Namen der Vorliebe für die Beeren einer tropischen Mistel verdankt, von denen sich diese Vögel hauptsächlich ernähren. Sie verbreiten diese Mistelsamen, so daß zwischen Pflanze und Vogel eine regelrechte Symbiose besteht. Auffällig ist ihr besonders schön geflochtenes Nest, das birnenförmig ist und an einem Ende einen langen, schmalen Eingang aufweist. Bei den Mistelfressern erfolgt die Bebrütung der Eier und die Aufzucht der Jungen nur durch das Weibchen.

➥ *Kopf eines Beo*

Zosterops ceylonensis (Zosteropidae)
Familie Brillenvögel

Ceylonbrillenvogel

Diese Brillenvogelart ist 10 cm lang und bewohnt die bewaldeten Hochebenen Ceylons. Er ernährt sich vorwiegend von Insekten, aber auch von Früchten und Beeren. Zur Brutzeit grenzt jedes Pärchen ihr eigenes Territorium ab und baut innerhalb dieses Reviers ein tassenförmiges Nest aus Pflanzenfasern und Spinnweben, das innen mit Haar und zarten Wurzeln ausgelegt wird; dieses Nest wird in einer waagrechten Astgabel eines Busches meist in Bodennähe angebracht. Die Eier, zwei bis vier an der Zahl, benötigen eine Brutdauer von zwölf Tagen. Die Familie der Brillenvögel ist in ganz Afrika südlich der Sahara, in Südasien, Arabien, Australien und auf Neuseeland verbreitet.

Vestiaria coccinea (Drepanididae)
Familie Kleidervögel

Iiwi

Der Iiwi hat eine Gesamtlänge von 15 cm und ist im Unterschied zu anderen Arten noch recht häufig auf einigen Inseln Hawaiis, zusammen mit den anderen 21 Arten der Familie Kleidervögel, deren Vielgestaltigkeit sich schon kurz nach der Erstbesiedlung der Inseln entfaltete, anzutreffen. Kleidervögel bewohnen in Schwärmen die Baumkronen und ernähren sich vorwiegend von Nektar. Die hier vorgestellte Art besitzt einen gekrümmten Schnabel und bevorzugt als Nahrungsspender die Blüten der Campanulaceae (Glockenblumengewächse), die zwischen 2000 und 3000 m Höhe gedeihen.

Icterus icterus (Icteridae)
Familie Stärlinge

Weißflügeltrupial

Der Weißflügeltrupial hat eine Körperlänge von 24 cm und ist in Kolumbien und Venezuela verbreitet. Die hier vorgestellte Art ist in ihrem Verbreitungsgebiet, vor allem wegen ihrer Fähigkeit, den menschlichen Gesang und die menschliche Stimme zu imitieren, sehr beliebt, daher hält man sie auch gerne in Gefangenschaft. Charakteristisch für die Stärlinge ist der konische, kräftige, seitlich zusammengedrückte Schnabel. Im allgemeinen sind Trupiale Allesfresser – mit Ausnahme der Jungtiere, die fast nur mit Insekten gefüttert werden. Sie errichten beutelförmige Nester in der Nähe des Wassers und legen dort nur zwei Eier, sie sind monogam.

Vireo flavifrons (Vireonidae)
Familie Vireos

Gelbkehlvireo

Der Gelbkehlvireo ist 13 cm lang und bewohnt den Osten Nordamerikas, wo er in alten Wäldern nistet und sich von Insekten ernährt. In den Herbst- und Wintermonaten ergänzen Beeren und Samen seine Speisekarte. Der Gelbkehlvireo ist ein guter Sänger und wird sowohl wegen seines schönen Gesangs als auch als nützlicher Insektenvertilger von den Bewohnern Nordamerikas sehr geschätzt. Sein Lied ist beinahe unübertroffen reichhaltig an verschiedenen kurzen, aufeinanderfolgenden Phrasen. Einem kanadischen Ornithologen ist es gelungen, an einem einzigen Tag 21.197 verschiedene Variationen zu beobachten. Ihr Sexualdimorphismus ist wenig ausgeprägt.

Wilsonia citrina (Parulidae)
Familie Waldsänger

Kappenwaldsänger

Der Kappenwaldsänger ist 13 cm lang und ist im Osten der Vereinigten Staaten verbreitet, wo dieser Vogel das Unterholz alter Laubwälder bewohnt. An der Basis seines Schnabels befinden sich einige Borsten, deren Funktion wahrscheinlich mit der Gewohnheit dieser Spezies nach Art des Fliegenschnäppers, Fluginsekten zu erbeuten, zusammenhängt. Zur Fortpflanzungszeit baut er aus Blättern und Pflanzenhalmen ein kompaktes, geflochtenes Nest, das mit kleinen Wurzeln und sehr zarten Pflanzenelementen ausgekleidet ist. Dieses Nest, in dem das Weibchen drei bis vier weißliche Eier legt, wird im Zentrum eines Busches oder in Schlingpflanzen versteckt errichtet.

Zarhynchus Wagleri (Icteridae)
Familie Stärlinge

Waglers Stirnvogel

Diese Art ist 35 cm lang und lebt von Mexiko bis nach Ecuador, wo dieser Vogel die Dschungelregionen bewohnt. Charakteristisch für diese Art und andere systematisch nahe verwandte Arten der Gruppe Stirnvögel ist die besondere Fähigkeit im Nestbau. Aus Pflanzenfasern weben sie ein bis zu eineinhalb Metern langes, kunstvolles Einzelnest in Form eines länglichen Beutels und einem Eingang am oberen Ende. Stirnvögel bauen immer in Kolonien und bevorzugen große, alte, einzeln stehende Bäume, in deren Krone sie ihre Hängenester karussellartig an den Zweigenden anbringen. Prächtig anzusehen sind ihre Balzspiele.

Tangara nigro-cincta (Emberizidae)
Familie Ammern

Maskentangare

Die Maskentangare ist 14 cm lang und von Kolumbien bis nach Brasilien verbreitet. Wie ihre Verwandten bevorzugt sie Pflanzennahrung und ernährt sich vorwiegend von Beeren und Früchten, mit besonderer Vorliebe frißt sie Bananen, verschmäht jedoch auch Spinnen und Insekten nicht. Meist sieht man sie einzeln oder paarweise, selten in kleinen Trupps. Sie baut ihr Nest in Form einer Tasse und legt hier zwei Eier, die Jungen werden von beiden Elternteilen mindestens zwei Wochen lang betreut, danach sind sie schon ziemlich selbständig.

Tangaren ➤

Tangara parzudakii (Emberizidae)
Familie Ammern

Flammengesichttangare

Die Flammengesichttangare ist 15 cm lang und von Kolumbien bis Peru verbreitet. Sie hat eine sehr ähnliche Lebensweise wie die nebenan beschriebene Art. Federbälge der Tangaren werden wegen ihrer schönen Gefiederfarben bis 1880 auf den europäischen Federbörsen intensiv gehandelt und viele Arten dadurch an den Rand der Ausrottung gebracht. Manche Spezies sind überhaupt nur durch konservierte Individuen bekannt, die in dieser Zeit auf die europäischen Märkte gelangten und deren Ursprung oft unbekannt ist. Beispiele dafür sind *Tangara arnauldi* (Museum von Paris), *Tangara gouldi* (Britisches Museum) und *Tangara cabanis,* die seit 1866 durch ein einziges Objekt aus Westguatemala belegt ist.

Chlorophonia occipitalis (Emberizidae)
Familie Ammern

Blaunacken-Grünorganist

Diese Art ist 13 cm lang und von Mexiko bis Nicaragua verbreitet, wo sie vorzugsweise bewaldete Hochebenen bis zu einer Seehöhe von 1200 m bewohnt. Zur Brutzeit baut der Blaunakken-Grünorganist ein annähernd kugelförmiges Nest mit seitlichem Eingang aus geflochtenen trockenen Pflanzen und Moos, dieses wird in natürlichen Baumhöhlen oder Felsspalten verborgen und von beiden Geschlechtern gemeinsam errichtet. Die zwei bis fünf weißen, gefleckten Eier werden zwei Wochen lang ausschließlich vom Weibchen bebrütet, die Aufzucht der Jungen, die weitere drei Wochen dauert, ist Aufgabe beider Elternteile.

Pyrrhula pyrrhula (Fringillidae)
Familie Finken

Gimpel

Der Gimpel ist 15 cm lang und bewohnt als recht häufiger Standvogel ganz Europa mit Ausnahme der südlichsten und nördlichsten Teile. Während der Sommermonate bewohnt er paarweise oder in kleinen Trupps Fichten- und Buchenwälder über 1000 m Seehöhe. Gimpel sind eher scheu und vorsichtig. Ihre Nahrung besteht aus Samenkörnern, Beeren und jungen Trieben sowie aus Larven und Insekten. Im Mai legt er vier bis sechs grünlichblau gefärbte, purpurn gefleckte Eier, die zwei Wochen lang bebrütet werden. In den Wintermonaten suchen sie häufig scharenweise die Futterhäuschen in Städten und Dörfern auf und erfreuen deren Besitzer mit ihren schönen Farben.

Fringillidae
Familie Finken
Ploceidae
Familie Webervögel

Zwei Familien der Ordnung Passeriformes mit 124 bzw. 132 über die ganze Erde verbreiteten Arten.

Loxia curvirostra Fichten-kreuzschnabel
Schnabel an der Spitze überkreuzt

Carduelis carduelis Stieglitz
1. seitl. Steuerfeder schwarz mit einem großen weißen Fleck in der Mitte der inneren Fahne

Petronia petronia Steinsperling
Steuerfeder mit einem großen weißen rundlichen Fleck a. d. Spitze der inneren Fahne

Montifringilla nivalis Schneefink
alle Steuerfedern mit schwarzer Spitze, außer die zwei mittleren, die gänzlich schwarz sind

Coccothraustes coccothraustes Kernbeißer
primäre Schwungfedern mit einem deutlichen weißen Fleck in der Mitte der inneren Fahne

Schnabel normal

primäre Schwungfedern nicht so gefleckt

erste seitliche Steuerfeder nicht so gefleckt

Steuerfedern nicht so gefleckt

Steuerfedern nicht so gefärbt

äußere Fahne der primären Schwungfedern nicht weiß

Carduelis chloris Grünling
äußere Fahne der primären Schwungfedern am Rand, von der Basis bis über die Hälfte gelb

äußere Fahne der Schwungfedern wenigstens teilweise gelb

die zwei seitlichen Steuerfedern nicht weiß

Carduelis spinus Zeisig
äußere Fahne der primären Schwungfedern (4. bis 8.) nur an der Basis ein kurzes Stück gelb

Emberiza calandra Grauammer
1. Deckfeder der sek. Schwungfedern überragt d. Spitze der 6. prim. Schwungfeder

Serinus citrinella Zitronengirlitz
Scheitel einfarbig

äußere Fahne der primären Schwungfedern leicht olivgrün gerändert

die erste Deckfeder der sekundären Schwungfedern überragt nicht die Spitze der letzten sekundären

äußere Fahne der primären Schwungfedern nicht gelb

Serinus serinus Girlitz
Scheitel dunkel gestreift

die erste Deckfeder der sekundären Schwungfedern überragt mehr oder weniger die Spitze der letzten sekundären

Bauch nicht gelb

Passer montanus Feldsperling
ein schwarzer Fleck an der Halsseite

Pyrrhula pyrrhula Gimpel
Bürzel schneeweiß

äußere Fahne der primären Schwungfedern nicht olivgrün gerändert

Emberiza melanocephala Kappenammer
Bauch gelb

die erste Deckfeder der sekundären Schwungfedern erreicht nicht die Spitze der 6. primären Schwungfeder

Acanthis flammea Birkenzeisig
Bürzel nicht schneeweiß

dieser Fleck fehlt

Passer hispaniolensis Weidensperling
Seiten schwarz gefleckt

Fringilla montifringilla Bergfink
Bürzel weiß

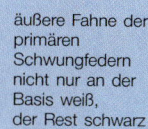

Fringilla coelebs Buchfink
Bürzel grünlich

äußere Fahne der primären Schwungfedern nicht nur an der Basis weiß, der Rest schwarz

Acanthis cannabina Hänfling
Bürzel des Männchens kastanienbraun mit schwarzen Federn entlang dem Kiel

äußere Fahne der primären Schwungfedern ab der 6. zumindest teilweise an der Basis weiß

äußere Fahne der primären Schwungfedern bis zur Spitze weiß

Acanthis flavirostris Berghänfling
Bürzel des Männchens rosa

die zwei seitlichen Steuerfedern zum größten Teil weiß

Unterschwanzfedern entlang dem Kiel nicht schwarz

Scheitel nicht gleichförmig aschgrau

Emberiza schoeniclus Rohrammer
Unterschwanzdecke weiß

Unterschwanzfedern entlang dem Kiel schwarz

Emberiza cirlus Zaunammer
untere Deckfedern der Flügel weiß

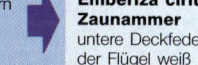

Emberiza hortulana Ortolan
Scheitel gleichförmig aschgrau

Emberiza cia Zippammer
Unterschwanzfedern rötlichgelb

Emberiza citrinella Goldammer
untere Deckfedern gelb

Kein schwarzer Fleck an der Halsseite (Wange)

Passer domesticus italiae Italiensperling
Scheitel kastanienbraun

Passer domesticus Haussperling
Scheitel beim Männchen aschgrau

Acanthis cannabina (Fringillidae)
Familie Finken

Hänfling

Der Hänfling ist 13 cm lang und bewohnt als Teilzieher ganz Europa, mit Ausnahme Nordskandinaviens. Als Lebensraum bevorzugt er offenes Gelände mit Gebüsch, Hecken, Obstgärten und Heiden. Den Winter verbringt er in großen Schwärmen vereint auf Stoppelfeldern und Ödland. Seine Nahrung besteht aus Hanfkörnern und allerlei Sämereien. Von April bis Juni baut er auf einem niedrigen Baum, oder in einem Strauch ein Nest aus Stroh und kleinen Wurzeln, das mit Haar und Pflanzenflaum ausgelegt wird. Hier legt er zweimal im Jahr vier bis sechs blaßblau gefärbte, braunviolett oder purpurn gefleckte Eier, die er zwei Wochen lang bebrütet.

Acanthis flammea (Fringillidae)
Familie Finken

Birkenzeisig

Der Birkenzeisig ist 13 cm lang und kommt in den Alpen, in England und Irland, in fast ganz Skandinavien und Teilen Islands als Teilzieher vor. Sein bevorzugter Lebensraum sind die Nadelwälder, Birken- und Erlenwälder des Nordens. Birkenzeisige sind stets auf Nahrungssuche und sind sehr zutraulich; in den kalten Monaten bildet er große Schwärme und ernährt sich vor allem von Samenkörnern. Aus trockenen Pflanzen und Moos baut er ein schön geflochtenes Nest, das mit Federn und Pflanzenflaum ausgekleidet wird. Er legt es aber nicht höher als 3 m über dem Erdboden an. In der Zeit von Mai bis Juni legt er hier vier bis sechs grünlichblaue, rotbraun gefleckte Eier.

Acanthis flavirostris (Fringillidae)
Familie Finken

Berghänfling

Der Berghänfling ist 13 cm lang und bewohnt als Teilzieher die nördlichsten Teile Europas. Seine typischen Nistgebiete liegen in England, Irland und Nordskandinavien. Im Sommer bevorzugt er offenes, nicht bewirtschaftetes Hügelland, im Winter die Meeresküsten und Sumpfgebiete. Seine Nahrung besteht aus Insekten und Samenkörnern verschiedener Pflanzen. Im allgemeinen legt er einmal im Jahr, im Mai, vier bis sechs blaue, rotbraun gefleckte Eier. Sein Nest ist aus kleinen Wurzeln und Grashalmen geflochten, mit Haar und Wolle ausgelegt und meist im Gras oder im Buschwerk verborgen.

Coccothraustes coccothraustes
Familie Finken (Fringillidae)

Kernbeißer

Der Kernbeißer ist 18 cm lang und bewohnt als Teilzieher fast ganz Europa mit Ausnahme Süditaliens, Nordskandinaviens, Nordenglands und der größten Teile Spaniens. Er bevorzugt als Lebensraum abholzbare Bergwälder mit Buchen, Eichen, Hainbuchen und Ahornbeständen. Meist verläßt er das Blätterdickicht kaum, wenn er sich auf die Suche nach seiner bevorzugten Nahrung, harten Sämereien, begibt, die er mit seinem überaus kräftigen Schnabel mühelos knackt. Einmal im Jahr, von April bis Mai, baut er in Baumkronen aus Grashalmen und Flechten sein Nest, das mit kleinen Wurzeln und Haaren ausgelegt wird. Hier legt er vier bis sechs graue bis olivfarbene, purpurn gefleckte Eier.

Fringilla montifringilla (Fringillidae)
Familie Finken

Bergfink

Der Bergfink ist 15 cm lang und bewohnt während der Brutzeit Skandinavien, kommt als Zugvogel jedoch während des Zuges häufig in Mittel- und Südeuropa vor. Seine Lebensweise ist der des Buchfinks recht ähnlich. Seine Nahrung besteht im Sommer aus Insekten, im Winter aus Beeren und Samen verschiedener Pflanzen. Auch sein Nest ähnelt dem des Buchfinks und wird auf Birken oder Nadelbäumen, etwa 5 m über dem Boden errichtet. Nur einmal im Jahr, von Mai bis Juni, legt er hier vier bis sechs Eier, die fast genau das Aussehen von Buchfinkeneiern haben.

Gegenüber, unten: Grünling ▶

Loxia curvirostra (Fringillidae)
Familie Finken

Fichtenkreuzschnabel

Der Fichtenkreuzschnabel ist 13 cm lang und bewohnt hochgelegene Gegenden in fast ganz Europa. Er bevorzugt Fichtenwälder, von deren ölreichen Samen er sich ernährt. Unermüdlich bewegt er sich turnend auf den Zweigen, oft mit dem Kopf nach unten hängend, fort und klettert mit Hilfe des Schnabels, dessen überkreuzte Form ideal zum Öffnen der Zapfenschuppen und Herausziehen der Samen ist. Im Winter wird er gesellig und geht auf die Suche nach Beeren, Früchten und Fichtensamen. Im Januar oder Februar baut er in einer hohen Astgabel einer Fichte aus kleinen Zweigen, Flechten und Moos ein Nest; hier legt er vier bis fünf bläulichweiße, purpurrot gefleckte Eier, die er anschließend bebrütet.

Fringilla coelebs (Fringillidae)
Familie Finken

Buchfink

Der Buchfink ist 15 cm lang und bewohnt ganz Europa mit Ausnahme Nordskandinaviens und Islands. Er ist überall häufig und Teilzieher. Sein bevorzugter Lebensraum sind Wälder aller Art, vom Gebirge bis in die Ebene. Außer zur Fortpflanzungszeit ist der Buchfink sehr gesellig und fliegt oft in großen Schwärmen, immer auf der Suche nach Samenkörnern, seiner Hauptnahrung. In den Sommermonaten ernährt er sich außerdem auch von Insekten. Zweimal im Jahr, in der Zeit von April bis Juni, legt er vier bis sechs grau bis purpurn gefärbte Eier, die er fast zwei Wochen lang bebrütet.

Carduelis carduelis (Fringillidae)
Familie Finken

Stieglitz (Distelfink)

Der Stieglitz ist 14 cm lang und bewohnt ganz Europa, mit Ausnahme der größten Teile Skandinaviens und Islands. Er ist ein Teilzieher und bevorzugt im Sommer als Lebensraum Gärten, Obstgärten und Parkanlagen, im Winter Ödland mit Kohldistelbestand, denn Distelsamen sind dann seine Hauptnahrung. Seine Nachkommenschaft ernährt er jedoch ausschließlich mit Insekten. Zweimal im Jahr, von Mai bis Juni, legt er in seinem in einem Strauch oder einem niederen Baum errichteten Nest vier bis fünf grünlichweiße, rötlichbraun gesprenkelte Eier. Stieglitze werden wegen ihrer bunten Farbe gerne in Käfigen gehalten.

Carduelis chloris (Fringillidae)
Familie Finken

Grünling

Der Grünling ist 13 cm lang und bewohnt ebenso wie die voran beschriebene Art ganz Europa, mit Ausnahme fast ganz Skandinaviens. Als Teilzieher schließt er sich in den Wintermonaten häufig mit Sperlingen, Stieglitzen und Ammern zu Schwärmen zusammen. Zweimal im Jahr, von April bis Juni, baut er in den Zweigen einer Hecke oder in wintergrünen Pflanzen, manchmal auch in Baumhöhlen, sein Nest. Hier legt er vier bis sechs weiße, manchmal grünliche, rötlich gesprenkelte Eier. Die Bebrütung dauert 14 Tage.

◆ *Bergfink*

Serinus citrinella (Fringillidae)
Familie Finken

Zitronengirlitz (Zitronenzeisig)

Der Zitronengirlitz ist 11 cm lang und bewohnt große Teile der Alpen und Pyrenäen sowie Sardinien und Korsika. Bei Herbsteinbruch begibt er sich in Schwärmen vereint in die Ebene. Diese Spezies hat einen lieblichen Gesang und singt häufig während des Fluges. Der Zitronengirlitz baut ein kleines, sorgfältig geflochtenes Nest in einem Nadelbaum, das er mit Wolle und Pflanzenflaum auslegt. Zweimal im Jahr, von April bis Juli, legt er hier vier bis fünf grünlichweiße, verschiedenartig rötlich gesprenkelte Eier. Er ist lebhaft und nicht scheu und ernährt sich von kleinen Samenkörnern.

**Carduelis spinus (Fringillidae)
Familie Finken**

Zeisig

Der Zeisig ist 11 cm lang und bewohnt als Teilzieher die großen Teile des östlichen Mittel- und Nordeuropas, bevorzugt Misch- und Nadelwälder als Sommerlebensraum. Im Winter schließt er sich häufig zu Schwärmen zusammen und sucht dann ebenes, freies Gelände auf. Wegen ihres lieblichen, wenn auch nicht sehr melodischen Gesangs hält man ihn gerne im Käfig. Von Mitte April bis Juni, zweimal im Jahr, legt er vier bis sechs lebhaft gefärbte, bläulich bis grüne, hellrötlich gesprenkelte Eier.

Zeisig ➡

**Serinus serinus (Fringillidae)
Familie Finken**

Girlitz

Der Girlitz ist 11 cm lang und bewohnt ganz Europa, mit Ausnahme Englands, Irlands, Islands und Skandinaviens. Seine bevorzugten Lebensräume sind im Sommer Gärten, Obsthaine, Weingärten und Parkanlagen. Im Winter begibt er sich in die Ebene. Seine Nahrung besteht aus ölhaltigen Samen. Von April bis Juni baut er in Sträuchern sein Nest, wo er zweimal jährlich vier oder fünf bläulichweiße, rötlich gesprenkelte Eier ablegt. Sein Flug ist wellenförmig, sein Gesang ein liebliches Zwitschern.

Italiensperling ➡

**Passer domesticus (Ploceidae)
Familie Webervögel**

Haussperling

Der Haussperling ist 15 cm lang und bewohnt als Standvogel ganz Europa, mit Ausnahme Italiens und Nordskandinaviens. Er unterscheidet sich vom Feldsperling durch einen schiefergrauen Scheitelfleck. Diese Art bewohnt als ausgesprochener Kulturfolger vorzugsweise bewohnte Zentren und lebt überhaupt gerne in unmittelbarer Nähe des Menschen. Der Haussperling ernährt sich von verschiedenen Samenkörnern und Insekten, besonders gerne aber von Getreide, wobei er, sofern er häufig auftritt, einigen Schaden anrichtet. Er nistet unter Dachziegeln oder in Mauerlöchern und legt zwei-, drei- oder viermal im Jahr vier bis sechs helle, grau gesprenkelte Eier.

Passer montanus (Ploceidae)
Familie Webervögel

Feldsperling

Diese Art ist 14 cm lang und kommt ebenfalls in ganz Europa, mit Ausnahme von Nordskandinavien, der Balkanhalbinsel und Südspanien, häufig vor. Er ist Teilzieher und bewohnt Ackerland, mit Bäumen bestandene Wiesen und ist seltener als der Haussperling in bewohnten Zonen anzutreffen. Er fliegt schnell und ist anderen Arten gegenüber unduldsam. Seine Nahrung besteht aus Beeren, Insekten und Samen aller Art. Zwei- oder dreimal im Jahr legt er drei bis fünf grauweiße, rötlich gesprenkelte Eier. Sein Nest legt er meist in alten Kopfweiden, Mauerlöchern oder innerhalb der Küstenzonen auf Felsen an. Die Bebrütung der Eier, die 14 Tage dauert, besorgen beide Elternteile.

Petronia petronia (Ploceidae)
Familie Webervögel

Steinsperling

Der Steinsperling ist 14 cm lang und bewohnt als Jahresvogel ganz Südeuropa. Er bevorzugt felsiges, unbebautes Ödland im Gebirge, weitab von Städten. Seine Nahrung besteht im Sommer aus Larven und Insekten, im Winter aus Getreidekörnern und verschiedenen Sämereien. Einmal jährlich baut er aus trockenen Pflanzen und Wurzeln ein Nest, das mit Haar und Federn ausgelegt wird und das er in Mauerlöchern und natürlichen Baumhöhlen versteckt anlegt. Hier legt er Ende Mai vier bis sieben weiße oder grau gefärbte, grauschwarz gesprenkelte Eier.

Montifringilla nivalis (Ploceidae)
Familie Webervögel

Schneefink

Der Schneefink ist 18 cm lang und lebt als Standvogel in den Alpen, außerdem bewohnt er die Pyrenäen, den Apennin und die Dinariden. Als Gebirgsbewohner bevorzugt er im Sommer und im Winter Höhenlagen über 1800 m. Er ernährt sich von Insekten, im Winter von verschiedenen Pflanzensamen. Zweimal im Jahr, von Mai bis Juli, legt er vier oder fünf weiße Eier, die 18 Tage lang bebrütet werden. Sein Nest besteht aus trockenen Pflanzenteilen und ist, mit Wolle, Haar und Federn ausgelegt, meist in Felsspalten oder Löchern von Ruinen, Almhütten oder Häusern verborgen.

Passer domesticus italiae (Ploceidae)
Familie Webervögel

Italiensperling

Der Italiensperling gilt als eine Subspezies (Unterart) des Haussperlings *(Passer domesticus)* und ist vor allem am italienischen Festland verbreitet, auf Sizilien und Sardinien hingegen kommt er nicht vor. Das Männchen dieser Spezies erkennt man leicht an seinem kräftig kastanienbraunen Scheitel. Was Nistgewohnheiten, Ernährung und Lebensweise anbelangt, ist beinahe alles mit dem Verhalten des Haussperlings identisch. Diese Rasse ist, außer im Hochgebirge, überall häufig und verläßt als Standvogel nur selten seinen Lebensraum. Wahrscheinlich ist diese Subspezies aus einer Vermischung von Haus- und Weidensperling hervorgegangen.

Passer hispaniolensis (Ploceidae)
Familie Webervögel

Weidensperling

Der Weidensperling hat eine Gesamtlänge von 15 cm und bewohnt Teile Spaniens, Nordwestafrika, Griechenland und die Türkei, außerdem kommt er auf Sardinien und Sizilien vor. Er hat ähnliche Lebensgewohnheiten wie der Haussperling, aber im Unterschied zu diesem meidet er bewohnte Zentren und bevorzugt bewaldetes Hügelland, wo er in Kolonien brütet. Sein Nest baut er auf Bäumen, seltener in Häusern, manchmal im Unterbau von Storchennestern oder Adlerhorsten. Diese Spezies unterscheidet sich vom Haussperling und vom Italiensperling durch die intensive Schwarzfärbung der Brust, die sich beim Männchen über eine viel größere Fläche erstreckt und streifig ausläuft, sein Scheitel ist kastanienbraun.

Emberiza schoeniclus (Emberizidae)
Familie Ammern

Rohrammer

Die Rohrammer ist 15 cm lang und bewohnt als Teilzieher ganz Europa, mit Ausnahme der größten Teile Italiens und der Balkanhalbinsel. Sie bevorzugt als Lebensraum Schilfgebiete, Erlen und Weiden sowie Sümpfe mit reicher Wasservegetation. Sie ernährt sich von Insekten, Krebstieren und Weichtieren, im Winter von Samenkörnern der Moorpflanzen und von Getreide. Zweimal im Jahr, in der Zeit von April bis Juli, baut sie ein Nest, das an Zweigen von Büschen oder an Schilfrohr etwa einen Meter über dem Wasser angebracht wird. Hier legt sie vier bis sechs purpurfarbene, braun gestrichelte Eier. Ihr Nest wird aus Moos, kleinen Wurzeln und Pflanzenfasern geflochten.

Emberiza calandra (Emberizidae)
Familie Ammern

Grauammer

Die Grauammer hat eine Gesamtlänge von 18 cm und bewohnt als Teilzieher ganz Europa, mit Ausnahme von Irland, Island und Skandinaviens, auch den Alpen- und Karpatenbogen meidet sie. Ihr bevorzugter Lebensraum sind Kornfelder, Wiesen und Weiden, die mit Hecken durchsetzt sind. Die Nahrung der Grauammer besteht im Sommer vor allem aus verschiedenen Insekten, im Herbst und Winter aus Getreide und Samenkörnern aller Art. Zur Fortpflanzungszeit baut sie meist im Gras ein Nest aus Moos, Wurzeln und Halmen, das mit Haaren ausgelegt wird. Hier legt sie im Mai fünf bis sechs gelblichweiße, purpurn oder braun gefleckte Eier.

Emberiza hortulana (Emberizidae)
Familie Ammern

Ortolan

Der Ortolan ist 16 cm lang und bewohnt ebenfalls fast ganz Europa, mit Ausnahme wesentlicher Teile Westeuropas. Er bevorzugt offene oder bewaldete Ebenen, Getreidefelder mit Hecken oder Bäumen und Obstgärten. Er ist recht zutraulich und ernährt sich von Insekten und Sämereien. Im Mai baut er aus trockenem Gras und kleinen Wurzeln sein Nest, das mit Haar ausgelegt wird und welches er direkt am Boden, meist im dichten Gras versteckt, errichtet. Hier legt er vier bis fünf rötliche, purpurn und schwärzlich gefleckte Eier.

☛ *Zippammer*

Emberiza cia (Emberizidae)
Familie Ammern

Zippammer

Die Zippammer ist 16 cm lang und kommt vornehmlich in Südeuropa als Jahresvogel vor. Hier hält sie sich hauptsächlich auf felsigen Berghängen oder Weinbergen auf. Bei Herbsteinbruch fliegt sie in kleinen Schwärmen in die Ebene. Die Nahrung der Zippammer besteht aus Insekten und deren Larven und im Winter aus Beeren und Samenkörnern. Aus trockenen Pflanzen, Moos und Wurzeln baut sie ein Nest, das sie mit Haar und zarten Pflanzenelementen auslegt und direkt am Boden zwischen Steinen errichtet. Einmal im Jahr, im Mai oder Juni, legt sie hier vier bis fünf gelblich gefärbte, braun gesprenkelte Eier.

Emberiza citrinella (Emberizidae)
Familie Ammern

Goldammer

Die Goldammer ist 13 cm lang und kommt in fast ganz Europa, mit Ausnahme der südlichsten Teile und Nordskandinaviens, häufig vor. Sie bewohnt vorzugsweise offenes, mit Hecken durchsetztes Land in Waldnähe. Im Winter sucht sie oft in großen Schwärmen Wiesen und Felder auf. Ihre Nahrung besteht aus Insekten und Larven, im Winter auch aus Samen und Beeren. Das Nest errichtet sie direkt auf dem Boden, im Gras oder unter einem Strauch versteckt, es ist aus trockenen Pflanzen, Moos und kleinen Wurzeln geflochten und mit Haar ausgelegt. Zweimal im Jahr, im Mai und im August, legt sie vier bis sechs rötlichweiß gefärbte, purpurn gesprenkelte Eier, die sie zwei Wochen lang bebrütet.

Emberiza cirlus (Emberizidae)
Familie Ammern

Zaunammer

Die Zaunammer ist fast 13 cm lang und bewohnt als Jahresvogel die süd- und südwesteuropäischen Länder. Sie bevorzugt als Lebensraum offenes Land, das mit Bäumen oder Sträuchern durchsetzt ist. Im Winter zieht sie in Gruppen auf die Felder in Nähe der Dörfer. Ihr Nest ähnelt dem der Goldammer *(Emberiza citrinella)* und wird entweder direkt auf dem Boden oder knapp darüber in einem Strauch errichtet. Zweimal im Jahr, von Mai bis Juli, legt sie vier bis fünf graue, purpurn durchsetzte, schwärzlich gesprenkelte Eier.

Emberiza melanocephala (Emberizidae)
Familie Ammern

Kappenammer

Die Kappenammer ist fast 17 cm lang und kommt in Teilen Italiens und auf der Balkanhalbinsel vor. Sie bewohnt bevorzugt offenes, reich mit Sträuchern und Bäumen bewachsenes Land, Getreideäcker, Oliven-, Obsthaine und Gärten, vor allem in Nähe der Meeresküste. Die Kappenammer ernährt sich von Insekten, Früchten und Saatgut, im Winter ausschließlich von Pflanzen. Sie baut ein eiförmiges Nest aus Pflanzenstielen, das sie mit Haar und kleinen Wurzeln auslegt und am Boden unter einem Strauch oder in einer Kletterpflanze verborgen errichtet. Nur einmal im Jahr, im Mai, legt sie hier vier oder fünf blaßblau gefärbte, purpurn und braun gefleckte Eier. Im Winter ist sie gesellig.

Guiraca caerulea (Emberizidae)
Familie Ammern

Blaukardinal

Der Blaukardinal ist 17 cm lang und bewohnt den Süden der USA bis nach Costa Rica. Im Winter zieht er weiter in den Süden. Sein Gesang ist dem unseres Schneefinken *(Montifringilla nivalis)* ähnlich. Der Blaukardinal nistet in Tälern Mittel- und Südkaliforniens, Nordnevadas, in Arizona, Neumexiko und Westtexas. Das Weibchen hat ein unscheinbares Federkleid von brauner Farbe.

➥ *Zaunammer*

Cardinalis cardinalis (Emberizidae)
Familie Ammern

Roter Kardinal

Der Rote Kardinal ist 20 cm lang und von den Vereinigten Staaten bis nach Südmexiko verbreitet, wo er buschreiches Gelände in der Nähe von Flüssen, aber auch Hecken in der Nähe bewohnter Zentren und sogar Stadtparks bewohnt. Sein Nest legt der Kardinal im allgemeinen in einem Busch 1 bis 2 m über dem Boden an. Der Nestbau ist allein Aufgabe des Weibchens, es wird aus Zweigen, Wurzeln, Blättern und Papierstückchen geflochten. Hier legt er zwei bis fünf blaßgrün bis bläulich gefärbte, braun gefleckte Eier. Die Brutdauer beträgt fast zwei Wochen, die Entwicklung der Jungen hingegen verläuft sehr schnell; nach nur zehn Tagen sind sie bereits selbständig.

Chloebia gouldiae (Estrildidae)
Familie Prachtfinken

Gould-Amadine

Die Gould-Amadine ist 14 cm lang und bewohnt den Norden Australiens, wo sie die Wälder entlang der Wasserläufe in offenen Wiesengebieten sowie Savannen mit dichten Eukalyptusbäumen als Lebensraum bevorzugt. Zur Brutzeit legt die Amadine ihre Eier in natürlichen Baumhöhlen auf faulende Pflanzenteile, die sie an der Basis der Höhle aufschichtet, sie baut also kein eigentliches Nest. Wie andere systematisch verwandte Arten entwickeln sich die Männchen dieser Art ungewöhnlich schnell, und schon kurze Zeit nach Verlassen des Nestes beginnen sie bereits Balzspiele zu vollführen. Mit acht Monaten sind sie bereits geschlechtsreif.

Uraeginthus bengalensis (Estrildidae)
Familie Prachtfinken

Schmetterlingsfink

Der Schmetterlingsfink ist 17 cm lang und bewohnt Afrika vom Senegal bis in den Sudan. Er baut sein kuppelförmiges Nest oft in der Nähe eines Wespennestes oder benützt ein verlassenes Nest einer anderen Prachtfinkenart. Schmetterlinksfinken sehr häufig und halten sich oft in unmittelbarer Nähe von Dörfern auf. Ihr Nest ist ziemlich grob aus verschiedenen trockenen Pflanzenelementen oder Grashalmen geflochten und auch außen mit geflochtenen Zweigen und kleinen Wurzeln umgeben. Sein Eingang befindet sich seitlich an der Unterseite Er legt vier bis fünf weiße Eier.

Cactospiza pallida (Emberizidae)
Familie Ammern

Spechtfink

Der Spechtfink wird 13 cm lang, ist auf den Galapagosinseln verbreitet und gehört zu einer Gruppe von 14 Arten, die als Darwinfinken sehr bekannt sind, da sie ihren Namen dem berühmten Naturforscher Charles Darwin verdanken, der sie studierte und beschrieb. Diese Art nimmt als Werkzeug einen Kaktusstachel in ihren Schnabel, um die in der Rinde versteckten Insekten aufzuspießen oder herauszustochern. Sie besetzen damit jene ökologische Nische, die in anderen Erdteilen die Spechte innehaben. Die Darwinfinken sind wahrscheinlich Abkömmlinge einer einzigen Art, die vor sehr langer Zeit auf die Galapagosinseln verschlagen wurde.

Mandingola nitidula (Estrildidae)
Familie Prachtfinken

Grüner Tropfenastrild

Diese Spezies ist 11 cm lang und bewohnt das südliche Afrika. Die Unterfamilie der Estrildidae (Prachtfinken) ist mit 107 Spezies in Afrika, Südasien, Ostindien und Australien vertreten. Prachtfinken bewohnen offenes Flachland, Sumpfzonen mit Schilf und Ackerland. Sie halten sich im allgemeinen am Boden auf und ernähren sich vorwiegend von Samenkörnern, Beeren und Früchten sowie von Insekten. Als gesellige Vögel schließen sie sich häufig zu sehr großen und meist unterschiedlich zusammengesetzten Schwärmen zusammen. Ihr sehr voluminöses Nest ist grob geflochten und im allgemeinen ampullenförmig mit einem seitlichen Eingang. Sie legen meist bis zu zehn weiße Eier.

Steganura paradisaea (Estrildidae)
Familie Prachtfinken

Spitzschwanz-Paradieswitwe

Diese Spezies ist 38 cm lang und lebt im tropischen Afrika. Das Weibchen dieser Art erreicht, da ihm die langen Schwanzfedern fehlen, nicht mehr als 15 cm. Die Männchen jedoch tragen lange Schmuckfedern, die durch ihre Form ganz charakteristische Fluggeräusche erzeugen, welche bei der Balz eine gewisse Rolle spielen. Paradieswitwen sind Brutschmarotzer, die ihre Eier in die Nester der Prachtfinkengattung Pytilia legen. Ihre Jungen zeigen als wichtige Auslöser zur Fütterung ähnliche Farbmuster im Schnabelinneren wie die Jungen ihrer Wirte.

Register